Technische Physik
in Einzeldarstellungen
Herausgegeben von W. Meissner
11

Ferroelektrika

Von

Dr. phil. Herbert Sachse

St. Marys, Pennsylvania

Mit 129 Abbildungen

Springer-Verlag / Berlin · Göttingen · Heidelberg
J. F. Bergmann / München
1956

ISBN-13: 978-3-540-02089-9   e-ISBN-13: 978-3-642-94683-7
DOI: 10.1007/978-3-642-94683-7

Vorwort.

Bariumtitanat hat vor 1943 ein recht obskures Dasein in der wissenschaftlichen Literatur gefristet. Von 1927 an wurde es nur ein halbes Dutzend Mal erwähnt, im wesentlichen als Pigment für Malerfarben.

Während des zweiten Weltkrieges wurden die ungewöhnlichen dielektrischen Eigenschaften dieser Verbindung von verschiedenen Stellen in verschiedenen Ländern entdeckt und ihre Bedeutung für die Elektrotechnik schnell erkannt. Dies hatte zur Folge, daß von 1944 an die Zahl der jährlichen Veröffentlichungen über diese und andere ferroelektrische Verbindungen sehr rasch anstieg und nach 1949 nicht mehr unter 50 fiel. In dieser Zahl sind technische Vertriebsdruckschriften und Beschreibungen von Anwendungen nicht enthalten.

Im Jahre 1949 habe ich versucht, das damalige Schrifttum über die ungewöhnlichen dielektrischen Eigenschaften von $BaTiO_3$, das wegen seiner vielfachen Analogie zu ferromagnetischen Stoffen als Ferroelektrikum bezeichnet wurde, in einem Sammelbericht zusammenzufassen.[1] Dieser Bericht erschien zu einer Zeit, in der sich der internationale Austausch wissenschaftlichen Gedankengutes erst langsam wieder einzuspielen begann und viele sich nur schwierig oder gar nicht mit der Fachliteratur vertraut machen konnten. Diesem Umstand war wohl in erster Linie das unerwartete große Interesse zuzuschreiben, das dieser Bericht fand. Die Zahl der vorhandenen Sonderdrucke war nach seiner Veröffentlichung so schnell vergriffen, daß ich die Abfassung eines zweiten, auf das gesamte Gebiet der neuen Stoffe mit ferroelektrischen Eigenschaften ausgedehnten Berichtes plante. Es zeigte sich jedoch sehr bald, daß das schnell wachsende Schrifttum eines weiteren Rahmens bedürfe. Diese Ansicht führte dazu, daß der Herausgeber dieser Sammlung und der Springer-Verlag der Abfassung des vorliegenden Buches über Ferroelektrika zustimmten.

Durch äußere Umstände hat sich die Fertigstellung des Manuskripts stark verzögert. Für die große Geduld und das Verständnis, mit denen Herausgeber und Verlag diesen Umständen Rechnung getragen haben, sei hier herzlich gedankt. Andererseits darf wohl gesagt werden, daß die verspätete Fertigstellung dem Inhalt des Buches zugute gekommen ist, da eine Reihe wichtiger neuer Arbeiten berücksichtigt werden konnten.

---

[1] Zeitschrift für angewandte Physik 1, 473–484 (1949).

Bei einem noch völlig in der Entwicklung begriffenen Gebiet ist es schwer und auch gefährlich, durch scharfe Kritik das vorliegende Material in Gutes und Schlechtes zu trennen. Es erschien wichtiger, möglichst die gesamte Literatur, insbesondere auch die ausländische, so ausführlich zu berücksichtigen, daß der Leser des Buches die Möglichkeit hat, selbst Stellung zu den verschiedenen Auffassungen zu nehmen und unter Verwertung alles Vorhandenen weiter vorzudringen, ohne überall auf die oft schwer zugänglichen Originalarbeiten zurückgreifen zu müssen.

Das ältere Gebiet der Seignetteelektrizität dagegen ist nur kurz behandelt worden, da hierfür eine Reihe ausgezeichneter Zusammenfassungen vorliegt.

Mein besonderer Dank gebührt Herrn Dr. W. HEYWANG, Karlsruhe, der die Fahnenkorrektur des theoretischen Teils las und dabei eine Reihe von Verbesserungsvorschlägen machte, sowie meiner Frau Gerda, die trotz ihrer Pflichten als Hausfrau und Mutter nicht nur die Reinschrift des Manuskripts ausführte, sondern auch mühsame Kleinarbeit bei der Bildbeschriftung und Literaturzusammenstellung leistete.

Saint Marys, Sommer 1955. **H. Sachse.**

Inhaltsverzeichnis.

I. Einleitung.

Bereits FARADAY hat nach einem Stoff gesucht, der ein dielektrisches Analogon zum Ferromagnetismus darstellt. Zwar fand er keinen derartigen Stoff, doch war er fest davon überzeugt, daß ein solcher existieren müßte.

Ferroelektrische Stoffe sind bereits seit etwa 30 Jahren bekannt, ferroelektrische Titanate jedoch erst seit etwa 10 Jahren. Der Ausdruck Ferroelektrika ist neueren Datums und außerdem umstritten. Bei den bereits seit längerer Zeit bekannten ferroelektrischen Stoffen handelt es sich um die früher als Seignetteelektrika bezeichneten. In der russischen Literatur wird bis in die neueste Zeit nur das Wort Seignetteelektrika benutzt, auch für Stoffe wie Titanate, die in der angelsächsischen Literatur Ferroelektrika genannt werden. Auch in USA weist man darauf hin, daß der Ausdruck „ferroelektrisch" irreführend ist, es jedoch der Zukunft überlassen bleiben muß, einen besseren Namen hierfür zu finden.

Den ferroelektrischen und den ferromagnetischen Stoffen ist gemeinsam:

a) Feldabhängigkeit der Permeabilität bzw. der Dielektrizitätskonstante.

b) Auftreten von Bezirken gleicher Magnetisierungsrichtung bzw. gleicher Polarisationsrichtung.

c) Umklappbarkeit dieser Bezirke und Auftreten von BARKHAUSEN-Sprüngen.

d) Hystereseeffekte.

e) Remanenz- und Koerzitivkraft.

f) Längenänderungen unter der Einwirkung eines Feldes als Magnetostriktion oder Elektrostriktion.

Die unter f) erwähnte Elektrostriktion wird teilweise auch als Piezoeffekt bezeichnet bzw. gedeutet. Näheres hierüber in dem betreffenden Abschnitt (S. 78ff.).

Die phänomenologischen Analogien von Ferroelektrizität und Ferromagnetismus berechtigen keineswegs zu einer gleichartigen theoretischen Behandlung beider Erscheinungen. Dies gilt auch dann, wenn man für den Ferromagnetismus die WEISS-LANGEVINsche Theorie, nicht die neuere quantentheoretische Erklärung zugrunde legt (vgl. II, 3).

In der vorliegenden Monographie nehmen die ferroelektrischen Erscheinungen an Titanaten und anderen Oxydsystemen den weitaus größten Raum ein. Der Grund besteht darin, daß die Analogien, die zwischen dem dielektrischen Verhalten des Seignettesalzes, seiner Substitutionsprodukte und ähnlicher Stoffe und dem magnetischen Verhalten der Ferromagnetika bestehen, bereits mehrfach in größeren, zusammenfassenden Arbeiten behandelt worden sind [1, 2].

Daher kann an dieser Stelle auf eine ausführlichere Darstellung des Materials über Seignetteelektrika verzichtet werden. Es werden nur die Haupttatsachen wiedergegeben, soweit diese zum Vergleich mit den später behandelten Titanaten und anderen ferroelektrischen Stoffen von Interesse sind. Außerdem wird an einzelnen Stellen auf Ergebnisse eingegangen, die in der jüngsten Darstellung von BAUMGARTNER, JONA und KÄNZIG [2] unerwähnt blieben.

II. Seignetteelektrische Kristalle.

1. Das Seignettesalz KNa-Tartrat $+ 4 H_2O$.

Es kristallisiert mit 4 Molen Kristallwasser in der rhombisch-bisphenoidischen Klasse und zerfällt bei starkem Erwärmen unter Wasserverlust. Verfolgt man die Dielektrizitätskonstante ε zwischen $-170°$ und $+80°$, so werden in Richtung der a-Achse bei zwei Temperaturen ausgeprägte Maxima beobachtet, in denen ε auf weit über 1000 ansteigt. Diese Richtung wird daher als seignetteelektrische Achse bezeichnet. Unterhalb und oberhalb des angegebenen Temperaturbereichs liegen durchweg normale ε-Werte von der Größenordnung 10 vor. Das gleiche gilt im gesamten Temperaturbereich der Stabilität für die Richtungen parallel zur b- und c-Achse. Da die dielektrische Suszeptibilität in der Nähe der ε-Spitzen gegen sehr hohe Werte strebt, muß angenommen werden, daß der Kristall bereits durch sehr kleine Felder sich spontan polarisiert, wobei eine parallele oder antiparallele Ausrichtung der spontan polarisierten Bezirke erfolgt. Die beiden ε-Spitzen werden als oberer und unterer Curiepunkt bezeichnet und liegen bei $-18°C$ und $+24°C$. Je kleiner die Meßfeldstärke ist, um so höher ist das entsprechende ε.

2. Primäre Phosphate und Arsenate.

Ein dem Seignettesalz analoges Verhalten wurde 1935 von BUSCH und SCHERRER [4] an den primären Salzen KH_2PO_4 und KH_2AsO_4 bei tiefen Temperaturen gefunden. Ihre oberen Curietemperaturen sind -150 bzw. $-182°$. In KH_2PO_4 steigt ε in der Nähe der Curietemperatur auf 32000, behält diesen Wert bis etwa $-190°$ und fällt dann wieder steil ab.

Beim Ersatz des H_2 in KH_2PO_4 durch D_2 bleibt der seignetteelektrische Charakter erhalten, jedoch werden beide Curietemperaturen beträchtlich erhöht. (Untere um 63°, obere um 90°.) Diese Erhöhung der Curietemperatur erleichtert die experimentellen Bedingungen erheblich, so daß zahlreiche grundsätzliche Untersuchungen über seignetteelektrische Effekte bevorzugt am KD_2PO_4 ausgeführt worden sind.

Im Gegensatz zum Seignettesalz ist in den tetragonalen Phosphaten und Arsenaten die c-Achse die seignetteelektrische Vorzugsrichtung. Allerdings treten auch senkrecht dazu dielektrische Anomalien auf, jedoch weniger ausgeprägt.

Weitere Stoffe dieser Art sind in den letzten 15 Jahren entdeckt worden, vorwiegend von der Züricher Schule, zum Beispiel [5]:

$$RbH_2PO_4, \quad RbH_2AsO_4, \quad (NH_4)H_2PO_4, \quad (KTl)H_2PO_4 \quad \text{mit bis 30 Atom-}\%\,Tl.$$

Die Seignetteelektrika sind meistens als Einkristalle untersucht worden. Daher ist die Angabe der Kristalltypen einiger dieser Stoffe von Interesse (s. Tabelle 1).

Tabelle 1. *Chemische Formel und Struktur seignetteelektrischer Kristalle.*

Stoff	Chemische Formel	Kristalltyp
Primäres Kaliumphosphat	KH_2PO_4	tetragonal $D_{2d}/42$ m
Primäres Kaliumphosphat statt H Deuterium	KD_2PO_4	tetragonal $D_{2d}/42$ m
Primäres Kaliumarsenat	KH_2AsO_4	tetragonal $D_{2d}/42$ m
Primäres Rubidiumphosphat	RbH_2PO_4	tetragonal $D_{2d}/42$ m
Primäres Caesiumphosphat	CsH_2PO_4	tetragonal

Eingehende Untersuchungen der dielektrischen, thermischen und elektrooptischen Eigenschaften dieser Kristalle haben gezeigt, daß zwischen ihnen und dem Seignettesalz weitgehende Unterschiede bestehen.

So kann für diese Salze die Existenz eines unteren Curiepunktes nicht mehr aufrechterhalten werden. Der beobachtete Abfall von ε bei tiefen Temperaturen ist nicht auf das Verschwinden der spontanen Polarisation, sondern auf das Einfrieren der Dipole zurückzuführen, was zugleich eine große Koerzitivfeldstärke und erhebliche Verluste zur Folge hat.

Besonders einleuchtend werden die bestehenden Unterschiede durch die Untersuchungen der thermischen Eigenschaften. In den seignetteelektrischen Phosphaten tritt nur am oberen Curiepunkt ein Maximum der spezifischen Wärme auf, das der durch den Abfall der spontanen Polarisation bedingten Entropiezunahme entspricht [6, 7]. Für diese wurden an KH_2PO_4 Werte von 0,47 [6] bzw. 0,8 cal/Mol Grad gefunden [8], in guter Annäherung an den von SLATER berechneten theoretischen Wert von 0,69 cal/Mol Grad. (Eine Kritik der SLATERschen Theorie folgt im nächsten Kapitel.) Die entsprechenden Werte für KD_2PO_4 und KH_2AsO_4 sind: 0,47 bzw. 0,87 cal/Mol Grad. Die Gleichheit der Werte für KH_2PO_4 und KD_2PO_4 trotz der erheblichen Verschiedenheit der Curietemperatur ist überraschend.

1*

Der Curiepunkt der Phosphate und Arsenate liegt, wie bereits oben erwähnt wurde, wesentlich tiefer als der untere Curiepunkt des Seignettesalzes, wie aus Tab. 2 hervorgeht.

Tabelle 2. *Curietemperaturen seignetteelektrischer Kristalle.*

$(NH_4)H_2PO_4$	KH_2PO_4	KD_2PO_4	RbH_2PO_4	CsH_2PO_4
148° K	123° K	213° K	250° K	165° K
$(NH_4)H_2AsO_4$	KH_2AsO_4	—	RbH_2AsO_4	CsH_2AsO_4
220° K	97° K		110° K	145° K

3. Theoretische Betrachtungen.

Bei der Aufstellung einer formalen Theorie der Seignetteelektrizität muß man von der Tatsache ausgehen, daß oberhalb der Curietemperatur ε einem CURIE-WEISSschen Gesetz folgt:

$$\varepsilon = \frac{C}{T - \Theta}. \tag{1}$$

Damit erscheint die LANGEVIN-WEISSsche phänomenologische Theorie des Ferromagnetismus anwendbar, nach der sich das innere Feld im Seignetteelektrikum berechnet zu:

$$F = E + \beta P, \tag{2}$$

wobei E das äußere Feld, P die Polarisation und β ein Faktor ist, der nach LORENTZ benannt ist und von ihm für eine regelmäßige, kubische Anordnung von Dipolen zu $4\pi/3$ berechnet wurde.

Frühere Vorstellungen, die Wassermoleküle im Seignettesalz [9, 10] bzw. bewegliche Wasserstoffbrücken [11] als Träger der Dipolmomente anzusehen, haben heute wesentlich an Überzeugungskraft verloren. Die von dieser Theorie geforderte merkliche Entropieänderung am Curiepunkt war kaum nachweisbar. Außerdem werden bei Ersatz der Brückenwasserstoffatome durch Deuterium die seignetteelektrischen Eigenschaften nicht stark beeinflußt [12].

Von großer Bedeutung ist der Befund, daß bereits ein teilweiser Ersatz des K durch Rb die seignetteelektrischen Anomalien zum Verschwinden bringt. Andererseits haben sich die Monohydrate

$$Li(NH_4)(C_4H_4O_6) \cdot H_2O \quad \text{und} \quad (LiTl)(C_4H_4O_6) \cdot H_2O$$

als seignetteelektrisch erwiesen, wobei der Einfluß des Kristallwassers unbeträchtlich ist.

Die Dinge werden noch verwickelter, wenn man die Tatsache mitberücksichtigt, daß bei guter Reinigung des Seignettesalzes durch mehrfache Umkristallisation im reinsten Wasser die seignetteelektrischen und auch die piezoelektrischen Eigenschaften stark beeinträchtigt werden [13].

Nach viermaliger Umkristallisation fiel die ε-Spitze von 26000 auf 2600 und durch weitere elektrolytische Reinigungen im festen Zustand auf etwa 1000. Außerhalb des Curiegebietes war dieser Effekt geringer, machte jedoch noch einen Faktor zwei bis drei aus.

Zusammenfassend kann also gesagt werden, daß sich die bisherigen Theorien am Seignettesalz nicht bewährt haben. Nach einem neueren Modell von WIGNER [14] scheint es möglich zu sein, die dielektrischen Anomalien, vor allem das Auftreten zweier Curietemperaturen, zu erklären, was nach älteren Vorstellungen nicht möglich war. Jedoch liegt noch keine quantitative Theorie vor.

Die eben erwähnten Schwierigkeiten haben dazu geführt, daß sich die Theorie eingehender mit den einfacher gebauten tetragonalen Phosphaten beschäftigt hat. Hier kann der Dipolcharakter der Wasserstoffbrücke nicht bestimmend werden, wie dies aus dem großen Einfluß der Deuteriumsubstitution hervorgeht. KH_2PO_4 besitzt ein Ionengitter, das im wesentlichen aus tetraedrischen PO_4-Anionen mit P als Zentralatom und K-Ionen aufgebaut ist. Die verbleibenden zwei Protonen befinden sich nach SLATER auf der Verbindungslinie $O—O$ zweier benachbarter PO_4-Tetraeder an einem Ort, der einem Minimum der potentiellen Energie entspricht. HUGGINS [15] hat bereits 1936 die Potentialkurve bei der Wechselwirkung zwischen O und H aus dem Bandenspektrum der OH-Gruppe zu berechnen versucht und für einen $O—O$-Abstand größer als $2,65\,\text{Å}$ zwei Potentialmulden gefunden. Nach neueren Überlegungen kann die Existenz zweier Potentialmulden auch für kürzere $O—O$-Abstände, wie sie im KH_2PO_4 $(2,54\,\text{Å})$ vorliegen, angenommen werden. Diese Tatsache liegt der SLATERschen Theorie zugrunde, nach der zwei Protonen jeweils nahe an einem der O-Atome liegen, was zur Bildung von Dipolen führt. Aus energetischen Gründen müssen diese Dipole bei tiefen Temperaturen einheitlich gerichtet sein, und nur bei Temperaturen über dem Curiepunkt ist eine statistische Richtungsverteilung möglich. Der Abfall von ε bei sehr tiefen Temperaturen ist so zu erklären, daß die Energie des äußeren Feldes nicht ausreicht, um den Protonen die Überwindung der Potentialschwelle zwischen den beiden O-Atomen zu ermöglichen. Zwar nimmt mit steigender Temperatur die Höhe dieser Potentialschwelle infolge der thermischen Gitterausdehnung noch zu, jedoch langsamer als die thermische Energie, die zur Überwindung derselben beiträgt [14].

Wie oben bereits erwähnt wurde, gibt die SLATERsche Theorie die Entropieänderung am Curiepunkt und auch den Abfall der spontanen Polarisation im Curiegebiet recht gut wieder.

Trotzdem hat sie neuerdings durch Messung der elektrischen Sättigungserscheinungen und des elektrokalorischen Effekts kritische Ablehnung gefunden [17]. BAUMGARTNER hat mittels ballistischer Messungen den Verlauf der Polarisation von KH_2PO_4 innerhalb von einem Grad oberhalb der Curietemperatur bis in das Sättigungsgebiet verfolgt. Die sich hieraus ergebende Feldabhängigkeit von ε weicht stark von der nach der SLATERschen Theorie berechneten ab, wie Abb. 1 zeigt (aus [8]).

Insbesondere wird der von SLATER geforderte sprunghafte Abfall von ε auch nicht andeutungsweise gefunden. Zwar gilt die Theorie nur für den starren Kristall, an dem piezoelektrische Deformationen durch

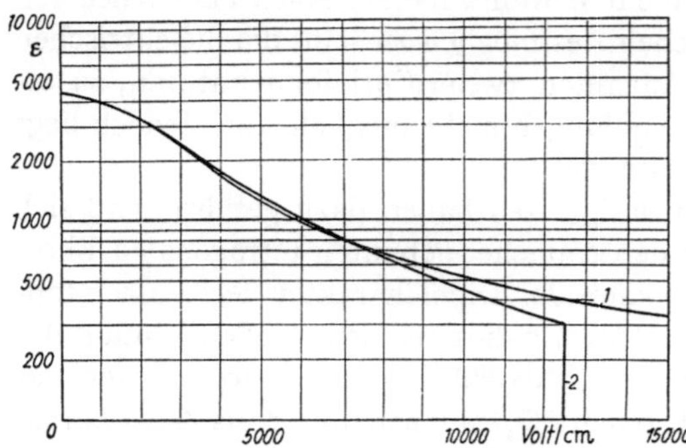

Abb. 1. Feldabhängigkeit von ε in KH_2PO_4 0,755° oberhalb der Curietemperatur.
Kurve 1: gemessen; Kurve 2: berechnet nach der SLATERschen Theorie (aus [8]).

Einklemmen in starre Halterungen unmöglich sind, während die Messungen BAUMGARTNERS nur an freien Kristallen ausgeführt wurden. Dieser Unterschied kann sich jedoch nur in einer Erhöhung der Curietemperatur um etwa 4% auswirken [18, 19]. Der sprunghafte Abfall würde, wenn er am starren Kristall vorhanden wäre, durch die Deformationsfreiheit nicht unterdrückt. Hieraus wird der Schluß gezogen, daß die SLATERsche Theorie zwar in sich folgerichtig ist, ihr jedoch Annahmen über die Wechselwirkung der Dipole zugrunde liegen, die offenbar unzutreffend sind. Eine quantitativ richtige Darstellung des Sättigungsverhaltens im Curiegebiet ist möglich, wenn man eine modifizierte LANGEVIN-WEISSsche Funktion benutzt und eine geringfügige Temperaturabhängigkeit des Dipolmoments annimmt.

Nach Ansicht BAUMGARTNERS stehen seine Messungen auch im Widerspruch zu der Theorie von ONSAGER [20].

In den bisherigen Betrachtungen sind die seignetteelektrischen Kristalle als Kontinuum behandelt worden. Sobald sie jedoch als disperse Phasen auftreten, ist mit besonderen Erscheinungen zu rechnen.

KÄNZIG und SOMMERHALDER [3] haben thermodynamisch abgeleitet, daß sehr kleine Kristalle eines Seignetteelektrikums eine Erniedrigung der Curietemperatur aufweisen, die auf das vom Kristall selbst herrührende depolarisierende Feld seiner Oberflächenladung zurückzuführen ist. Die Curiepunktserniedrigung ist der Dielektrizitätskonstante ε^* des Mediums, in dem sich die Kristalle befinden, umgekehrt proportional. In einer ausführlichen experimentellen Arbeit hat KÄNZIG mit Mitarbeitern [16] gezeigt, daß für KH_2PO_4-Kristalle eine kritische Größe von 1500 Å existiert, unterhalb derselben keine spontane Polarisation mehr auftritt, während Teilchen von 4000 Å sich bereits seignetteelektrisch normal verhalten. Die Herstellung so kleiner Kristalle erfolgt in einer Kugelmühle in Gegenwart eines Dispersionsmittels (Kollodium).

Durch Zentrifugieren der kolloidalen Lösung wurde eine Trennung der Teilchenfraktionen erreicht. Derartige Untersuchungen wurden später auch auf $BaTiO_3$ ausgedehnt und haben recht interessante Strukturanomalien gezeigt.

III. Ferroelektrische Titanate.

1. Vorgeschichte.

Die ersten Beobachtungen extrem hoher ε-Werte an $BaTiO_3$-haltigen, keramischen Massen gehen auf WAINER und SALOMON in USA zurück [21]. Sie fanden für reines $BaTiO_3$ bei 26°C ε-Werte über 1200 und Verlustwinkel von etwa $150 \cdot 10^{-4}$ im Frequenzgebiet zwischen 10^2 und 10^7 Hz. Diese Beobachtungen, die bei der Titanium Alloy Manufacturing Co. gemacht worden waren, führten in USA zu einem Entwicklungsauftrag an das Massach. Institute of Technology, dessen Bearbeitung im Jahre 1944 abgeschlossen war. Für Keramikkondensatoren mit ε-Werten über 600 bestand bereits 1944 eine Fertigung. Tatsächlich wurden auch in Luftfahrtgeräten von in Deutschland niedergegangenen alliierten Flugzeugen derartige Kondensatoren vorgefunden.

Die ersten Veröffentlichungen aus der Sowjetunion von WUL und GOLDMAN [22] lieferten systematische Beiträge über den Gang von ε für ein MHz bei Titanaten der Kationen Zn, Cd, Be, Ca, Sr und Ba. Ferner

Tabelle 3. *Dielektrizitätskonstante verschiedener Titanate*

$ZnTiO_3$	$CdTiO_3$	$BeTiO_3$	$CaTiO_3$	$SrTiO_3$	$BaTiO_3$
20	25	30	50	500	2000

wurden Untersuchungen bis zu sehr tiefen Temperaturen ausgeführt, um nach einem unteren Curiepunkt zu suchen, der allerdings nicht gefunden wurde.

Seitdem haben sich auch die russischen Forscher ständig mit diesem Problem weiter beschäftigt und eine Reihe interessanter neuer Effekte und Untersuchungsverfahren gefunden.

In England haben die Forschungsstellen der Dubilier Condensor Co. und der englischen Philips-Gesellschaft sich ebenfalls frühzeitig mit diesen Fragen zu beschäftigen begonnen [23, 24, 25]. Inzwischen sind dort im Laufe der letzten Jahre wichtige experimentelle Tatsachen über zeitliche Effekte und neue theoretische Erkenntnisse, letztere von DEVONSHIRE, veröffentlicht worden, auf die im Text noch näher eingegangen werden wird.

In der Schweiz haben SCHERRER und seine Mitarbeiter MATTHIAS, MERZ und BLATTNER [26, 27] durch die erstmalige Züchtung von Einkristallen und die Untersuchung derselben wichtige neue Erkenntnisse gebracht und dem Gebiet damit besondere Impulse gegeben.

Aus dem Fiatbericht von RATH [28] geht hervor, daß Mischungsreihen der Mg-, Ca-, Sr-, Ba- und Zn-Metatitanate in Deutschland bei der Hescho bereits vor 1945 gut untersucht und die hohen ε-Werte des $BaTiO_3$ bekannt waren.

Die Weiterentwicklung auf diesem Gebiete mußte allerdings in Deutschland durch die Zeitumstände nach dem Kriege lange liegen bleiben. Wissenschaftliche Veröffentlichungen hierüber sind bis 1949 in Deutschland überhaupt nicht mehr erfolgt. In diesem Jahr erschien ein zusammenfassender Bericht des Autors [29].

Japan beteiligt sich in zunehmendem Umfange an der Erforschung der Titanate und anderer ferroelektrischer Stoffe, und zwar sowohl in rein wissenschaftlicher als auch technischer Hinsicht. Es wurden dort vor allem elektromechanische Wechselwirkungen an $BaTiO_3$, das ferroelektrische Verhalten des WO_3, Mischkristalle von Ba—Pb-Titanaten und Zirkonaten und Herstellungsverfahren untersucht. Ob das japanische Patent 175153 vom 20. Oktober 1947, in dem die Herstellung von $BaTiO_3$-Keramik beschrieben ist, gegenüber den bekannten Herstellungsverfahren etwas wesentlich Neues bringt, ist aus den Ansprüchen auf S. 13 nicht klar erkennbar.

2. Herstellungsverfahren.
a) Erste Versuche.

Nach einer Mitteilung von SMITH [30] tritt beim Glühen von Gemischen aus BaO und TiO_2 bei 1500° Glühtemperatur ein Maximum von ε auf. In späteren Veröffentlichungen werden stets niedrigere Sintertemperaturen (1200—1400°) angegeben, und zwar sowohl im Patentschrifttum als auch in Veröffentlichungen. VON HIPPEL und Mitarbeiter [31] haben als erste eine ausführliche Beschreibung eines brauchbaren Verfahrens gegeben, das im wesentlichen aus den folgenden Arbeitsgängen besteht:

a) Formen. – b) Brennen. – c) Kontaktieren.

Tabelle 4.
Handelsnamen und Hauptverunreinigungen von TiO_2 und technischer Titanate.

	Hersteller	Handelsname	Hauptverunreinigungen
TiO_2	Tamco	Ticon T	SiO_2, Al_2O_3, CaO ($2\,\%$ ges.)
$MgTiO_3$	Tamco	Ticon MB	SiO_2, Al_2O_3
$CaTiO_3$	Tamco	Ticon C	SiO_2, Al_2O_3, MgO
$SrTiO_3$	Tamco	Ticon S	SiO_2, Al_2O_3, NaO_2, BaO
$BaTiO_3$	Tamco	Ticon B	SiO_2, Al_2O_3, Na_2O, SrO
$71\,\%$ $BaTiO_3$ + $29\,\%$ $SrTiO_3$	Tamco	Ticon BS 245	SiO_2, Al_2O_3
$75\,\%$ $BaTiO_3$ + $25\,\%$ $SrTiO_3$	Tamco	Ticon BS 249	SiO_2, Al_2O_3

Letzteres erfolgt durch Aufbrennen von Silberpaste bei etwa 600°. Die Verfasser haben TiO_2 und fertige Titanate der Firma Tamco (Titanium Alloy Mfg. Co.) benutzt. Aus Tab. 4 sind die Handelsnamen ihrer Ausgangsprodukte und die darin angegebenen Verunreinigungen angegeben.

b) Systematische Untersuchungen.

Bei systematischen Untersuchungen über das Dreistoffsystem $BaO-SrO-TiO_2$ haben BUNTING, SHELTON und CREAMER [32] folgendes Herstellungsverfahren benutzt:

Abgewogene Mengen der Bestandteile wurden mit destilliertem Wasser, dem 4 Tropfen Aerosol/Liter als Netzmittel beigesetzt waren, suspendiert und eine Stunde lang schnell verrührt. Der entstandene Teig wurde getrocknet und das Trockengut durch ein Sieb Nr. 50 gegeben. Nach dem Anfeuchten mit 10 Gew.-% einer $2^1/_2$%igen Stärkelösung entstand eine Paste, die mit 700 kg/cm² zu Zylindern verpreßt wurde. Nach dem Trocknen derselben wurden diese eine Stunde auf 1100—1245° erhitzt. Der entstandene weiche Sinterkörper wurde dann pulverisiert und das Pulver durch ein Sieb 325 gegeben. Nach erneutem Anfeuchten mit 5% der erwähnten Stärkelösung erfolgte das endgültige Verpressen mit 1400 kg/cm² zu Scheiben mit 3 mm Dicke und 6—25 mm Durchmesser. Im Gegensatz zu VON HIPPEL und Mitarbeitern erfolgte das Brennen auf Pt-Folie mit Korundunterlage. Dem eigentlichen Sinterprozeß, bei dem die Sintertemperatur von 1250—1430° etwa 2 Stunden auf ±5° konstant gehalten wurde, ging ein langsames Anheizen in 16 Stunden auf 1000° und in 3—5 Stunden auf die entsprechende Sintertemperatur voraus.

In russischen Arbeiten über $BaTiO_3$ sind nur wenige Angaben über Herstellung und genaue Zusammensetzung der Massen gemacht. In verschiedenen Arbeiten über polykristallines Bariumtitanat wird ein Gehalt von 2% Al_2O_3 erwähnt, der nach Ansicht von WUL und GOLDMAN [33] für die Erzielung hoher ε-Werte unentbehrlich ist. (Vgl. Verunreinigungen, S. 18 ff.)

Inwieweit die russischen Untersuchungen über $BaTiO_3$ und andere Titanate von WUL und Mitarbeitern ihren Niederschlag auch in entsprechenden Patentanmeldungen gefunden haben, ist nicht bekannt.

Neuerdings hat SMOLENSKI [34] die Herstellung seiner Titanat- und Zirkonatproben beschrieben. Es handelt sich dabei wohl um eine Laboratoriumsvorschrift. Die Ausgangsstoffe wurden im Achatmörser fein gemahlen (3—5 μ) und anfangs unter Zusatz von 5% Wasser mit 1000 kg/cm³ zu Scheiben verpreßt und anschließend bei Temperaturen bis 1450° gebrannt. Da aber festgestellt wurde, daß auf diese Weise kein Durchsintern erzielbar war, ging auch SMOLENSKI dazu über, zuerst bei Temperaturen von 100—150° unter der endgültigen Sintertemperatur vorzuglühen, das Brennprodukt wieder zu vermahlen und erst nach erneutem

Pressen der Schlußsinterung zu unterwerfen. Allerdings beziehen sich diese Arbeiten vorwiegend auf Mischtitanat $(Ca-Sr-Pb)-TiO_3$. An dieser Stelle sei bereits kurz die Herstellung von Einkristallen erwähnt, die, wie bereits oben angegeben wurde, erstmalig der Züricher Schule gelang.

Systematische Untersuchungen über die Reaktionen im festen Zustand zwischen den Bestandteilen des Systems $BaO-TiO_2$ werden auf S. 25 ff. behandelt.

c) Technische Herstellung und Prüfnormen in USA.

Die Herstellung von Keramiken mit hohem ε erfolgt in USA, soweit bisher bekannt geworden ist, aus gebrauchsfertig gelieferten pulverförmigen Massen, mit denen jeder keramische Betrieb mit entsprechenden Grunderfahrungen arbeiten kann. Derartige Massen werden z. B. von der Tamco geliefert. Eine Sonderentwicklung der einzelnen keramischen Fertigungsstätten ist demnach nicht erforderlich.

Es ist verständlich, daß der Fertigungserfolg des Abnehmers davon abhängt, ob er die gelieferten Massen richtig weiterverarbeitet. Mißerfolge führen zu Beanstandungen des Rohstoffes beim Lieferanten. Es lag demnach nahe, daß dieser bestrebt war, seinen Kunden entsprechende Fertigungsrichtlinien auf den Weg zu geben, wie dies in einer Veröffentlichung von BALDWIN und HATHAWAY (Tamco) erfolgte [*35*]. Diese schreibt vor:

a) Zusatz von $8^0/_0$ Wasser, gründliche Durchmischung und anschließendes Sieben durch ein Sieb von 8 Maschen/cm.

b) Pressen von Scheiben von 2,5 cm Durchmesser bei 700 kg/cm². Druckeinwirkung 5 sek. (Für Mg-Titanat etwas andere Vorschrift.)

c) Zwei Stunden Brennen bei Höchsttemperatur, die für die einzelnen Ansätze verschieden ist, und zwar: 1320°C für $Mg-Ca-SrTiO_3$; 1350°C für $BaTiO_3$. Als Unterlage dient ZrO_2. Die Anheizzeit beträgt $3^1/_4$ Stunden. Die Abkühlung über Nacht im Ofen erfolgt langsam.

d) Bestimmung der Schrumpfung nach dem Brennen.

e) $^1/_2$ Stunde Einbrennen von Silberbelagen bei 830°C und langsames Abkühlen über Nacht im Ofen. Aufheizen auf Einbrenntemperatur dauert $2-2^1/_2$ Stunden.

f) Messung von ε und $\mathrm{tg}\,\delta$ bei 1 MHz.

g) Bestimmung der Wasseraufnahme im Kochverfahren und nachfolgendes Abwiegen der Proben.

Für die entsprechenden Erdalkalizirkonate ist das vorgenannte Verfahren deshalb nicht unmittelbar anwendbar, weil diese sich nicht dicht sintern lassen. Daher wird vorgeschlagen, diese Stoffe mit 95 Gew.-% $BaTiO_3$ zu mischen und nach nasser Mahlung und anschließender Trocknung in der üblichen Weise zu Sinterkörpern zu verarbeiten. Inwieweit in Mehrstoffsystemen das Mischverfahren von Einfluß auf die Eigenschaften der Keramik ist, wurde mehrfach untersucht. Es steht fest, daß durch nasses Mahlen die Sintertemperatur erheblich herabgesetzt werden kann gegenüber trocken gemahlenen Produkten. Außerdem hat sich folgendes ergeben:

1. Preßeinfluß. a) Mit steigendem Preßdruck sinkt die Schrumpfung, gleiche Brenntemperatur vorausgesetzt, und zwar von 22% für Drucke unter 100 kg/cm² auf 10% für 3500 kg/cm².

b) Die für einen bestimmten Sintergrad erforderliche Sintertemperatur hängt ebenfalls vom Preßdruck ab. Für Drucke von etwa 450 kg/cm² liegen diese etwa 25—50° niedriger als für schwächer gepreßte Körper. Eine weitere Steigerung des Preßdruckes hat keinen nennenswerten Einfluß mehr auf die Brenntemperatur.

c) Die Dauer des Pressens war ohne Einfluß, wenn mit einigermaßen normalen Preßdrucken gearbeitet wurde.

2. Brenneinfluß. Daß die Brennbedingungen für die Erzielung bestimmter und gewünschter elektrischer Eigenschaften sehr wichtig sind, kann keinem Zweifel unterliegen. Deshalb ist es nötig, daß geeignete Öfen mit gleichmäßiger Temperaturverteilung benutzt und diese mit öfters nachkontrollierten Thermoelementen überwacht werden.

Der Einfluß der Brennbedingungen bei Bariumtitanat ist aus nachfolgender Zusammenstellung erkennbar:

Brennzeit 2 Stunden.

Brenntemperatur	1350°	1370°
ε	2800	4000
Verlustfaktor	2%	2,8%

Unverständlich ist die Angabe, daß der Curiepunkt für 1350° Brenntemperatur 75°, für 1370° Brenntemperatur jedoch nur 50° sein soll. Eine physikalische Deutung dieses Effekts ist schwierig. Auch die Verfasser der Prüfnormen, die physikalische Fragen selbst nicht anschneiden, drücken ihr Erstaunen hierüber aus. Es kann sich keinesfalls um reines $BaTiO_3$ gehandelt haben.

In einer späteren systematischen Untersuchung mit $BaTiO_3$ von verschiedenem Reinheitsgrad wurde sogar das Gegenteil gefunden. Beim Erhöhen der Brenntemperatur von 1230 auf 1430° stieg die Curietemperatur von 111 auf 136° [36].

Beim gleichzeitigen Brennen verschiedener Ansätze, z.B. solcher mit und ohne Mn-Zusatz, besteht leicht die Gefahr, daß der leichter sinterbare „verbrennt", in diesem Fall der manganfreie.

Als praktische Brennkontrolle wird die Beigabe einer Probescheibe aus einem normalen Ansatz von $BaTiO_3$ empfohlen.

Die Erfahrungen, die an verschiedenen Stellen im Laufe der letzten Jahre gesammelt worden sind, lassen klar erkennen, daß die Verfahrenstechnik bei der Herstellung ferroelektrischer Keramik von entscheidender Bedeutung für die erzielten Eigenschaften ist. Hierbei stellt das Brennen einen der kritischsten Verfahrensschritte dar. TRAUB und Mitarbeiter [35a] haben daher den Einfluß der Brennbedingungen erneut sehr eingehend untersucht, diesmal offenbar an einer Masse, die nach ε und tg δ dem reinen $BaTiO_3$ sehr nahe kommt. Das Brennen erfolgte in einem Temperaturbereich zwischen 1340 und 1400°C und mit Atmosphären von O_2, CO_2, A, und in Luft von verschiedener Feuchte sowie in vier verschiedenen Ofentypen. Für die optimalen Brennbedingungen sind verschiedene Möglichkeiten denkbar, die sich durch geeignete Kombination von Ofentyp, Gasatmosphäre und Temperatur ergeben. Wichtig ist die Feststellung, daß die Herstellung porenfrei gebrannter Keramik keine Gewähr für optimale elektrische Eigenschaften gibt.

3. Kontaktierung. Hierbei spielt sowohl die Dicke der aufgetragenen Silberschicht als auch deren Brenntemperatur eine Rolle. Das Auftragen des Silbers erfolgt durch Pinseln. Als Mittelwert für die Silberdicke werden 25 μ angegeben, wobei eine Streuung von 15—45 μ möglich ist. Der dadurch bedingte Fehler von ε liegt zwischen 0,45 und 1,45%, ist also unerheblich.

Zwischen 650 und 850°C Einbrenntemperatur war kein merklicher Einfluß auf ε und Verlustfaktor festzustellen. Ersteres stieg von 1240 auf 1253, letzterer von 0,47 auf 0,52%. Erst beim Herabgehen auf Einbrenntemperaturen von 540°C und weniger fiel ε ab auf 1110, während der Verlustfaktor auf 0,57% stieg. Aus diesem Grunde wird die Wahl von Einbrenntemperaturen zwischen 650 und 800°C empfohlen.

4. Elektrische Messungen. Hierbei ist zu berücksichtigen, daß sowohl ε als auch tg δ sich im Laufe der Zeit ändern. (Vgl. Abschn. Zeitabhängigkeit.) Wenn in den Prüfnormen die Messung der elektrischen Gütewerte nach 2—4 Stunden vorgeschlagen wird, so werden zweifellos die langsamen Alterungen hierbei nicht berücksichtigt.

Zusammenfassend kann also festgestellt werden, daß praktisch jeder Arbeitsgang eine Fehlerquelle enthält, die bei ungünstigem Zusammenwirken zu Fehlfabrikaten führen kann.

3. Patentliteratur allgemein.

Die ältesten und grundlegenden Patente auf dem Gebiet der Ferroelektrika stammen von WAINER und SALOMON, ihre Prioritäten reichen bis in das Jahr 1943 zurück. Die Bekanntmachung erfolgte allerdings zum Teil später als für die spezielleren Patente, bei denen offenbar die Prüfung nicht so lange gedauert hat. USP. 2 420 692 (bekanntgemacht 20. 5. 1947) stellt die Herstellung von Werkstoffen mit einem ε von 144 und einstellbarem Temperaturkoeffizienten [TK] der Kapazität unter Verwendung von Ca-, Sr- und Ba-Titanat unter Schutz, wobei letzteres mit mindestens 5 und höchstens 90% enthalten sein soll. Die Titanate werden erst trocken und anschließend mit 7—10% Wasserzusatz gemischt, granuliert, formgepreßt und mit einer Anheizgeschwindigkeit von 200°/st auf die Endtemperatur erhitzt, die 3 Stunden eingehalten wird. Die Bedeutung von geeigneten Flußmittelzusätzen ist sehr früh bereits erkannt worden (USP. 2377910 v. 12. 6. 1945). Es werden hierfür CaF_2 und MgF_2 vorgeschlagen. Ob dabei nur die bisherigen Erfahrungen über die Eignung von Fluoriden als Flußmittel oder ob bereits kristallchemische Überlegungen maßgebend waren, nach denen CaF_2 mit einwertigem Fluorion dem $BaTiO_3$ isomorphe Perowskitgitter bildet, ist nicht bekannt. Auch die später ebenfalls von WAINER (USP. 2399082, 2402515–18 v. 18. 6. 1946) vorgeschlagene Substitution von Ti durch Sn nimmt bewußt oder unbewußt Erkenntnisse voraus, die erst spätere kristallchemische Betrachtungen ergeben haben.

Siemens & Halske haben nach dem ital. Patent 363989 der ,,Fides'' vom 16. 7. 1938 die Priorität auf die Herstellung keramischer Dielektrika aus TiO_2 in Gegenwart von BaO_2, das beim Sintern in BaO übergeht. Allerdings lag diesem Patent nur der Gedanke zugrunde, die durch Sauerstoffverluste des TiO_2 beim Glühen bedingten größeren dielektrischen Verluste durch Zusatz sauerstoffabgebender Mittel zu verringern.

Dagegen hat die Hescho (Hermsdorf-Schomburg) bereits in den Jahren vor 1945 erkannt, daß die Systeme $BaTiO_3$ und $SrTiO_3$ wesentlich höhere ε-Werte aufweisen als TiO_2. W. E. RATH [28], ein früherer Mitarbeiter der Hescho, gibt für $BaTiO_3$ ε-Werte von 800–2200, für $SrTiO_3$ 250–334 an. Er weist auf die ebenfalls hohen ε-Werte natürlicher Perowskitkristalle hin (Formel $CaTiO_3$), Perowskit von Zermatt $\varepsilon = 253$, $\mathrm{tg}\,\delta = 183 \cdot 10^{-4}$; Perowskit aus der Tuwaschkajasteppe im Südural $\varepsilon = 209$, $\mathrm{tg}\,\delta = 100 \cdot 10^{-4}$).

RATH erwähnt die Schwierigkeit, $BaTiO_3$ zu dichten Scherben zu brennen, macht aber keine Angaben über die Herstellung des Brennguts und die Brenntemperatur.

Die Hescho-Entwicklung hat später zur Verwendung ternärer Systeme aus Mg-, Sr-, Ba- bzw. Ca-, Sr-, Ba-Titanat mit Höchstwerten von ε bei kleinstmöglichem Verlust geführt. (Handelsname Epsilan, vgl. auch Abschn. Systeme mehrerer Titanate.'

In Japan ist bereits 1943 ein aus CaO, BaO und TiO_2 bestehendes Dielektrikum mit $\varepsilon = 2000$ entwickelt gewesen. Es kam aber nicht mehr in die Fertigung. Nach einem neuen japanischen Patent (Jap. P. 175153 v. 20. 10. 1947) kann man solche Keramiken aus Mischungen von 30–50 Teilen TiO_2, von 50–70 Teilen BaO und Zusätzen von 3 bis 60 Teilen MgO herstellen. Als Glühtemperatur werden 1380–1460° angegeben.

Inzwischen ist die Patentliteratur über die Herstellung von Titanatkeramik weiter angewachsen. Im folgenden sei daher, soweit diese Trennung möglich ist, eine Aufteilung in Stoffpatente und Verfahrenspatente vorgenommen.

a) Stoffpatente.

USP. 2436839 v. 3. 5. 1946, E. Wainer.
$BaTiO_3$ mit kleinen Zusätzen von MgO (2–3 Mol-%).

USP. 2436840 v. 16. 5. 1946, E. Wainer.
Keramisches Dielektrikum aus Mg- und Zn-Titanat.

USP. 2443211 v. 19. 5. 1943, E. Wainer.
Mischung aus SrO, BaO und TiO_2, wobei sich 27–35% $SrTiO_3$ und 73 bis 65% $BaTiO_3$ bilden. Diese Mischung gibt höhere ε-Werte als die direkte keramische Vereinigung der entsprechenden Titanate.

USP. 2452532 v. 2. 11. 1943, E. Wainer.
Dielektrische Mischung aus Erdalkalititanaten, -stannaten und -zirkonaten.

USP. 2455203 v. 15. 3. 1949, E. Wainer, vgl. 2436839 v. 3. 5. 1946.
Der Magnesiumzusatz beträgt ebenfalls 2–3 Mol-%. In letztgenanntem Fall verbleibt 1% für weitere Zusätze.

USP. 2467169 v. 12. 11. 1942, E. Wainer.
Mischung von 5–95% $BaTiO_3$ mit 95–5% $SrTiO_3$, Sinterung, Glühung, Pulverisierung, dann anschließendes Mischen unter Zusatz von Wasser, Pressen und Schlußglühung.

USP. 2469584 v. 11. 9. 45, E. Wainer.
Erdalkalititanat mit Zusatz von 0,05 bis 1% MnO_2.

USP. 2533140 v. 5. 12. 1950, A. R. Rodriguez, Zenith Radio Corp.
$BaTiO_3$ mit weniger als 4% Zusatz von SnO_2 wird bei 2500° F 1 Stunde gebrannt und in oxydierender Atmosphäre langsam abgekühlt. Die glasige Keramik kann mit 25 kV/cm Feldstärke polarisiert und dann bei 50° gealtert werden. ε ist etwa 1750 und der elektromechanische Kopplungsfaktor 14%.

USP. 2541833 v. 13. 2. 1951, S. Roberts, übertragen auf General Electric.
20–40 $BaZrO_3$ und 60–80 $PbZrO_2$ werden naß gemischt, bei 1000° kalziniert, pulverisiert und nach dem Verpressen bei 1300–1400° $^1/_2$ Stunde in einer mit PbO gesättigten Atmosphäre gebrannt, um Pb-Verluste zu vermeiden. Eine Mischung von 80% $PbZrO_3$ und 20% $BaZrO_3$ hat ein ε von 11000 bei 152°. Eine entsprechende Mischung 70 : 30 hat ein $\varepsilon = 9330$ bei 80°. Durch Anlegen eines Feldes ist permanente Polarisation möglich.

USP. 2563307 v. 7. 8. 1951, J. Burnham, A. Dippold, P. Robinson, übertragen auf Sprague Electric Co.
Durch mäßiges Brennen wird eine poröse Keramik aus Titanatgemischen hergestellt, die sich durch geringe Frequenzabhängigkeit und kleinen Verlustfaktor auszeichnet.

USP. 2584324 v. 5. 2. 1952, S. Bousky, übertragen auf RCA of America.
Dicht gebranntes Dielektrikum, bestehend aus $NaNbO_3$–$Cd_2Nb_2O_7$–$Zn_2Nb_2O_7$-Sinterkörpern mit Angabe der optimalen Mischungen für hohes ε (75–90% $NaNbO_3$).

USP. 2598707 v. 3. 6. 1952, B. Matthias, übertragen auf Bell Tel. Labs.
Na–K-Niobate und Na–K–Li-Tantalate durch Zusammenschmelzen stöchiometrischer Mengen von Nb- oder Ta-Oxyd mit den entsprechenden Alkalikarbonaten.

USP. 2602753 v. 8. 7. 1952, J. Woodcock und J. K. Paridge, Steatite and Porcelain Products Ltd. and Dubilier Condensor Co. Ltd.
Zusatz von Alkalizirkonat, vorzugsweise Lithiumzirkonat, zu $BaTiO_3$ zur Erzielung einer gleichmäßigen Temperaturabhängigkeit.

USP. 2624709 v. 6. 1. 1953, W. W. Coffeen, übertragen auf Metal und Thermit Corp.
Mischdielektrikum aus $BaTiO_3$ und $PbSnO_3$. Für piezoelektrische Anwendungen wird ein $PbSnO_3$-Zusatz von 2–8%, für dielektrische ein solcher von 15–40% vorgeschlagen.

USP. 2628156 v. 10. 2. 1953, L. Merke, L. E. Lynd, übertragen auf National Lead Co.
$SrTiO_3$-Einkristalle mit einem Brechungsindex 2,4 und einer relativ hohen optischen Dispersion.

USP. 2646359 v. 21. 7. 1953, Eugen Wainer, übertragen auf RCA of America.
Durch Zusatz von 0,5–50% K- oder Na- oder Cd-Niobat oder -Tantalat, vorzugsweise 2%, zu $BaTiO_3$, wird die Temperaturabhängigkeit von ε wesentlich unterdrückt, wobei die Curiespitze verschwindet. Die Mischungen werden in O_2 dicht gebrannt mit 1344° als Optimaltemperatur und anschließend bei 546° gealtert.

USP. 2658833 v. 10. 11. 1953, W. W. Coffeen und H. Richter, übertragen auf Metal und Thermit Corp.
Zusatz von Bi-Stannate zu $BaTiO_3$, vorzugsweise zwischen 2–10% zur gleichzeitigen Erzielung eines niedrigen Temperaturkoeffizienten von $< 2 \cdot 10^{-3}$ bei hohen ε-Werten.

USP. 2689186 v. 14. 9. 1954, Jean Day, übertragen auf Compagnie générale de télégraphie sans fil, Frankreich.
Mischdielektrikum, bestehend aus den Hauptbestandteilen $BaTiO_3$ und $CaTiO_3$, mit Zustatz von 1–10% $BaCeO_3$ und 2% Steatit, Zn- oder Cd-Titanat oder Bleiborat als Flußmittel. Es hat den außerordentlich geringen Verlustwinkel von $2,5 \cdot 10^{-4}$, einen mittelmäßig guten Temperaturkoeffizienten von $-200 \cdot 10^{-6}$, jedoch ein noch beträchtliches ε von 130.

USP. 2691597 vom 12. 10. 1954, J. Möllers, übertragen auf Hartford National Bank und Trust Co., Hartford, Conn.
Ein Mischdielektrikum aus Sr- und Ca-Titanat mit kleinem Verlustwinkel ($<10 \cdot 10^{-4}$) und Temperaturkoeffizient ($-80 \cdot 10^{-6}$) kann bei niedrigen Sintertemperaturen hergestellt werden, wenn bis zu 50% Cd- oder Zn-Titanat zugesetzt ist. Nach seiner Zusammensetzung und seinem niedrigen ε-Wert kann dieser Stoff kaum noch als Ferroelektrikum angesehen werden.

USP. 2691738 v. 12. 10. 1954, B. Ṫ. Matthias, übertragen auf Bell Tel. Labs.
Ein- oder polykristallines $LaGaO_3$ und $LaAlO_3$ werden als Werkstoffe mit ferro- und piezoelektrischen sowie elektrooptischen Eigenschaften vorgeschlagen. Die Herstellung der Einkristalle aus NaF- oder $LaCl_3$-Schmelzen ist beschrieben.

USP. 2695239-40 v. 23. 11. 1954, H. I. Oshry, übertragen auf Erie Resistor Corp., Erie, Pa.
Ferroelektrisches Dielektrikum, vorwiegend aus $BaTiO_3$, dem zur Stabilisierung der kubischen Struktur unterhalb der Curietemperatur und zur weitgehenden Unterdrückung der Curiespitze kleine Zusätze von Fe, Co, Ni, Mg, Ca und Mn, vorwiegend jedoch in Form von $0,1-1\%$ Fe_2O_3 gemacht worden sind.

Jap. P. 566('50) v. 24. 2. 1950, Tateo Ogawa.
Ba-Titanate und Stannate in verschiedenen Mischungsverhältnissen (88 : 12, 90 : 6, 76 : 20) werden ohne oder mit MgO-Zusatz von 4% zwischen 1380 und 1450° gebrannt.

Deutsch. P. 810047 v. 6. 8. 1951, Hendrik A. Klasens, N. V. Philips.
Substitution von $3-21$ Mol-% TiO_2 durch CeO_2 in $BaTiO_3$ ohne oder mit BaO-Defizit. $\varepsilon_{30} = 7300$, hat eine nur geringe Temperaturabhängigkeit.

b) Verfahrenspatente.

USP. 2438761 v. 3. 10. 1945 (engl. Prior. v. 4. 4. 1944). E. Ch. Martin, London, Erfinder; Patent gehört Hartford National Bank and Trust Co., Hartford, Conn.
Vermischung von naß und trocken gemahlenem $BaTiO_3$ (1—70% naß, 99—30% trocken). Verpressen der Mischung und Brennen derselben. Die Mischung wird in geeignete Formen gegossen und bei Temperaturen gebrannt, die vom Mischungsverhältnis beider Anteile abhängen. Für Mischungen 1 : 1 wurde 1260° bevorzugt, für Mischungen 2% naß und 98% trocken 1420°. ε ist dem Gehalt an trockenem Mahlgut proportional. Beim Verhältnis 1 : 1 erreicht es 950, bei 2 : 98 den Wert 2700.

USP. 2486410 v. 26. 7. 1945, Glenn N. Howatt.
Kontinuierliches Verfahren zur Herstellung dünner Schichten keramischer Dielektrika, z. B. $BaTiO_3$, durch eine Art Filmgießmaschine.

USP. 2494699 v. 7. 1. 1948, W. F. Forrester, R. M. Hinde und B. Szigeti.
Aus zwei oder mehreren Titanatgemischen mit verschiedener Lage des Temperaturmaximums zur Erzielung eines kleinen Beiwerts wird ein keramischer Körper gebrannt.

USP. 2507253 v. 9. 5. 1950, Glenn N. Howatt, übertragen auf Gulton Mfg. Corp., Metuchen, New Jersey.
Piezoelektrische Elemente von hoher Konstanz und Empfindlichkeit werden gewonnen, indem dünne (etwa 0,025—2 mm starke) Platten der Titanate, der Erdalkalien, der seltenen Erden, des Al, und Mn im polarisierten Zustand 3—4 Stunden lang in sauerstoffhaltiger Atmosphäre bei Temperaturen behandelt werden, die von knapp unterhalb des Curiepunktes bis 15^0 unterhalb desselben liegen. Anschließend wird auf Zimmertemperatur abgekühlt.

USP. 2520376 v. 29. 8. 1950, Rolland R. Roup und Charles E. Butler, übertragen auf Globe Union, Milwaukee.
Herstellung eines Zwischendielektrikums, dessen eine Schicht ein hohes ε hat (10000—20000) und dessen andere Schicht einen guten Isolierwiderstand besitzt. Dies wird dadurch erreicht, daß die vorwiegend aus $(BaSr)TiO_3$ bestehende Masse von der einen Seite oxidierend, von der anderen Seite reduzierend gebrannt wird. Durch Zusatz von 0,5—5% seltenen Erdoxyden des Ce, La, Nd, Pr, Sm und des Th wird der Reduktionsvorgang begünstigt. Die entstehende Doppelschicht ist durch Farbunterschiede deutlich erkennbar.

USP. 2569163 v. 25. 9. 1951, Ch. K. Gravley, Brush Development Co.
Biegungsempfindliche Doppelschichten werden dadurch hergestellt, daß zuerst auf Papier eine dünne $BaTiO_3$-Schicht von 0,12 mm Dicke und auf dieser eine zweite, in der Zusammensetzung etwas abweichende, niedergeschlagen wird. Der Niederschlag erfolgt durch Koagulation einer Dispersion mittels Borax. Nach dem Brennen bildet sich die Doppelschicht in keramischer Bindung aus und wird als ganze polarisiert. Bei verschiedenen elektromechanischen Kopplungsfaktoren der Einzelschichten läßt sich die Durchbiegung des Systems in elektrische Werte übersetzen.

USP. 2618579 v. 18. 11. 1952, E. J. Brajer, übertragen auf Brush Development Co.
Elektromech. Wandler aus ferroelektrischer Keramik bestehend aus vorgesinterten Teilen, die mittels Paste $BaTiO_3$ und $Al_2(SiO_3)_3$ bei 1300—1400° C zusammengesintert sind.

USP. 2643192 v. 23. 6. 1953, G. H. Jonker, Pieter B. A. Schilperoord (Philips), Hartford Nat. Bank and Trust Corp. Hartford. Conn.
Durch teilweise Substitution von Ba durch Zn in $BaTiO_3$ wird die Bildung des Titanats bei tieferen Temperaturen ermöglicht und ein höherer Sintergrad erreicht.

USP. 2696651 v. 14.12.1954. Ch. K. Gravley, übertragen auf Clevite Corporation.
Bei der Sinterung von $BaTiO_3$-Keramik wird zwischen 950—1250^0 eine reduzierende Zwischenglühung eingeschoben, der eine oxydierende Nachsinterung bei 1370° folgt. Das erzielte Dielektrikum soll für Hochspannung geeignet sein.

4. Elektrische Eigenschaften allgemein.

a) $BaTiO_3$.

Da die elektrischen Eigenschaften außer von der Temperatur und der Frequenz auch von der Feldstärke und anderen physikalischen Größen (Druck, Zeit) abhängen, sind die Werte verschiedener Autoren häufig nicht unmittelbar vergleichbar. Soweit ausreichendes Zahlenmaterial vorliegt, so z.B. bei der Frequenzabhängigkeit, wird auf diese Abhängigkeiten bereits bei der Behandlung der einzelnen Systeme eingegangen, vor allem dann, wenn in *einer* Arbeit die Einflüsse verschiedener Faktoren, wie Frequenz, Temperatur und Zusammensetzung, gleichzeitig systematisch untersucht wurden. Jedoch werden die einzelnen Faktoren oft nochmals in zusammenfassender Weise abschnittsweise behandelt.

Ein weiterer wichtiger Gesichtspunkt, der bei der Zusammenstellung und dem Vergleich elektrischer Messungen berücksichtigt werden muß, ist der chemische Reinheitsgrad. Über den Einfluß definierter Zusätze ist im Abschn. Systeme mehrerer Titanate (S. 30ff.) Näheres enthalten.

Dagegen war die Wirkung kleiner, unbeabsichtigter Verunreinigungen lange nicht genügend bekannt und bis zum Jahre 1948 offenbar auch wenig beachtet. Sicher ist jedenfalls, daß die von der Tamco gelieferten Titanate bzw. deren Ausgangsstoffe, mit denen die ersten umfangreichen Untersuchungen VON HIPPELS und seiner Mitarbeiter gemacht worden sind, merkliche Verunreinigungen von SiO_2, Al_2O_3, MgO, CaO und Na_2O enthielten.

Mit voller Klarheit wurde auf die Bedeutung solcher Verunreinigungen erstmalig von WUL und GOLDMAN [33] hingewiesen. Diese Autoren fanden, daß sehr reines $BaTiO_3$ ein ganz gewöhnliches Dielektrikum mit einer nur wenig temperaturabhängigem ε von etwa 65 sein soll. Erst durch Verunreinigungen an CaO, Al_2O_3, SrO und BeO in Mengen bis zu 2% treten hohe ε-Werte und die für ein Ferroelektrikum charakteristische Temperatur- und Feldabhängigkeit der dielektrischen Eigenschaften auf. Dieser Befund ist von WUL, GOLDMAN und RASBASCH [37] später bestätigt, von seiten der Tamco jedoch als unrichtig abgelehnt worden[1].

---

[1] Druckschrift über „High Dielectric Ceramics" der Tamco S. 83.

Dort wird der Vermutung Ausdruck gegeben, daß das aus sehr reinen Bestandteilen hergestellte anomale Produkt von WUL und GOLDMAN chemisch ungenügend umgesetzt oder schlecht gesintert war, weil sehr reine $BaTiO_3$-Proben der Tamco diese Anomalie nicht zeigten. Außerdem wird auf Versuche hingewiesen, in denen definierte Zusätze von $^1/_2$–2% SiO_2, Al_2O_3 oder der Summe beider keine entscheidende Verminderung von ε gebracht haben. Eine genaue Betrachtung der Meßkurven der Tamco zeigt allerdings eine gewisse Senkung der ε-Werte im Gesamttemperaturbereich mit steigender Menge der Verunreinigung. Eine endgültige Klärung dieser Diskrepanz steht demnach noch immer aus. Einen bemerkenswerten Beitrag zum Reinheitsproblem stellt die Arbeit von EUBANK, ROGERS, SCHILBERG und SKOLNIK [36] dar, die allerdings die bestehende Diskrepanz zwischen den russischen Auffassungen und den nichtrussischen Autoren nicht beseitigt, sondern noch vergrößert:

Aus $BaCO_3$ und TiO_2 mit zwei verschiedenen Reinheitsgraden (A = reagenzienrein, B = spektralrein) wurden unter identischen Herstellungsbedingungen Sinterproben gefertigt, wobei die Sintertemperatur zwischen 1100—1500° verändert wurde. Die spektralreinen Proben B waren nicht nur ferroelektrisch, sondern besaßen ein um den Faktor 2—3 höheres ε als die A-Proben. Werte bis $\varepsilon = 12000$ wurden optimal mit B erreicht. Allerdings waren diese Proben sehr empfindlich gegen äußere Einflüsse. Wiederholte Temperaturwechsel durch den Curiepunkt und lange Bestrahlung mit Sonnen- oder Kohlebogenlicht führten zu einer allmählichen Verminderung von ε. Auch der Einfluß der Unterlage während des Brennens (Pt oder ZrO_2) war erheblich.

α) Dielektrizitätskonstante und Verlustwinkel.

Polykristallines $BaTiO_3$ *(Keramik)*. Die nachfolgenden Angaben beziehen sich auf ein weitgehend reines $BaTiO_3$ folgender Zusammensetzung:

65,7% BaO, 34,2% TiO_2, 0,2% Verunreinigungen.
Theoretische Werte: 65,7% BaO, 34,3% TiO_2.
Die Spektralanalyse ergab folgende Gehalte an Verunreinigungen (in %):

SiO_2	0,06	Mg	0,0005	W	0,01
Fe_2O_3	0,001	Nb	0,01	V	0,002
Al_2O_3	0,001	Cu	0,0001	Cr	0,002
Sb_2O_3	0,002	Pb	0,002	Ca	0,1
SnO_2	0,001	Mn	0,00005	Sr	0,005

Die Temperaturabhängigkeit von ε und Verlustfaktor für der vorstehenden Analyse entsprechendes $BaTiO_3$ ist in Abb. 2, bei kleinen Abweichungen von der stöchiometrischen Zusammensetzung in Abb. 3—8

2*

dargestellt (aus Tamco-Druckschrift). Diese Schaubilder lassen erkennen, daß beim Übergang vom **BaO**-Unterschuß zu **BaO**-Überschüssen sich folgender Gang der Eigenschaften feststellen läßt:

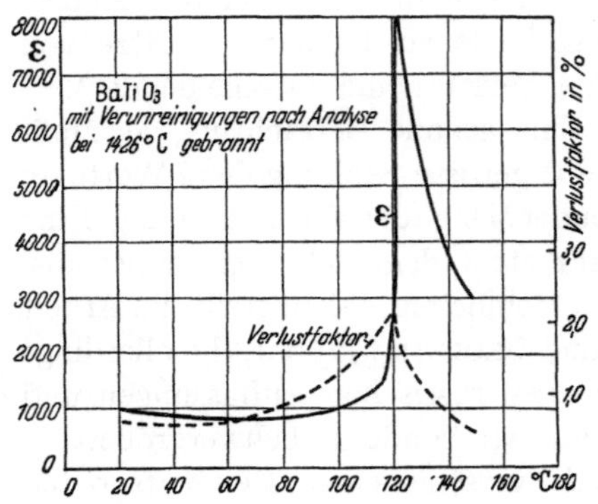

Abb. 2. Temperaturabhängigkeit von ε, Verlustfaktor von **BaTiO₃** mit den auf S. 19 angegebenen Verunreinigungen (aus Tamco-Druckschrift).

a) ε und Verlustfaktor nehmen bei Zimmertemperatur zu.

b) Die Temperatur der ε-Spitze (Curietemperatur) fällt.

c) Während bei ε die Temperaturabhängigkeit praktisch gleich bleibt, ist sie beim Verlustfaktor stark abhängig von der stöchiometrischen Abweichung.

Von Interesse ist ferner die Tatsache, daß **BaTiO₃**-Keramik mit **BaO**-Überschuß eine stärkere Anfangsalterung zeigt. (Vgl. Abschnitt Zeitabhängigkeit, S. 66.)

Der Einfluß stöchiometrischer Abweichungen auf die Temperatur des ε-Maximums ist schon seit längerer Zeit bekannt. So fand auch bereits SKANAVI [38] bei Vorhandensein eines **TiO₂**-Überschusses (entsprechend **BaO**-Unterschuß) eine Verschiebung des Curiepunktes nach höheren Temperaturen in Übereinstimmung mit den Angaben der Tamco. Allerdings behauptet er, daß für das stöchiometrische Verhältnis das ε-Maximum unter 100°C liegen soll.

Die Temperatur der ε-Spitze erweist sich andererseits als weitgehend frequenz- und feldstärkeunabhängig [31].

WUL [39] hat als erster den ε-Verlauf von 4,2°K aufwärts gemessen. ε setzt mit dem Wert 100 ein, steigt bis 90°K auf 250 und bei Zimmertemperatur auf 1800. Eine genauere Untersuchung des Temperaturgangs ergab zwei weitere Anomalien von ε des **BaTiO₃** bei etwa $+5°$ und $-70°$C, die sich als kristallographische Umwandlungen erster Art erwiesen [40]. Bei etwa 5°C findet eine Umwandlung tetragonal-orthorhombisch und bei $-70°$C eine weitere in das trigonale System statt. Hierauf wird im Abschn. Struktur und optische Eigenschaften noch näher eingegangen.

An dieser Stelle sei nur vorweggenommen, daß die Temperaturangaben für die unteren Umwandlungspunkte bei den verschiedenen Autoren bisher stark streuten, z.B. zwischen $-10°$ bis $+15°$C für den mittleren und $-70°$ bis $-90°$ für den untersten Umwandlungspunkt.

RHODES [41] hat eine Erklärung für diese starke Streuung gegeben, indem er nachwies, daß diese vor allem durch die große thermische Hysterese an diesen Umwandlungspunkten bedingt ist. Auch für den oberen Umwandlungspunkt, die eigentliche Curietemperatur, streuen die An-

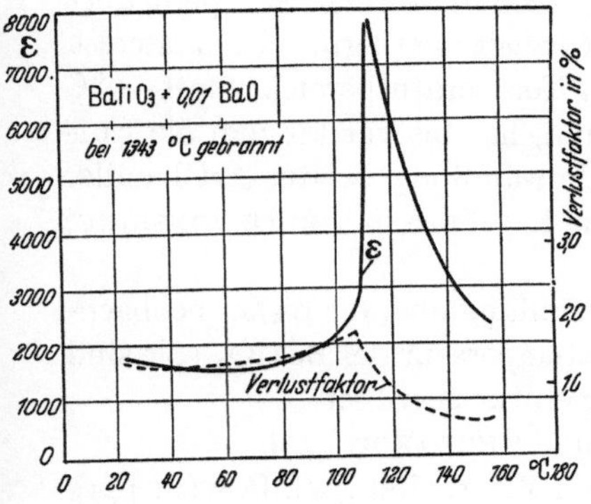

Abb. 3.

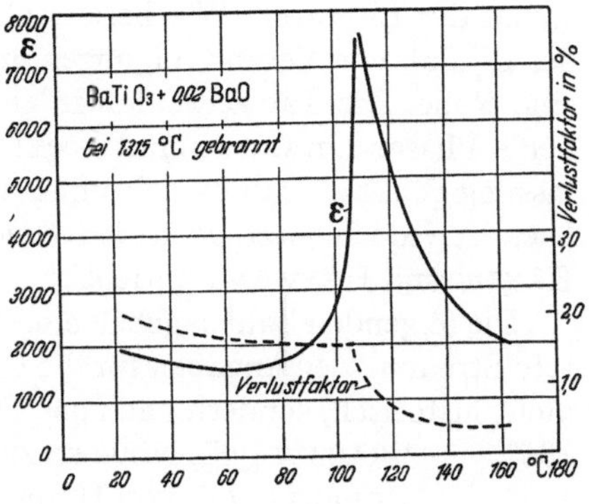

Abb. 4.

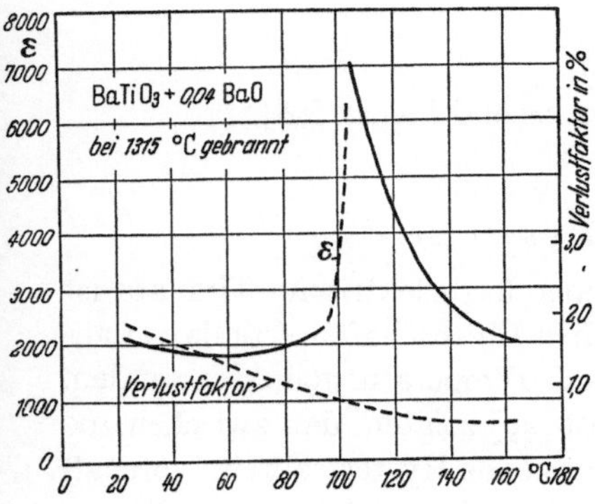

Abb. 5.

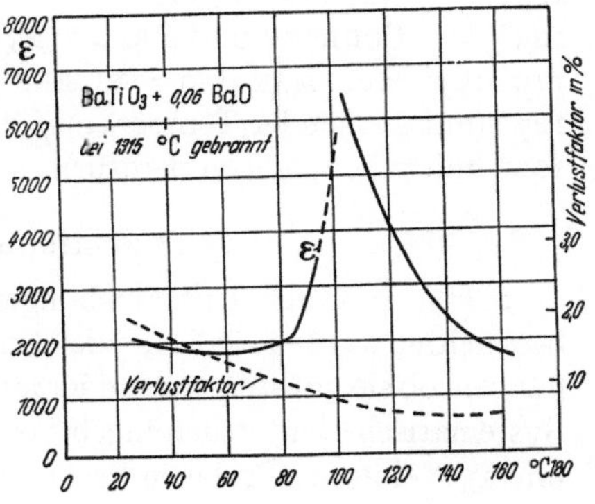

Abb. 6.

Abb. 3—6. Temperaturabhängigkeit von ε, Verlustfaktor von **BaTiO₃** mit wachsendem **BaO**-Überschuß
(aus Tamco-Druckschrift).

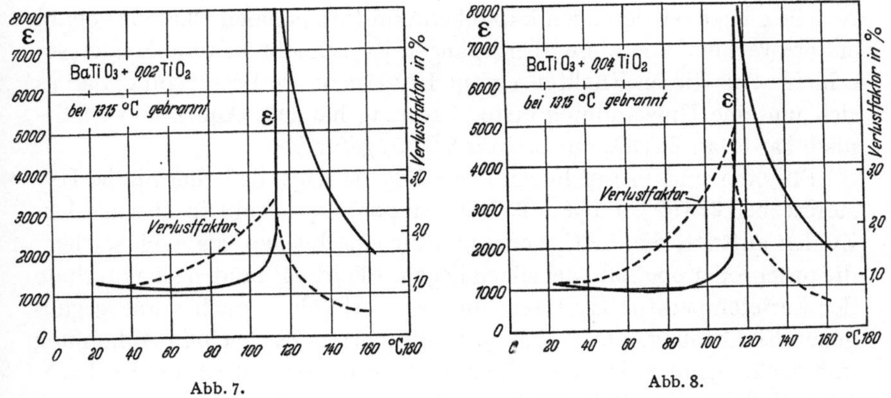

Abb. 7.   Abb. 8.

Abb. 7—8. Temperaturabhängigkeit von ε, Verlustfaktor von **BaTiO₃** mit wachsendem **TiO₂**-Überschuß
(aus Tamco-Druckschrift).

gaben der Literatur. Wie bereits oben erwähnt worden ist, spielt dort der Einfluß von Verunreinigungen und weniger die thermische Hysterese eine Rolle. Die Tatsache, daß in einem Temperaturbereich von $6-7°$C beide Phasen am Curiepunkt koexistieren, hat bis vor kurzem die Auffassung genährt, daß es sich um eine Umwandlung zweiter Art handle. Dies ist jedoch jetzt nach den neueren Ergebnissen von DEVONSHIRE, KÄNZIG und HEYWANG unrichtig.

Die folgenden Zahlen geben eine Vorstellung über die bisher beobachtete Streuung der Angaben für die Curietemperatur des $BaTiO_3$. Sie sind nicht historisch, sondern nach der Temperatur geordnet.

80°   SKANAVI [38], NOWOSILZEW und CHODAKOW [42].

116°   ROBERTS [43], VON HIPPEL und Mitarbeiter [31], POWLES [44].

120°   MATTHIAS und VON HIPPEL [40], CASPARI und MERZ [45].

123°   RSCHANOW [46].

125°   COURSEY und BRAND [23].

119—127° RUSHMAN und STRIVENS [47].

127° (mit steigender Temperatur) PIEKARA und PAJAK [48].

125° (mit fallender Temperatur).

<h3 style="text-align:center">β) Thermische Hysterese.</h3>

Schon in vielen Untersuchungen über ferroelektrische Titanate ist beobachtet worden, daß die dielektrischen Eigenschaftswerte davon abhängen, ob sie mit steigender oder fallender Temperatur gemessen werden. Systematische Untersuchungen von ROI [49] zeigten, daß zwischen 100 und 130° eine von Probe zu Probe schwankende Hysteresebreite vorliegt. Unterhalb der Curietemperatur kann diese 20° erreichen, oberhalb derselben nur $4-5°$. Im Umwandlungsgebiet beim Abkühlen bestimmt die kubische Phase den ε-Wert, der somit ständig steigt. Bei genügender Unterkühlung tritt die tetragonale Phase auf, wobei ε steil abfällt. Die Breite der Hystereseschleife gestattet eine Abschätzung der relativen Anteile der koexistierenden kubischen und tetragonalen Phasen. Sobald erstere restlos in letztere übergegangen ist, schließt sich die Hystereseschleife. Aus diesen Effekten nimmt ROI erneut die Bestätigung, daß es sich um eine Umwandlung erster Ordnung handelt. Ähnliche Verhältnisse hat er an $BaTiO_3$ mit $0-30\%$ $SrTiO_3$ gefunden.

PIEKARA und PAJAK haben neuerdings gezeigt, daß thermische Hysterese bei $BaTiO_3$ und 78,6 $BaTiO_3$, 21,4 $SrTiO_4$ sowohl in thermischen Zyklen auftritt, die die Curietemperatur einschließen, als auch solchen, die unter- oder oberhalb derselben liegen. Allerdings fanden sie unterhalb der Curietemperatur Hysterese nur beim Abkühlen nach vorausgegangener Erwärmung, nicht aber in umgekehrten Zyklen mit Abkühlung und nachfolgender Wiedererwärmung. Sehr interessant ist ihre Beobachtung, daß ein unterhalb des Curiepunktes gemessener ε-Wert sich nach mehrmaligen Abkühlungszyklen noch an eine etwa vorausgegangene

Erwärmung „erinnern" kann. Ein entsprechendes „Tieftemperatur-gedächtnis" scheint nicht zu existieren.

γ) Verhalten oberhalb des Curiepunktes.

Für den Verlauf von ε oberhalb des Curiepunktes sollte das CURIE-WEISSsche Gesetz gültig sein:

$$\varepsilon = \frac{C}{T - \Theta}$$

C Curiekonstante; Θ Curietemperatur.

MASON und MATTHIAS [50] haben diese Beziehung modifiziert und die Einführung einer additiven Konstante ε_0 vorgeschlagen, die dem ε für extrem hohe Temperaturen T entspricht $\varepsilon = \frac{C}{T - \Theta} + \varepsilon_0$.

Aus Messungen bei sehr tiefen Temperaturen würde sich für ε_0 der Wert 350 ergeben. ROBERTS [51] hat nun versucht, ε_0 durch Messungen bis 350°C zu bestimmen. Seine Meßergebnisse für ε und tg δ sind in Tab. 5 enthalten:

Tabelle 5. ε und Verlustwinkel von $BaTiO_3$ bei 1 MHz.

Temperatur °C	ε	tg δ
25	1525	0,009
50	1413	0,011
75	1440	0,010
100	1750	0,014
110	2450	0,016
115	5070	0,013
120	5070	0,009
125	4430	0,006
130	3820	0,004
140	2970	0,003
150	2450	0,002
175	1610	0,001
200	1190	0,001
225	933	0,002
250	761	0,002
275	656	0,007
300	572	0,016
325	506	0,040
350	457	0,087

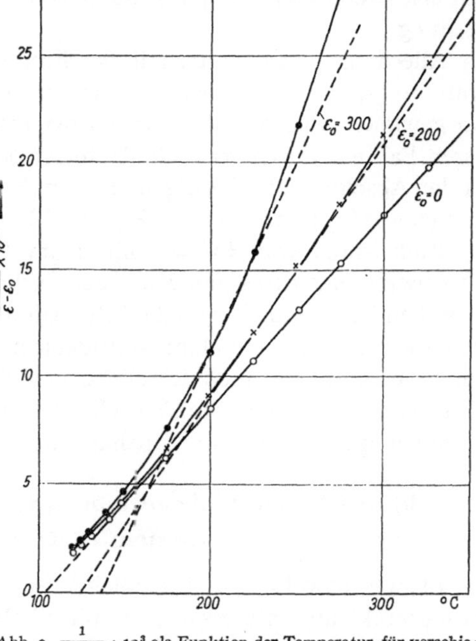

Abb. 9. $\frac{1}{\varepsilon - \varepsilon_0} \cdot 10^3$ als Funktion der Temperatur für verschiedene Werte von ε_0 (aus [51]).

Die Beziehung zwischen Temperatur $T - \Theta$ und $(\varepsilon - \varepsilon_0)$ wird nach den Ergebnissen von ROBERTS linear für $\varepsilon_0 = 0$ (Abb. 9, aus [51]). Daraus muß geschlossen werden, daß das CURIE-WEISSsche Gesetz ohne Zusatz einer additiven Konstante für das Verhalten von $BaTiO_3$ oberhalb des Curiepunktes maßgebend ist.

δ) Verhalten nach tiefen Temperaturen hin.

Bereits VON HIPPEL und Mitarbeiter haben $BaTiO_3$ und andere Titanate bis 150° K gemessen [31] und festgestellt, daß die Curiepunkte von Ca- und Sr-Titanat unter − 100° liegen. $BaTiO_3$ hat bei − 100° ein ε von etwa 500, das bis Zimmertemperatur, je nach Frequenz und Feldstärke, bis auf 1200−2000 anwächst. WUL [39] hat zwischen 4,2−90° K einen Anstieg von 100−250 festgestellt, wenn der Wert für 20° 1800 betrug. Das Ziel dieser Untersuchungen war, einen dem Seignettesalz analogen, unteren Curiepunkt festzustellen. Hatten schon die eben erwähnten Arbeiten ein negatives Ergebnis gebracht, so wurde dies endgültig und erneut durch MERZ [52] bestätigt, der ebenfalls bis 4,2° K herab gemessen hat. Nach seiner Ansicht besteht kein Anhaltspunkt dafür, daß der ferroelektrische Charakter des $BaTiO_3$ bei sehr tiefen Temperaturen ganz verschwindet. Nicht der hohe Absolutwert von ε, sondern vor allem der steile Anstieg der elektrischen Koerzitivkraft von 250 V/cm bei 180° K auf fast 10000 V/cm bei 4,2° K unterstreichen die Richtigkeit seiner Feststellung.

Allerdings gibt es unterhalb der Raumtemperatur zwei weitere Umwandlungspunkte, die sich vor allem optisch und strukturell, aber auch im gewissen Ausmaße dielektrisch bemerkbar machen, jedoch im letzteren Fall nur durch graduelle Unterschiede. Ausführlicher wird hierauf in den Abschn. Optische Eigenschaften (S. 115 ff.), Strukturuntersuchungen (S. 105 ff.) und Einkristalle (S. 98 ff.) eingegangen.

Einkristalle von $BaTiO_3$ mit 2 mm Größe wurden erstmalig von BLATTNER, MATTHIAS und MERZ aus Carbonatschmelzen hergestellt. Inzwischen ist eine umfangreiche Literatur allein über Einkristalle erschienen, die nicht nur eine Mannigfaltigkeit möglicher Strukturen offenbart, sondern vor allem auch Einblicke in die physikalischen Vorzüge der Einkristalle für die ferroelektrische Polarisation lieferte. Sie wird daher in einem späteren Abschnitt behandelt.

b) $BaTiO_3$ mit nichtstöchiometrischer Zusammensetzung (System $x\,BaO \cdot y\,TiO_2$).

Es war sowohl vom kristallchemischen als auch vom technischen Standpunkt aus interessant, die physikalischen, insbesondere die elektrischen Eigenschaften der Systeme $x\,BaO \cdot y\,TiO_2$ kennenzulernen.

Mit den Zweistoffsystemen $BaO \cdot TiO_2$ und $SrO \cdot TiO_2$ bei verschiedenen Überschüssen einer der Komponenten haben sich in USA BUNTING, SHELTON und CREAMER [32], in der UdSSR verschiedene Forscher, insbesondere SKANAVI und DEMESHINA [53], beschäftigt. Es zeigte sich dabei, daß ε mit zunehmender Abweichung von der Stöchiometrie durchweg fiel, jedoch traten dafür andere wertvolle Eigenschaften in Erscheinung, z. B. ein Temperaturbeiwert für ε von Null für die Zusammensetzung

$BaO-5\,TiO_2$ (BUNTING und Mitarbeiter) und nahezu Null für $4\,BaO-TiO_2$. Das letztgenannte System, das in der russischen Literatur die technische Bezeichnung „Tetrabar" trägt, hat ein ε von 28 und bis 150° einen temperaturunabhängigen Verlustwinkel sowie den verhältnismäßig hohen Isolationswiderstand von $10^{15}\,\Omega$cm. Sie soll allerdings nach SKANAVI chemisch instabil sein, was mit dem Hinweis nicht im Einklang steht, daß sie als Dielektrikum für keramische Kondensatoren Verwendung finden kann.

Einen interessanten Beitrag zur Aufklärung der im System $BaO-TiO_2$ möglichen Phasen stellt eine neuere Arbeit von STATTON [54] dar.

Beim Zusammenbringen von BaO und TiO_2 in verschiedenem Verhältnis und Erhitzen der Mischung bis zum Schmelzen können folgende Phasen entstehen, und zwar je nach Zusammensetzung rein oder in Mischung untereinander:

$$BaO \cdot 4\,TiO_2 \qquad BaO \cdot 2\,TiO_2 \qquad BaO \cdot TiO_2 \qquad 2\,BaO \cdot TiO_2$$

Die Existenz dieser Phasen im System $BaO-TiO_2$ wurde von STATTON dadurch nachgewiesen, daß jeweils um 2,5 Mol-% voneinander abweichende Mischungen auf einem Mo-Streifen bis zum Schmelzen erhitzt wurden. Dies erfolgte völlig reversibel, so daß durch mehrfaches Pendeln der Streifentemperatur um die Schmelztemperatur eine präzise Bestimmung letzterer möglich war.

Für die Röntgenstrukturuntersuchungen wurden Schmelzproben in kleinen, becherförmigen Vertiefungen des Mo-Streifens gewonnen. Wenn das Schmelzen nicht vollständig war und kleine, feste Bestandteile in der Schmelze schwammen, wurde dies als Kriterium für ein zweiphasiges System angesehen.

Schmelzmaxima entsprechende Phasen waren röntgenographisch deutlich voneinander zu unterscheiden.

Besonderes Interesse verdient die Beobachtung, daß beim Erhitzen von $BaTiO_3$-Einkristallen auf 1550°C ein nichtkubisches Zwischenprodukt entstand und durch schnelles Abkühlen eingefroren werden konnte. Durch höheres Erhitzen auf 1600°C kehrte die normale kubische Struktur wieder. Die Hochtemperaturumwandlung schien völlig reversibel zu sein, wie aus schnellen und langsamen Abkühlungsversuchen hervorging, die in beiden Fällen die gleichen Strukturlinien der Zwischenphasen ergaben. STATTON gelang es auch, nach dem durch MATTHIAS verbesserten Verfahren von BOURGEOIS außer $BaTiO_3$-Einkristallen auch solche von $BaO \cdot 2\,TiO_2$ und $BaO \cdot 4\,TiO_2$ zu erhalten, wenn er die entsprechenden Mischverhältnisse benutzte: im ersteren Fall trat eine monokline, im zweiten Fall eine nicht näher angegebene Struktur auf.

Die Abb. 10 (aus [54]) zeigt, daß die Schmelzpunkte der vorgenannten reinen Phasen bei 1700° und 1630° und die eutektischen Punkte für die

Mischungen $BaTiO_3/BaO \cdot 2\,TiO_2$ sowie $BaO \cdot 2\,TiO_2/BaO \cdot 4\,TiO_2$ bei 1640° bzw. 1625° liegen.

In einer ähnlichen Untersuchung von TRZEBIATOWSKI [*54a*] wurden allerdings folgende abweichende Schmelzpunkte ermittelt:

$2\,BaO \cdot TiO_3$ 1820°; $BaTiO_3$ 1610°; $BaO \cdot 2TiO_2$ 1310°; $BaO \cdot 4TiO_2$ 1465°. Diese Verbindungen bilden folgende eutektischen Gemische:

Für	44	65	68	82	Mol % TiO_2
	1585	1310	1305	1455° C	

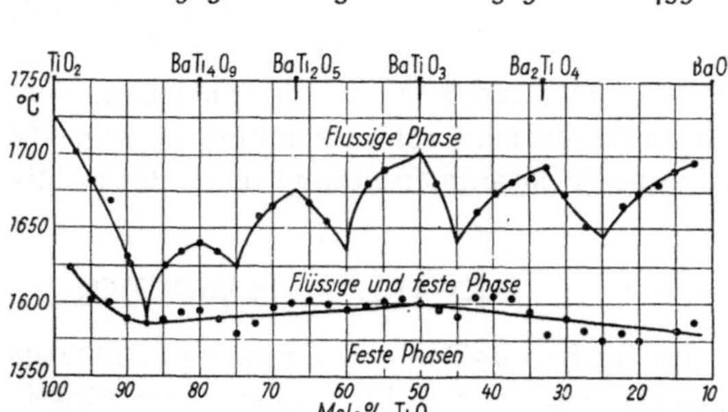

Abb. 10. Phasendiagramm des Systems BaO/TiO_2 (aus [*54*]).

Zu teilweise anderen Phasen gelangten KUBO und SHINRIKI [*55*], wenn sie die Komponenten BaO und TiO_2 1 Stunde bei 1300° aufeinander reagieren ließen. Außer den von STATTON gefundenen Phasen $2\,BaO \cdot TiO_2$ und $BaTiO_3$ finden sie noch $2\,BaO \cdot 3TiO_2$ und $BaO \cdot 3\,TiO_2$. Diese Phasen zeigen große und charakteristische Unterschiede in ihrer Säurelöslichkeit, die mit steigendem TiO_2-Gehalt abnimmt. Während die ersten beiden in Essig- oder mäßig konzentrierter Salzsäure löslich sind, ist $2\,BaO \cdot 3TiO_2$ in konzentrierter Salzsäure gerade und $BaO \cdot 3TiO_2$ überhaupt nicht mehr löslich. Diese Löslichkeitsmessungen wurden durch Dichtebestimmungen und Röntgenstrukturuntersuchungen ergänzt.

In einer weiteren Arbeit haben die japanischen Verfasser [*56*] die Kinetik dieser Reaktion verfolgt und gefunden, daß in jedem Mischungsverhältnis von BaO und TiO_2 sich zuerst die stöchiometrische Verbindung $BaO \cdot TiO_2$ bildet, die dann mit dem jeweiligen Überschußbestandteil unter Bildung der erwähnten anderen Phase reagieren kann. Während jedoch die Primärreaktion schon kurz oberhalb 300° C einsetzt, wie auch die Bildung der Verbindung mit BaO-Überschuß, benötigen die TiO_2-reichen Verbindungen Minimaltemperaturen über 700° bzw. 800° C.

Dies steht im Einklang mit chemischen und strukturellen Untersuchungen von W. FREUNDLICH [*58*]. Der Reaktionsverlauf im System $BaO \cdot TiO_2$ wird schließlich noch durch die Gegenwart von Wasserdampf oder CO_2 beeinflußt. In feuchter Luft wird die Reaktionsgeschwindigkeit vergrößert, jedoch selektiv, so daß z. B. die Bildung von $BaO \cdot TiO_3$ begünstigt wird, während in trockener Luft sich bevorzugt $2BaO \cdot TiO_2$ bildet. CO_2 scheint eine reaktionsverzögernde Wirkung zu haben [*57*].

Die größte Sintergeschwindigkeit tritt für $BaO-TiO_2$ im Bereich zwischen 1220 und 1270° auf, wie radiochemisch gezeigt werden konnte [57 a]. Bei Indizierung von $BaCO_3$ mit Ra oder ThX oder TiO_2 mit Radiothor tritt ein charakteristischer Abfall des Emaniervermögens der äquimolekularen Mischung beider Komponenten während des Erhitzens auf, die eine Folge der mit der fortschreitenden Sinterung verbundenen Oberflächenverringerung ist, während oberhalb 1270° die Aktivität nahezu konstant bleibt.

Ergebnisse von BUNTING, SHELTON und CREAMER [32] über die elektrischen Eigenschaften von Titanaten mit nichtstöchiometrischer Zusammensetzung sind in den Tab. 6 u. 7 wiedergegeben (Meßfrequenz 1 MHz).

Tabelle 6. *Temperaturgang von ε im System* $BaO-nTiO_2$.

n	-60	-40	-20	0	$+20$	$+40$	$+85$	Temp.-Koeff.
1	805	860	980	1160	1570	1360	1440	—
1,5	600	660	720	780	870	900	980	—
2	163	173	182	192	200	204	221	$+2600 \cdot 10^{-6}$
3	44,6	44,5	44,3	44,2	44,1	43,9	43,7	$-160 \cdot 10^{-6}$
4	33,0	33,2	33,4	33,6	33,7	33,9	34,0	$+260 \cdot 10^{-6}$
5	36,7	36,7	36,7	36,7	36,7	36,7	36,7	0
6	46,5	46,2	45,8	45,4	45,1	44,9	44,9	$-370 \cdot 10^{-6}$
18	80,5	78,9	77,6	76,5	75,4	74,3	72,5	$-750 \cdot 10^{-6}$
∞	106,2	103,6	101,5	99,3	98,0	96,8	93,6	$-850 \cdot 10^{-6}$

Tabelle 7. *Temperaturgang von ε im System* $SrO-nTiO_2$.

n	-60	-40	-20	0	$+20$	$+40$	$+85$	Temp.-Koeff.
1	367	330	300	280	261	246	219	—
1,5	274	250	230	213	202	193	173	$-3200 \cdot 10^{-6}$
2	255	233	214	200	189	180	162	$-3000 \cdot 10^{-6}$
4	186	174	162	156	149	143	131	$-2500 \cdot 10^{-6}$
12	131	126	122	118	115	113	107	$-1350 \cdot 10^{-6}$

Tabelle 8. *Der Einfluß der Frequenz bei verschiedener thermischer Behandlung für* $(Ba_{0.5}Sr_{0.5})TiO_3$.

Glüh-temperatur	ε bei 25° C			tg δ bei 25° C		
	50	10^3	$2 \cdot 10^4$ Hz	50	10^3	$2 \cdot 10^4$ Hz
1350°	870	900	890	3,5	1,6	6,1
1350°	870	890	900	2,9	1,7	7,8
1385°	870	870	890	1,8	1,4	6,2
1385°	870	870	890	1,7	1,4	7,2
1420°	860	860	870	3,5	1,2	5,8
1420°	870	860	870	4,3	1,3	8

Die Schrumpfung betrug bei allen 3 Sintertemperaturen 14,3%.

Die von BUNTING, SHELTON und CREAMER [32] untersuchten Systeme erstreckten sich bis auf Ba- und SrO-Gehalte von 5% herunter. Es liegt nahe, anzunehmen, daß bei noch kleineren Gehalten an Erdalkalioxyd keine Besonderheiten mehr auftreten. Um so überraschender sind daher die von SKANAVI und DEMESHINA [53] gemachten Beobachtungen, nach denen durch Zusätze von nur 1,25 Mol-% Erdalkalioxyd **Mg**, **Ca**, **Sr**, **Ba** und **Zn** sehr große ε-Werte auftreten können, wie aus Tab. 9 erkennbar ist.

Tabelle 9.

Abhängigkeit von ε und $\mathrm{tg}\,\delta$ bei $20°\,C$ für Systeme 1,25 Mol-% **MeO**, *100 Mol-%* **TiO$_2$**.

ε bei	Mg	Ca	Sr	Ba	Zn	$\mathrm{tg}\,\delta$ bei	Mg	Ca	Sr	Ba	Zn
50 Hz	300	1450	1680	550	500	50 Hz	2500	1500	1000	1500	1600
10^3 Hz	170	1000	1260	330	280	10^3 Hz	2500	2600	2500	3200	3200
10^4 Hz	150	560	720	190	190	10^4 Hz	2300	6400	6400	4500	3300
$5,5\cdot10^4$ Hz	110	320	400	150	120	$5,5\cdot10^4$ Hz	700	4200	5200	1900	1600
$1,1\cdot10^5$ Hz	95	270	320	140	110	$1,1\cdot10^5$ Hz	600	3000	3500	1400	1300
10^6 Hz	—	—	220	120	—	10^6 Hz	—	—	2600	700	—

Der Temperaturgang von ε und $\mathrm{tg}\,\delta$ dieser Systeme 1,25 **MeO** 100 **TiO$_2$** zeigt ausgeprägte Maxima, wie aus Abb. 11 u. 12 hervorgeht.

Zur Erklärung dieser Effekte führen SKANAVI und DEMESHINA [53] theoretische Überlegungen an, die den Rahmen dieser Darstellung überschreiten (Relaxationspolarisation).

Die besondere Bedeutung dieser Messungen liegt im Auftreten hoher ε-Werte, die offenbar nicht durch ferroelektrische Effekte und die ihnen zugrunde liegenden Strukturbeziehungen verursacht sind.

Der Abfall von ε mit steigender Frequenz deutet darauf hin, daß es sich vielleicht nur um eine Scheindielektrizitätskonstante handelt, wie sie an Misch-

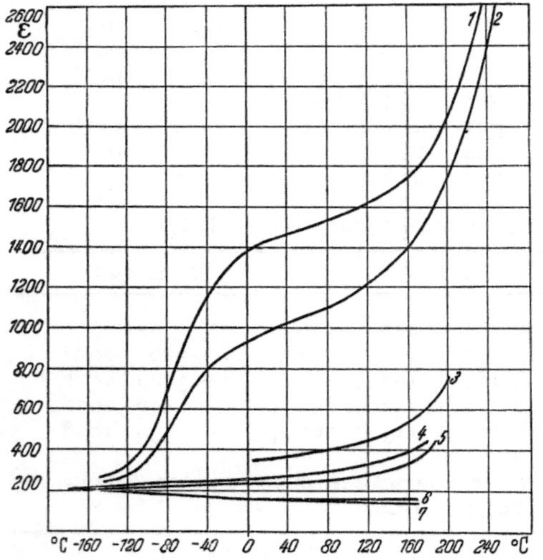

Abb. 11. Temperaturabhängigkeit von ε bei 50 Hz im System x**CaO** · 100 **TiO$_2$**.
1: x = 1,25; — 2: x = 2,5; — 3: x = 11; — 4: x = 15 (aus [53]); — 5: x = 20; 6: x = 50; — 7: x = 100.

körpern von Leitern und Isolatoren auftritt, und nicht um eine echte Elektronen- oder Ionenpolarisierbarkeit.

Auch höhere Gehalte an Erdalkalioxyd als 1,25% sind von SKANAVI und DEMESHINA untersucht worden, und zwar bis zu 100 Mol-% **CaO** und 20 Mol-% **SrO** hinsichtlich ε, bis 100 Mol-% **SrO** hinsichtlich $\mathrm{tg}\,\delta$. Im System **BaO—TiO$_2$** tritt bei 25 **BaO** 100 **TiO$_2$** die bereits oben erwähnte neue Phase Bariumtetratitanat auf, in der die beschriebene Relaxationspolarisation verschwindet.

In den **Ca-**, **Sr-** und **Zn**-haltigen Massen fällt ε und ihr Temperatur-beiwert mit steigendem Gehalt an **MeO** steil ab, wie dies z. B. für **Ca** aus Abb. 11 erkennbar ist. tg δ zeigt einen komplizierteren Verlauf. Bei **Ca**- und **Sr**-Zusätzen treten für 50 Hz zwei Maxima auf, die nach Abb. 12 für **Sr** besonders scharf ausgeprägt sind und bei -90 und oberhalb $+200°$C liegen. Für höhere Frequenzen gehen die Maxima zu höheren Temperaturen über. Beide Abbildungen sind aus [53].

c) Andere Titanate.

Die anderen Erdalkalititanate liegen bei Zimmertemperatur weit über ihrem Curiepunkt und haben entsprechend niedrigere ε-Werte, ebenso auch Zink- und Cadmiumtitanat. Eine Ausnahme macht **PbTiO₃**, dessen Curietemperatur sogar höher liegt als die von **BaTiO₃**. Für einige dieser Verbindungen sind folgende Curietemperaturen gemessen worden:

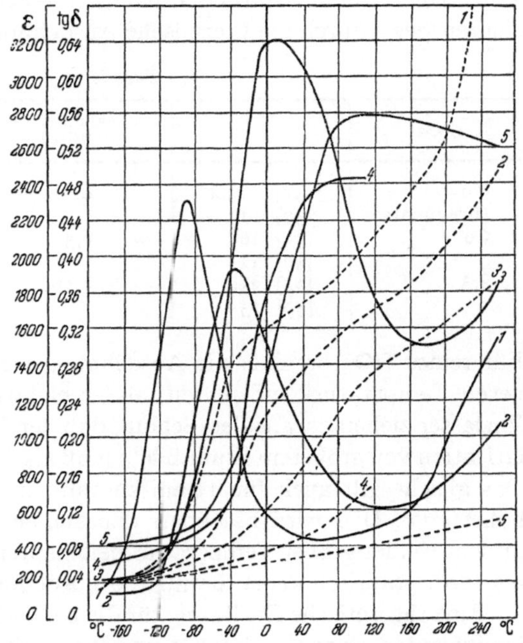

Abb. 12. Temperatur- und Frequenzabhängigkeit von ε und tg δ im System 1,25 SrO · 100 TiO₂ (aus [53]).
1:50 Hz; — 2:1 KHz; — 3:10 KHz; — 4:55 KHz; — 5:110 KHz.
ε = gestrichelte Kurven; — tg δ = durchgezogene Kurven.

SrTiO₃	CdTiO₃	BaTiO₃	PbTiO₃
10°	50°	398°	800° K

Sr—, **Pb—** und **CdTiO₃** haben als Zusätze zu **BaTiO₃** Bedeutung erlangt. Weitere Angaben hierüber s. Abschn. Binäre Systeme, S. 30 ff.

In Tab. 10 sind die elektrischen Eigenschaften von **Mg-**, **Ca-** und **Sr**-Titanat auf Grund der Messungen VON HIPPELS [31] und WULS [59] angegeben.

Der Temperaturgang von ε und des Verlustwinkels von **Ca-** und **Sr**-Titanat verläuft ähnlich. In beiden Fällen findet nach VON HIPPEL und Mitarbeitern ein einsinniger stetiger Abfall zwischen -100 und $+150°$ statt. Der Verlustwinkel bei 1 kHz ist bis etwa $+30°$ praktisch konstant (angegebener Wert der Tabelle) und steigt dann oberhalb 60° steil an, so daß bei 100° der 8- bzw. 3 fache Wert erreicht wird.

Der Frequenzgang des ε in der Reihe **Mg-**, **Ca-**, **Sr**-Titanat ist klein. Dagegen steigt der Verlustwinkel in der angegebenen Reihenfolge stark an. Von Hippel und Mitarbeiter haben versucht, den Temperaturkoeffizienten des ε durch die thermische Ausdehnung der Keramik zu klären.

Tabelle 10.

Titanat	ε		Temperaturkoeffizient (%)/Grad	$\mathrm{tg}\,\delta \cdot 10^4$ bei	
				10^3 Hz	10^6 Hz
Mg	[31]	13,4	$+0,01$	18	10
(Frequenta)	[59]	17			
Ca	[31]	167	$-0,31$	8	6
	[59]	115			
Sr[1]	[31]	210	$-1,76$	80	8
	[59]	155			

Für reines TiO_2 ergaben die Ausdehnungsmessungen einen 25mal kleineren Temperaturkoeffizienten, als er elektrisch gemessen wurde. Die Verfasser ziehen daraus den Schluß, daß der Temperaturbeiwert der Polarisation von größerem Einfluß sein muß als die thermische Ausdehnung. Das gleiche gilt auch für Titanitkeramiken, und zwar um so mehr, je höher ε ist. Dies wird besonders deutlich bei Bariumtitanat, das gerade in dem Gebiet großer Temperaturkoeffizienten (-15 bis $+10°$ und $+95$ bis $120°$) praktisch keine thermische Ausdehnung zeigt.

Eine theoretische Erklärung für die beobachteten hohen Temperaturkoeffizienten sehen von Hippel und Mitarbeiter in der Tatsache, daß das Dipolmoment im Kristallgitter des TiO_2 und der Titanate eine Funktion des Ionenabstandes ist, die besonders steil für solche Stoffe verläuft, die als Übergänge zu homöopolarer Bindung anzusehen sind (A. Eucken und A. Büchner) [60].

d) Homogene Mischphasen mehrerer Titanate.

α) Binäre Systeme.

Das Auftreten von Höchstwerten von ε unter $0°$ C für **Ca-** und **Sr**-Titanat und über $100°$ für $BaTiO_3$ wurde frühzeitig dazu ausgenützt, durch geeignete Mischungen das ε-Maximum in das Gebiet der Zimmertemperatur zu verlegen, wobei allerdings gleichzeitig die starke Temperaturabhängigkeit von ε im Gebiet des Maximums in Kauf genommen werden mußte. Bereits Wainer und Salomon [61] haben dies durch einen Zusatz von $SrTiO_3$ zu $BaTiO_3$ erreicht (USP. 2443211). Zwischen der Temperatur des ε-Maximums und der Zusammensetzung besteht nach neueren Ergebnissen eine lineare Beziehung. Mit 29 Mol-% $SrTiO_3$ wird das ε-Maximum auf $21°$ verschoben (von Hippel und Mitarbeiter). Mit

---

[1] An Einkristallen von $SrTiO_3$ sind kürzlich bei $10°$ K ε-Werte von etwa 18000 gemessen worden [59 a].

steigendem Sr-Gehalt tritt ein sich immer stärker ausprägendes Verlustwinkelmaximum in Erscheinung, das jeweils dem ε-Maximum folgt, während bei reinem $BaTiO_3$ beide Maxima zwar vorhanden sind, aber weit auseinander liegen. Da die Absolutwerte der Verlustwinkelmaxima recht hoch liegen, z. B. höher als $1000 \cdot 10^{-4}$ bei $20°$ für 29% $SrTiO_3$, kommen für technisch brauchbare Keramiken nur solche Ansätze in Frage, in denen die Gebrauchstemperatur nicht mit diesem Maximum zusammenfällt. Das letztere ist in diesem Fall so steil, daß eine Verwendung beider Flanken des Maximums wegen des sehr großen Temperaturbeiwerts in der Regel nicht in Frage kommt.

Andererseits werden für technische Keramiken dieser Art Verlustwinkel von nur $50\cdots150 \cdot 10^{-4}$ angegeben, denen ε-Werte von $2000\cdots6000$ zugeordnet sind. Dies ist nur möglich, wenn das $BaTiO_3$ noch weitere Bestandteile enthält, die die Verluste verringern. Hierauf wird im Abschnitt 4 e (S. 36 ff.) noch näher eingegangen werden.

Eine genaue Untersuchung der elektrischen Eigenschaften im System $BaTiO_3$ und $SrTiO_3$ unter Berücksichtigung der durch TiO_2-Überschüsse auftretenden Verhältnisse ist in der bereits zitierten Arbeit von BUNTING, SHELTON und CREAMER [32] enthalten.

Einen guten Überblick über die in Mischphasen auftretenden elektrischen Eigenschaften geben die Dreieckdiagramme von BUNTING, SHELTON und CREAMER [32] und JAFFÉ [62] sowie der Hescho [63].

Nachfolgend sind dargestellt:

Das System

$BaO-BeO-TiO_2$

bei $25°C$ (Abb. 13 aus [62]).

Das System

$BaO-SrO-TiO_2$

für $-60°$, $0°$ und $+60°C$ (Abb. 14 aus [32]).

Für dieses System zeigen die Abb. 15 u. 16 (aus [32]) den Einfluß der Zu

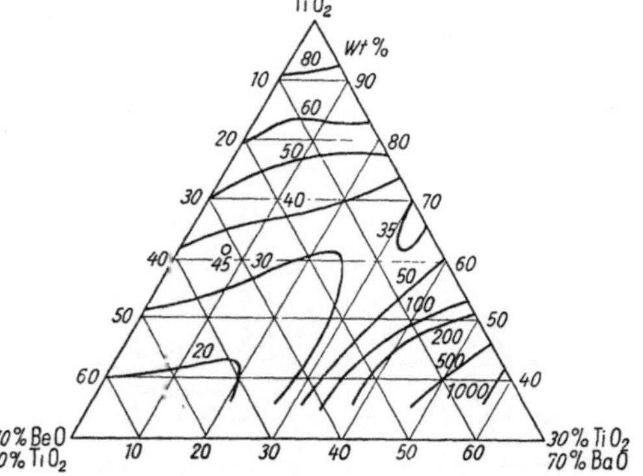

Abb. 13. ε bei $25°$, gemessen mit 1 MHz im Teilgebiet des ternären Systems $BeO-BaO-TiO_2$ (aus [62]).

sammensetzung auf die Lage der Curietemperatur, wobei die Werte unter 50% $BaTiO_3$ extrapoliert sind. Schließlich gibt Abb. 17 (aus [32]) für eine spezielle Zusammensetzung des Systems $(BaSr)TiO_3$ die Temperaturabhängigkeit von ε wieder.

In einer weiter unten (S. 33 ff.) näher behandelten Arbeit von SMOLENSKI [64] finden sich Angaben über die Systeme $BaTiO_3-PbTiO_3$ und $CaTiO_3-PbTiO_3$. Die Brenntemperatur des letzteren Systems wurde mit zunehmendem ·Ca-Gehalt erhöht. Das reine $CaTiO_3$ wurde bei 1430°C gesintert. In Abb. 18 (aus [64]) sind die Werte des wahren ε in Abhängigkeit von der Konzentration der Bestandteile aufgetragen. Abb. 19 (aus

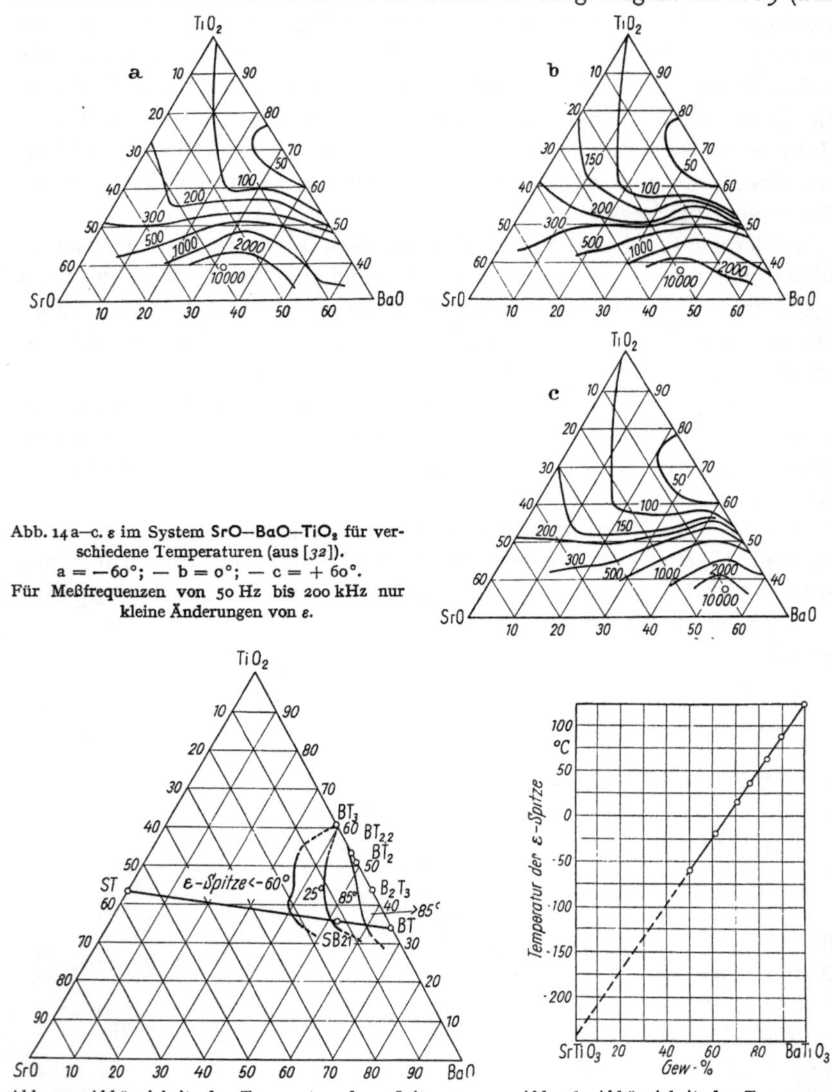

Abb. 14 a—c. ε im System SrO—BaO—TiO₂ für verschiedene Temperaturen (aus [32]).
a = —60°; — b = 0°; — c = + 60°.
Für Meßfrequenzen von 50 Hz bis 200 kHz nur kleine Änderungen von ε.

Abb. 15. Abhängigkeit der Temperatur der ε-Spitze von der Zusammensetzung im System SrO—BaO—TiO₂ (aus [32]). Alle Ziffern stellen Gewichtsprozente dar. Die Symbole BT usw. sind Kurzbezeichnungen von Massen bestimmter Mischungsverhältnisse.

Abb. 16. Abhängigkeit der Temperatur der ε-Spitze von der Zusammensetzung im System BaTiO₃/SrTiO₃ (aus [32]).

[64]) gibt für ein Gemisch 20/80% $PbTiO_3$/$BaTiO_3$ die scheinbaren (gemessenen) und die wahren Werte von ε wieder. Die wahren Werte sind dabei durch Anbringung einer der Porosität entsprechenden Korrektion

gewonnen. In Abb. 20 (ebenfalls aus [64]) sind die ε proportionalen gemessenen Kapazitätswerte und tg δ für ein Gemenge $\approx$30 $CaTiO_3$ und 70 $PbTiO_3$ aufgetragen. Abb. 21 gibt zum Vergleich (wieder aus [64]) die Temperaturabhängigkeit der scheinbaren und wahren Werte von ε für reines $PbTiO_3$ wieder.

Höhe und Temperatur der ε-Spitze im System $(Ba \cdot Pb)TiO_3$ sind bis zu 40% Pb untersucht worden. Aus den Curietemperaturen für 20% Pb (180°), 22% Pb (215°) und 40% Pb (380°) läßt sich für reines $PbTiO_3$ die Curietemperatur 560° extrapolieren, während durch direkte Messung 527° gefunden wurde. Für 20% $PbTiO_3$ zeigt die Wärmeausdehnung ein eigenartiges Verhalten. Bis etwa 155° liegt normale Wärmeausdehnung vor, wenn auch mit stetig abnehmendem Ausdehnungskoeffizienten.

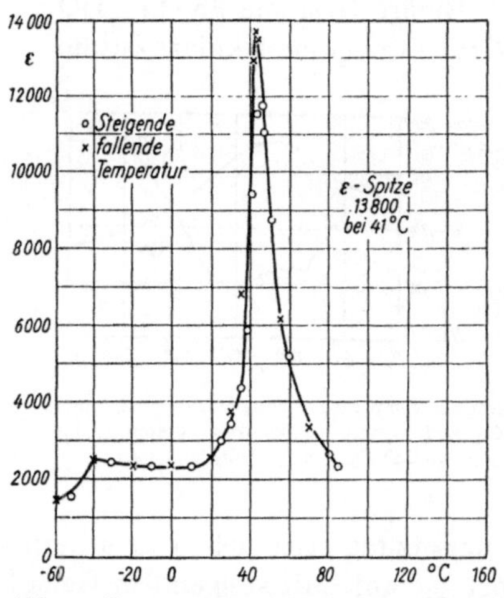

Abb. 17. Temperaturabhängigkeit von ε für die Mischphase 78,6 $BaTiO_3$—21,4 $SrTiO_3$ (aus [32]).

Zwischen 155 und 180° schrinkt dieser Werkstoff, und der Ausdehnungskoeffizient erreicht bei 174° ein scharfes Maximum vom gleichen Wert wie für die Wärmeausdehnung im Gebiet der Zimmertemperatur. Erst nach Überschreiten der Curietemperatur wird die Wärmeausdehnung wieder positiv. Ein ähn-

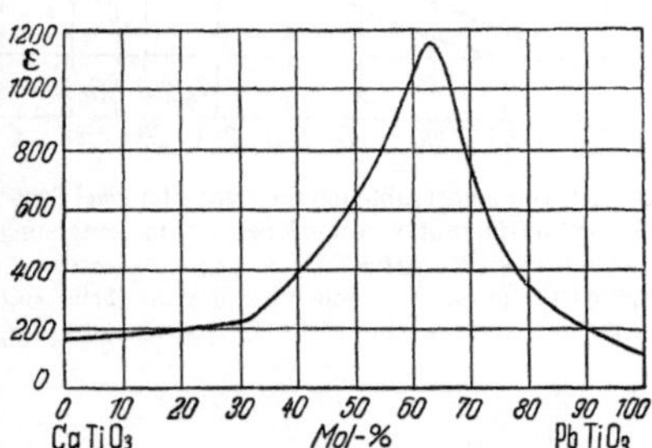

Abb. 18. Abhängigkeit des wahren ε im System $CaTiO_3$—$PbTiO_3$ (gemessen bei 20°) (aus [64]).

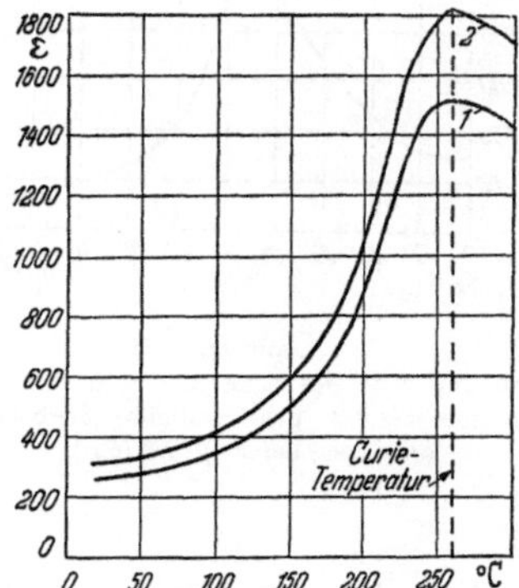

Abb. 19. Temperaturabhängigkeit von ε im System 20 PbO_3—80 $BaTiO_3$. 1 scheinbares ε; — 2 wahres ε (aus [64]).

liches Verhalten, jedoch stark abgeschwächt, liegt bei $BaTiO_3$ vor. Der Ausdehnungskoeffizient wird hier im Curiegebiet zwar nicht negativ, doch praktisch gleich 0 [64 a].

In Abb. 22 ist (nach [64]) für das System $SrTiO_3$—$PbTiO_3$ der Wert von ε in Abhängigkeit von der Konzentration dargestellt. Abb. 23

(aus [64]) gibt für die Systeme 30/70% und 40/60% (SrPb) die Temperaturabhängigkeit der scheinbaren und wahren Werte von ε wieder.

Binäre Systeme Pb · Sr · TiO$_3$ [64b]. Für äquimolekulare Zusam-

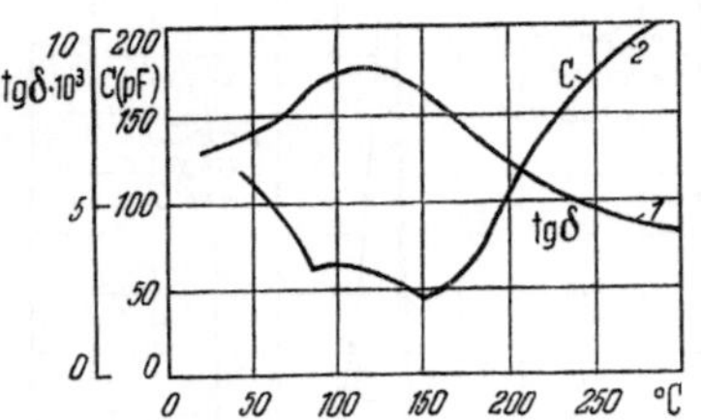

Abb. 20. Temperaturabhängigkeit von tg δ und Kapazität C eines Kondensators, bestehend aus 30 CaTiO$_3$ — 70 PbTiO$_3$ (aus [64]).

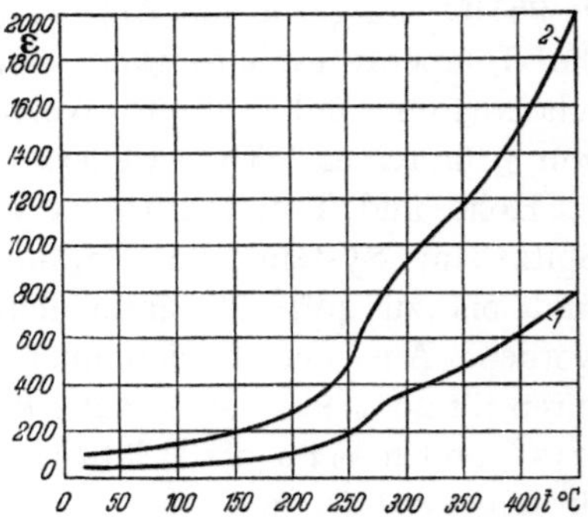

Abb. 21.
Temperaturabhängigkeit von ε in PbTiO$_3$.
1 scheinbares ε; — 2 wahres ε (aus [64]).

mensetzung tritt neben dem normalen Curiepunkt bei 218° ein unterer bei 35° auf. Mit steigendem Gehalt an SrTiO$_3$ fällt der obere und steigt der untere Curiepunkt, letzterer ziemlich linear mit dem Sr-Gehalt. Für 70% SrTiO$_3$ fallen beide Curiepunkte bei etwa 50° zusammen.

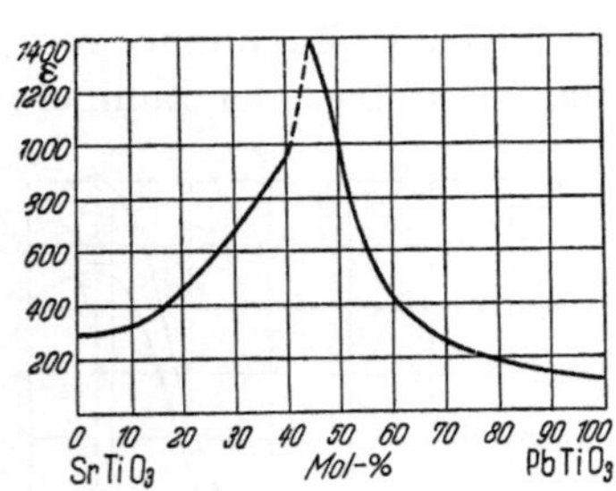

Abb. 22.
Abhängigkeit des wahren ε von der Zusammensetzung des Systems (SrPb)TiO$_3$ (gemessen bei 20°) (aus [64]).

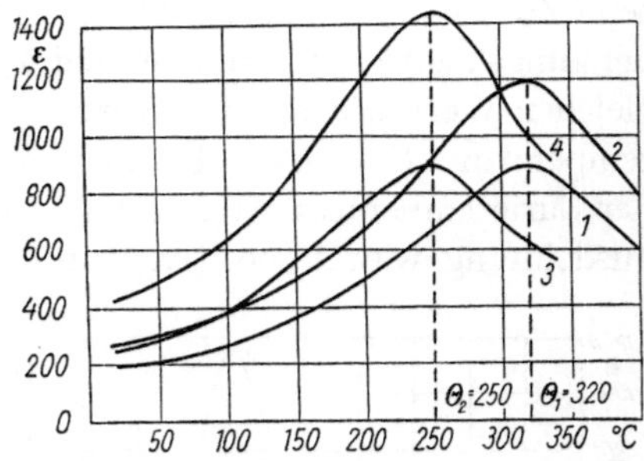

Abb. 23. Temperaturabhängigkeit von ε für zwei Systeme (SrPb)TiO$_3$ mit verschiedener Zusammensetzung. 1 scheinbares ε für (SrPb)TiO$_3$ 30:70; — 2 wahres ε für (SrPb)TiO$_3$ 30:70; — 3 scheinbares ε für (SrPb)TiO$_3$ 40:60; — 4 wahres ε für (SrPb)TiO$_3$ 40:60 (aus [64]).

β) Ternäre Systeme.

Von besonders technischem Interesse sind ternäre Titanatsysteme mit drei verschiedenen zweiwertigen Kationen.

Nähere Angaben hierüber hat GERLACH [63] von der Hescho gemacht. Sie beziehen sich auf folgende Systeme:

a) Mg—Sr—Ba-Titanat (Abb. 24 aus [63]).

b) Ca—Sr—Ba-Titanat (Abb. 25 aus [63]).

Für 20° liegt auf der Basisseite des Dreieckdiagrammes bei 75% $BaTiO_3$ und 25% $SrTiO_3$ ein ε-Maximum von ≈ 7000. Diese Masse hat einen Verlustwinkel tg δ = 80 bis 100 · 10⁻⁴ und wird als Epsilan 7000 von der Hescho bezeichnet. Das verlustärmere Epsilan 900 (tg δ = 16 bis 20·10⁻⁴) tritt im System **Ca—Sr—Ba**-Titanat auf.

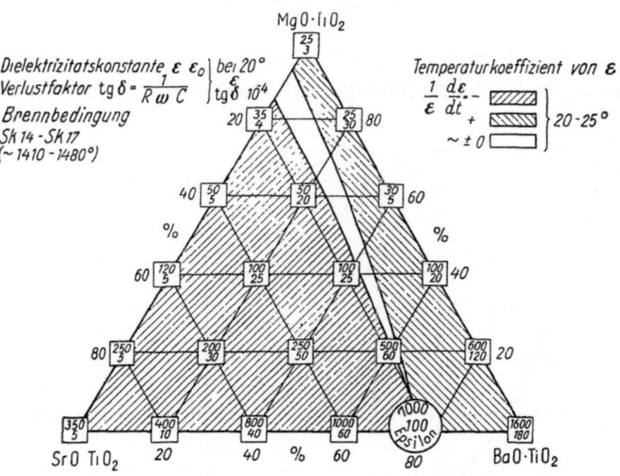

Abb. 24. Ternäres System **Mg—Sr—Ba**-Titanat (aus [63]).
ε: obere Ziffern; — tg δ: untere Ziffern.
Das Vorzeichen des Temperaturkoeffizienten von ε ist durch Schraffierung gekennzeichnet

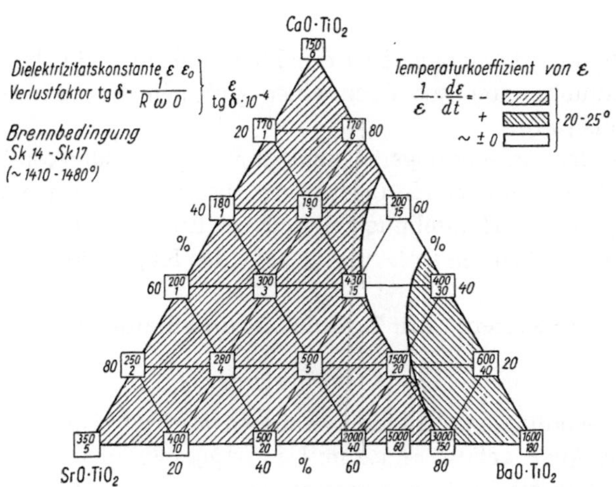

Abb. 25. Ternäres System **Sr—Ba—Ca**-Titanat (aus [63]).
ε: obere Ziffern; — tg δ: untere Ziffern.
Das Vorzeichen des Temperaturkoeffizienten von ε ist durch Schraffierung gekennzeichnet.

Der Abfall des ε-Maximums ist im System a in Richtung aller 3 Komponenten steiler als bei b, wo die erhebliche Ausdehnung des Gebiets kleinerer Temperaturbeiwerte von besonderem Interesse ist.

3*

Eine Masse der Zusammensetzung 60% **Ba-**, 20% **Sr-** und 20% **Ca-**Titanat zeigt überragende Eigenschaften:

$$\varepsilon = 1500$$
$$\mathrm{tg}\,\delta \approx \quad 20 \cdot 10^{-4}$$
$$\text{Temperaturbeiwert} \approx 0$$

Der Curiepunkt von Epsilan 7000 liegt bei etwa 25°C. Wird er überschritten, so fällt die Kapazität gemäß Abb. 26 (aus [63]) ab.

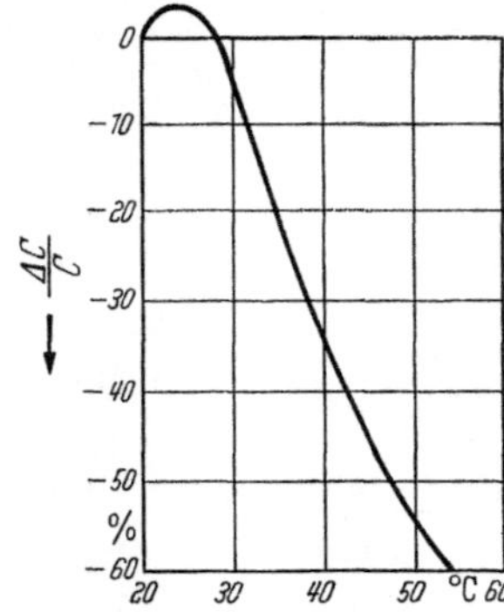

Abb. 26. Prozentuale Kapazitätsänderung von Epsilan-Kondensatoren ($\varepsilon = 7000$) in Abhängigkeit von der Temperatur (aus [63]).

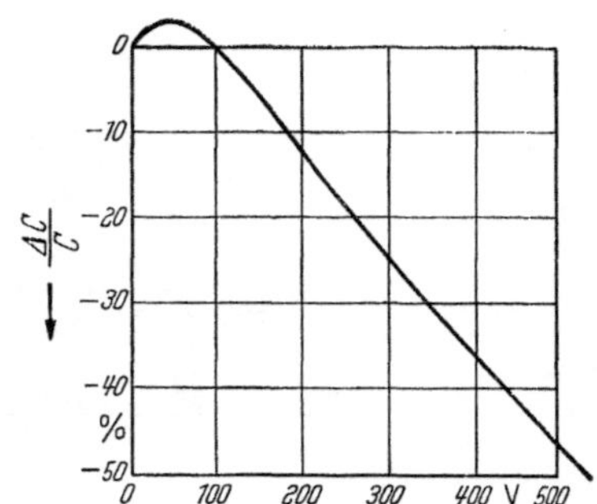

Abb. 27. Spannungsabhängigkeit von Epsilan-Kondensatoren mit $\varepsilon = 7000$ und der Wandstärke 0,04 mm bei Zimmertemperatur (aus [63]).

Die Spannungsabhängigkeit ist erheblich und führt für die maximale Betriebsspannung von 500 V zu einer 50%igen Kapazitätsabnahme (Abb. 27, aus [63]).

Betreffs der Anwendungsmöglichkeiten von Epsilankondensatoren s. Abschn. Anwendungen (S. 144ff.). An dieser Stelle sei nur vorweggenommen, daß die Herstellungstoleranz bei Epsilankondensatoren verhältnismäßig groß ist ($\pm 10\%$ bzw. $\pm 20\%$ der Kapazität).

e) Systeme mit Zirkonaten und Stannaten.

α) Allgemeines.

Die Verwendung von anderen Anionen als TiO_3 ist erstmalig von WAINER ins Auge gefaßt und zum USP. 2399082 angemeldet worden. Durch Zusätze bis 50% Bariumstannat soll ε von 1200 auf 13000 erhöht werden, wobei der Verlustwinkel unter $100 \cdot 10^{-4}$ liegt und der Temperaturbeiwert sinkt. In vier weiteren Patenten (USP. 2402515—518 vom 18. 6. 1946) sind Einzelheiten über Darstellung und Eigenschaften derartiger Werkstoffe enthalten.

Schließlich besteht ein weiteres Patent von WAINER bei der Tamco, nämlich das Patent 2452532 mit der Priorität 2. 11. 1943, in dem in umfassender Weise die Verwendung von Erdalkalititanaten, Stannaten und Zirkonaten unter Schutz gestellt wurde.

β) Zirkonate.

In systematischen Versuchen hat SMOLENSKI [64] die elektrischen und Struktureigenschaften verschiedener Zirkonate sowie ihrer isomorphen Mischungen mit den entsprechenden Titanaten ermittelt. SMOLENSKI stellte seine gesinterten Proben aus hoch dispersen Ausgangsstoffen mit $3-5\mu$ Teilchengröße her, weil dies die Reaktionsgeschwindigkeit in den festen Phasen erhöhte (aktive Oxyde). Als Komponenten kamen in Frage:

$$TiO_2 \qquad ZrO_2 \qquad BaO \qquad und \ PbO_2.$$

Die Sinterung der mit 1000 kg/cm² gepreßten Probekörper erfolgte bei Temperaturen von 1000 bis 1430°C, je nach dem **Pb**-Gehalt. Infolge der geringen thermischen Stabilität der **Pb**-Titanate und -Zirkonate mußten letztere bei 1000–1080°C gesintert werden, wodurch eine entsprechend höhere Porosität auftrat, die allerdings nach einer Formel von ODE-LEWSKI berücksichtigt wurde.

Abb. 28 gibt nach [64] für **PbZrO₃** die Temperaturabhängigkeit des scheinbaren und wahren Wertes von ε wieder.

SHIRANE und TAKEDA [65] fanden, daß mit zunehmendem **Pb**-Gehalt die lineare Wärmeausdehnung ab und die Volumenkontraktion am Curie-punkt zunimmt. Durch mehrfaches Passieren der Curietemperatur werden die Proben brüchig.

Umfangreiche und genaue Messungen an Bleizirkonat- und Bariumzirkonat-mischphasen hat ROBERTS [66] durch-geführt. Die Herstellung seiner Proben erfolgte aus reinem Zirkondioxyd, ana-lysenreinem **PbO** und **BaCO₃**. Die ab-gewogenen stöchiometrischen Mengen wur-den erst 1 Stunde lang in Wassersuspension heftig durchgerührt und die entsprechende Mischung abfiltriert, getrocknet und dann auf 0,5 mm Teilchengröße ausgesiebt. Nach

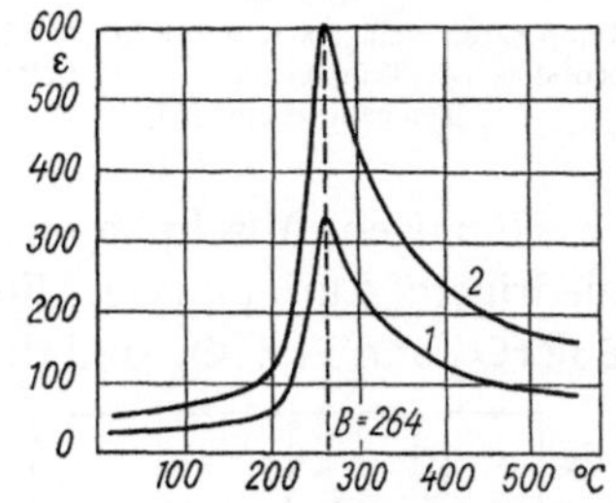

Abb. 28. Temperaturabhängigkeit von ε für **PbZrO₃** (aus [64]).
1 scheinbares ε; 2 wahres ε.

einstündigem Erhitzen im Platintiegel bei 1050°C wurde erneut gemahlen (trocken) und auf eine Teilchengröße von 0,08 mm ausgesiebt. Nunmehr lag ein Zirkonatpulver vor, das nach leichter Anfeuchtung in Scheiben verpreßt und nach Trocknung derselben bei 1300 bis 1400°C gesintert wurde, wobei eine oxydierende Atmosphäre vorlag, die mit **PbO**-Dampf gesättigt war, um Verdampfungsverluste an **PbO** möglichst herabzu-setzen. Teilweise trat sogar ein leichter **PbO**-Überschuß von 2,5% auf. Ohne diese Maßnahme wäre es nicht möglich gewesen, brauchbare Mas-sen zu erhalten.

Nach der Kontaktierung bei 480°C mit Silberelektroden wurde der Scheinwiderstand der erhaltenen Proben in einer Brücke bis etwa 250°C gemessen. Auf eine Randkorrektur konnte verzichtet werden. Die Curietemperatur für $PbZrO_3$ lag bei 236°C für steigende Temperaturen und für fallende Temperaturen bei 232°C (Abb. 29, aus [66]).

Über diese Umwandlungsbreite wurde auch bei $BaTiO_3$ berichtet. Gleichzeitig findet ein Übergang tetragonal/kubisch statt. Messungen von TUCKER und TERRY zeigten, daß die Gitterkonstante der tetragonalen Elementarzellen bei 25° $a = 4{,}11$ Å und $c/a = 0{,}99$ sind, während sich für die Gitterkonstante der kubischen Form bei 300° der Wert 4,15 Å ergibt.

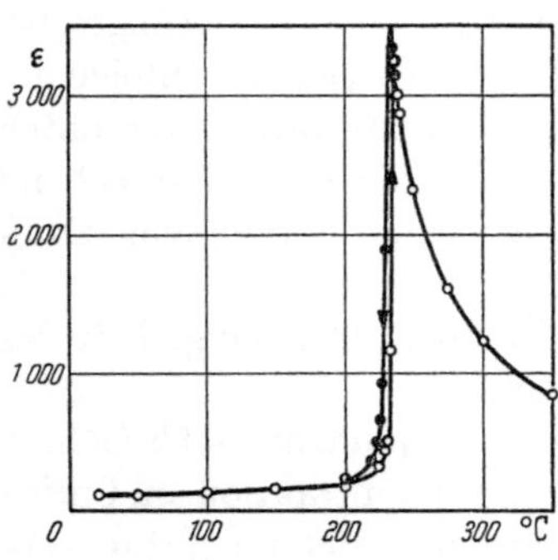

Abb. 29.
Temperaturabhängigkeit von ε in $PbZrO_3$.
ooo steigende Temperatur; — $\cdot\cdot\cdot$ fallende
Temperatur (aus [66]).

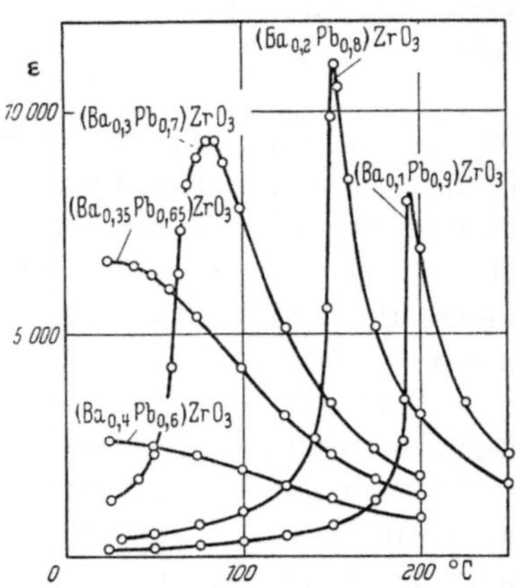

Abb. 30.
Temperaturabhängigkeit von ε für verschiedene
Systeme $(BaPb)ZrO_3$ (aus [66]).

Homogene Mischphasen mit steigendem Ba-Gehalt besitzen natürlich niedrigere Curiepunkte. Für eine Anzahl fester Lösungen zwischen $BaZrO_3$ und $PbZrO_3$ sind die erhaltenen Meßwerte in Abb. 30 (aus [66]) wiedergegeben. Man erkennt, daß der Curiepunkt zwar fällt, die Höhe der ε-Spitze jedoch erheblich zunimmt und bei Ba = 20 Mol-% ein Maximum von etwa 11000 erreicht gegen 3500 bei reinem Zirkonat und 9000 bei reinem Titanat. Abb. 31 gibt für $PbZrO_3$ die Temperaturabhängigkeit von $1/\varepsilon$ bei steigender und fallender Temperatur.

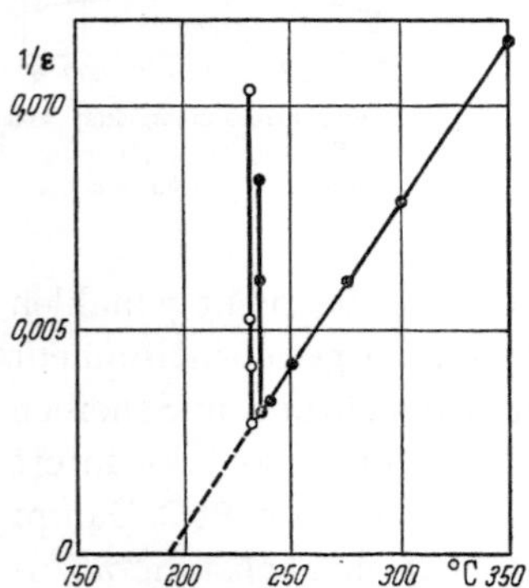

Abb. 31. Temperaturabhängigkeit von
$1/\varepsilon$ in $PbZrO_3$ (aus [66]).
ooo steigende Temperatur; — $\cdot\cdot\cdot$ fallende
Temperatur.

Das elektrische Verhalten oberhalb des Curiepunktes wurde ebenfalls untersucht: sowohl für $BaTiO_3$ als auch für $PbZrO_3$ war das einfache CURIE-WEISSsche Gesetz ohne additives Glied (für Elektronenpolarisation) gut erfüllt. Allerdings ergeben sich durch Extrapolation der geraden Linie in Abb. 31 eine Curietemperatur von 193°C und eine Curiekonstante von 136000°C. Mit Rücksicht auf die Tatsache, daß die Dichte 7,28 g/cm³ etwa 90% der theoretischen Dichte ist, erhält·man für die wahre Curiekonstante nach dem Korrekturverfahren von RUSHMAN und STRIVENS [67] einen Wert von 159000°C.

Es ist noch zu erwähnen, daß die Erhöhung von ε des $PbZrO_3$ durch $BaZrO_3$-Zusätze sich in einem breiten Konzentrationsgebiet vollzieht, was von erheblicher technischer Bedeutung ist. Betrachtet man nur die Meßwerte für Zimmertemperatur, so findet man für die Zusammensetzung 0,35 BaO, 0,65 PbO, ZrO_2 ein Maximum von etwa 6000, das bis etwa 60° bestehen bleibt und das nicht sehr empfindlich gegen Abweichungen der Zusammensetzung ist. Auch die zeitliche Konstanz dieser Mischungen ist ausgezeichnet. Solche mit Ba-Überschuß haben zwar gleiches ε, waren jedoch weniger konstant.

Aus neueren japanischen Arbeiten muß der Schluß gezogen werden, daß $BaZrO_3$ kein eigentliches Ferroelektrikum, sondern ein sogenanntes Antiferroelektrikum ist, in dem die benachbarten Dipolketten antiparallel ausgerichtet sind. (Vgl. Abschn. Theorie, S. 143 ff.) Für den antiferroelektrischen Charakter des $PbZrO_3$ spricht das Verhalten bei überlagertem Gleichfeld von 10 kV/cm, das völlig anders ist als bei ferroelektrischen Stoffen [68]. Hierauf deutet auch die Beobachtung von ROBERTS [69], daß der durch ein Gleichfeld von 800 V/cm induzierte Piezoeffekt in $PbZrO_3$-Keramik kaum meßbar ist, weil sich die entstehende, remanente Polarisation schon in molekularen Bezirken kompensiert.

Direkt bewiesen wurde der antiferroelektrische Charakter des $PbZrO_3$ durch die röntgenographische Untersuchung der auftretenden Überstruktur, wobei eine Periodizität der einfachen Gitterkonstanten von $4a_0$, $4b_0$ und $2c_0$ beobachtet wird. Der Kristalltyp ist orthorhombisch. Die auftretende Verschiebung der Pb-Ionen längs der orthorhombischen a-Achse in antiparallelen Verschiebungen ist nach [68] in Abb. 32 dargestellt. Abb. 33 gibt nach [68] die freie Energie für die antiferroelektrische, ferroelektrische und paraelektrische Phase von $PbZrO_3$ wieder.

Außerdem haben die japanischen Autoren qualitativ gezeigt, daß beim Abkühlen von reinem $PbZrO_3$ unter den Curiepunkt kein pyroelektrischer Effekt (spontane Aufladung) auftritt.

Für reines $PbZrO_3$ sind die zur Überführung der antiferroelektrischen in die ferroelektrische Phase notwendigen Schwellenwerte der Feldstärke für ein breites Temperaturgebiet (200—238°) bestimmt worden. Es ergab sich eine lineare Abnahme dieser Feldstärke mit der Temperatur von — 1,65 kV/cm Grad [69 a]. Thermodynamische Betrachtungen [69 b] führten zu einem ähnlichen Wert (— 1,61 kV/cm Grad). Die Umwandlung der Phasen ferroelektrisch-antiferroelektrisch ergibt den sehr kleinen Energiegewinn von 135 cal/mol.

Pb-Hafniat besitzt zwar ein verhältnismäßig hohes ε mit einem Maximum von 540 bei 25° [69c], jedoch keine Nichtlinearität der dielektrischen Eigenschaften. Es kann als Antiferroelektrikum betrachtet werden. Bis 215° ist es tetragonal, jedoch mit nur schwacher tetragonaler Verzerrung (c/a = 0,991 von 20—163° und 0,997 von 163—215°).

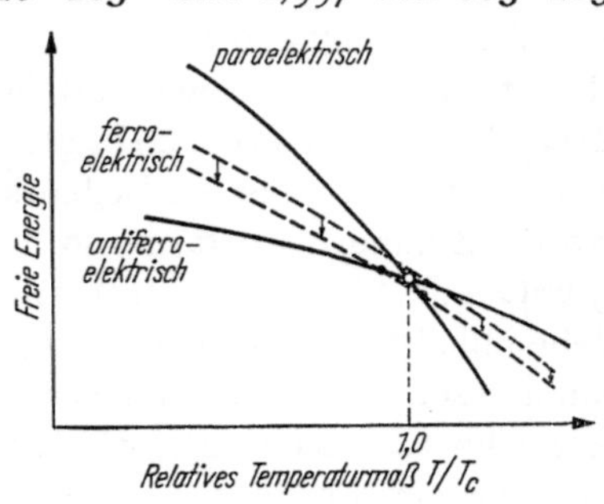

<table>
<tr><td>

Abb. 32. Modell der antiparallelen Verschiebung von **Pb**-Ionen in **PbZrO₃** in der 001-Ebene. (Jeder Pfeil stellt die Verschiebung eines Pb-Ions dar) (aus [68]).

</td><td>

Abb. 33. Thermodynamische Beziehungen zwischen den drei Phasen des **PbZrO₃** (aus [68]).

</td></tr>
</table>

γ) Mischphasen von Zirkonaten und Titanaten.

Durch teilweise Substitution des **Zr** mit **Ti** ist es indes möglich, ferroelektrische Mischphasen herzustellen, die zwischen dem antiferroelektrischen **PbZrO₃** und dem paraelektrischen **PbTiO₃** liegen. Diese Untersuchungen hat SHIRANE [70] auf Mischphasen aus **PbZrO₃** mit 7,5 Atom-% **BaZrO₃** und 5% **SrZrO₃** ausgedehnt, die aus reinsten Ausgangsstoffen (**PbO, ZrO₂, BaCO₃, SrCO₃**) bei 1200—1300°C gesintert waren, und ist dabei zu folgenden Ergebnissen gekommen [71/72].

a) Ersetzt man 7,5 Atom-% des **Pb** in **PbZrO₃** durch **Ba**, so entsteht eine ferroelektrische Phase, die durch das Auftreten von Hystereseschleifen der Polarisation erkannt wird.

b) Ein entsprechender Ersatz des **Pb** durch **Sr** läßt eine andere, jedoch antiferroelektrische Mischphase entstehen, die sich aber von **PbZrO₃** deutlich unterscheidet. Hieraus ergibt sich die interessante Schlußfolgerung, daß bereits kleine Änderungen der Polarisierbarkeit der am System beteiligten Ionen zu einem Übergang ferroelektrisch—antiferroelektrisch führen.

Die Phasenumwandlungen in den Systemen **(PbBa)ZrO₃** (0—30% **Ba**) und **(PbSr)ZrO₃** (0—20% **Sr**) wurden dielektrisch, dilatometrisch und kalorimetrisch durch Shirane weiter untersucht. Als Schwellenwert für den Übergang antiferroelektrisch—ferroelektrisch ergaben sich nunmehr 5% **BaZrO₃**.

Bei geringerem **Ba**-Zusatz kann die Umwandlung auch durch Anlegen eines starken elektrischen Feldes knapp unterhalb der Curietemperatur erreicht werden, was ebenfalls auf einen kleinen Unterschied in der freien

Energie beider Zustände hinweist. Dies geht auch aus der Beobachtung hervor, daß ein Gehalt von 1% CeO_2 die Umwandlungsverhältnisse in diesem System stark verändert.

δ) Stannate.

Durch die WAINERschen Patente haben Stannate bzw. SnO_2-Zusätze Bedeutung erlangt, im wesentlichen zur Erhöhung von ε bei Zimmertemperatur. Eine systematische Untersuchung der reinen Stannate von Ba, Sr, Ca, Mg, Bi, Pb, Co, Ni, Zn, Cu, Cd, Fe und Mn ist erst jüngsten Datums [73].

Die Stannate wurden naß gefällt und nach dem Trocknen bzw. Kalzinieren gesintert, wobei die von Ca, Mg, Bi, Ni, Zn und Co stabile und dichte Sinterkörper bildeten, während die von Cu, Fe, Mn und Cd oberhalb $1100°$ unter Bildung von freiem oder gelöstem SnO_2 zerfielen, jedoch mit diesem ebenfalls sich gut sintern ließen. $PbSnO_3$ zerfällt bereits bei $1000°$ unter Verflüchtigung von PbO. Ba- und $SrSnO_3$ bilden poröse Sinterkörper infolge ihrer hohen Sintertemperatur ($1500°$).

Die gut sinternden Stannate haben durchweg niedrige Dielektrizitätskonstanten (unter 33 bei 1 MHz) und die von Ba und Sr zeichnen sich durch sehr niedrigen Verlustfaktor aus. $PbSnO_3$ hat zwar bei $460°$ ein Maximum, jedoch keinerlei Anomalien in der Wärmeausdehnung zwischen $150-800°$, was auf Abwesenheit ferroelektrischer Eigenschaften schließen läßt.

Die Stannate selbst sind also nicht ferroelektrisch [74]. Sie haben nur als Zusatz Bedeutung, wobei ihre Zersetzlichkeit in reinem Zustand außer acht bleiben kann. COFFEEN unterscheidet zwei Arten von Zusätzen nach ihrer Wirkung auf die Curietemperatur von $BaTiO_3$, solche, die sie verschieben, und andere, die die ε-Spitze herabdrücken (shifters und depressors).

Erniedrigend auf die Curietemperatur wirken:

Gruppe 1: Ba, Sr, Ca, Pb, Cu, Zn, Cd   -Stannat

Ba, Sr, Ca   -Zirkonat

Erniedrigend auf die ε-Spitze wirken:

Gruppe 2: Mg, Ni, Bi   -Stannat

Mg, Ca   -Zirkonat

Abb. 34 gibt nach [73] für $BaTiO_3$ den Einfluß verschieden großer Zusätze von $BaSnO_3$ auf die Temperaturabhängigkeit von ε wieder.

Die technische Bedeutung der zweiten Gruppe von Zusätzen besteht darin, daß sie, unbeschadet ihrer ε-erniedrigenden Wirkung am Curiepunkt, weit unterhalb desselben ε sogar erhöhen können, falls sie in kritischen kleinen Konzentrationen vorliegen.

Die spezifische Wirkung der einzelnen Stoffe für die gleiche Konzentration ist verschieden, während die Erdalkalien **Ca**, **Sr**, **Ba** bei gleichem molarem Zusatz etwa die gleiche Verschiebungswirkung haben.

Die ε-Spitze bleibt in ihrer Höhe nahezu erhalten und erreicht etwa 10 000. Mit **PbSnO₃** sind diese Spitzen stark abgeflacht und auch etwas gesenkt. **Cu-** und **Cd**-Stannatzusätze machen **BaTiO₃** halbleitend und erhöhen die Verluste erheblich.

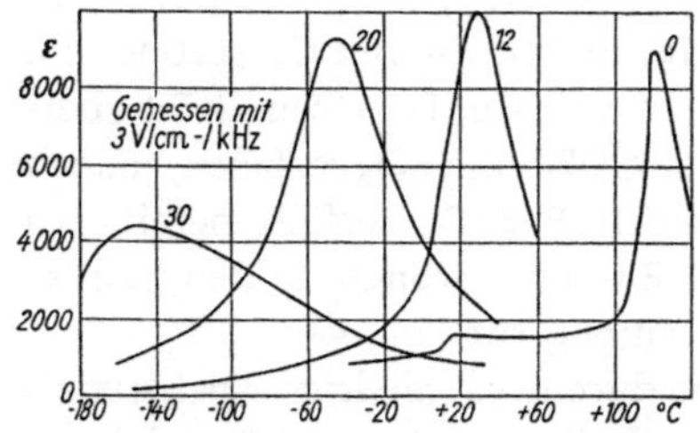

Abb. 34. Einfluß von **BaSnO₃**-Zusätzen auf die ε-Spitze in **BaTiO₃**. (Die bei den Kurven angeführten Zahlen geben Mol-% **BaSnO₃** an.) (aus [73]).

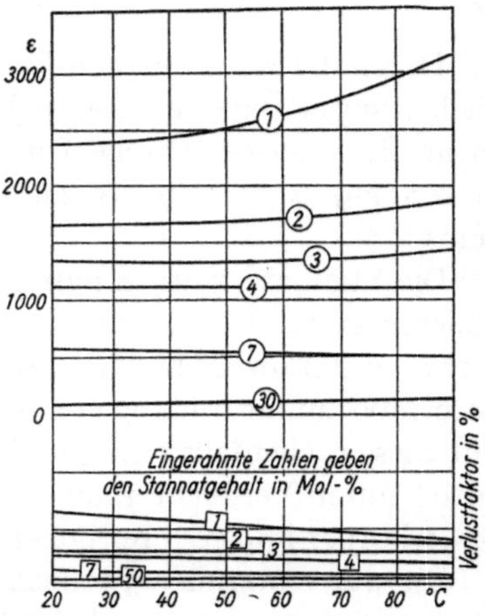

Abb. 35. Temperaturabhängigkeit von ε und Verlustfaktor im System **Bi₂(SnO₃)—BaTiO₃**, gemessen mit 40 V/cm — 1 KHz (aus [73]).

Kennzeichnend für Gruppe 2 ist die gute Abflachung der $\varepsilon-T$-Kurve, die bereits bei 1—5% auftritt, so daß die Verminderung von ε noch nicht sehr ins Gewicht fällt. Besonders günstig ist in dieser Hinsicht das **Bi**-Stannat, das bei 4% Zusatz zwischen 20 und 85°C die Änderung von ε kleiner als 1% macht (Abb. 35 nach [73]).

Schließlich besteht noch ein Einfluß kleiner Zusätze obiger und analoger Stoffe auf den unteren Umwandlungspunkt von **BaTiO₃**. **SnO₂, ZrO₂** und **BaSnO₃** erhöhen ihn, während **PbTiO₃** und **Y₂O₃** ihn erniedrigen [270].

f) Neue Ferroelektrika.

α) Niobate und Tantalate.

Anfang 1949 fand MATTHIAS [75] eine neuartige Gruppe ferroelektrischer Stoffe in den Niobaten und Tantalaten der Alkalien und des Lanthan. Es handelt sich hierbei um strukturanaloge Modellsubstanzen der allgemeinen Formel **ABO₃**. Während in den Titanaten, Zirkonaten und Stannaten **A** ein 2-wertiges und **B** ein 4-wertiges Element ist treten in den Niobaten und Stannaten, mit Ausnahme der Lanthanverbindung, für **A** 1-wertige und für **B** 5-wertige Elemente auf, wodurch die elektrische Neutralität gewahrt ist. Isomorphe Verbindungen des **BaTiO₃**, wie **MgTiO₃** und **CaTiO₃**, sind nicht ferroelektrisch, offenbar infolge der abweichenden Gitterabstände, Ionenradien und Polarisierbarkeiten.

Dagegen besitzen die Ionen Nb^{5+} und Ta^{5+} etwa den gleichen Ionen-radius und ebenfalls Edelgascharakter wie Ti^{4+} ($Ta = 0{,}69$ Å, $Ti = 0{,}68$ Å, $Nb = 0{,}69$ Å Ionenradius nach PAULING).

Auch die sie umgebenden O_6-Oktaeder haben die gleiche Größe, und die Verbindungen $KNbO_3$, $NaNbO_3$, $KTaO_3$ und $NaTaO_3$ besitzen Perowskitstruktur.

Nach einem bereits von HOLMQUIST [76] angegebenen Verfahren wurden aus einer stöchiometrischen Mischung von Na_2CO_3 und Nb_2O_5, die in einer NaF-Schmelze gelöst war, von MATTHIAS und REMEIKA [77] kubische Kristalle des $NaNbO_3$ von einigen Millimetern Kantenlänge gewonnen. In gleicher Weise wurde das entsprechende Kaliumniobat aus KF- oder KCl-Schmelzen hergestellt, während das Verfahren von JOLY [78] mit CaF_2 als Flußmittel keine brauchbaren Kristalle lieferte. Die nach den ersten Verfahren erhaltenen, klaren Kristalle wurden sowohl optisch als auch elektrisch untersucht. Versuche zur Herstellung von Eindomänenkristallen hingegen waren erfolglos.

Die Bestimmung des Curiepunktes erfolgte sowohl optisch als auch elektrisch. Im letzteren Fall war sie sehr ungenau, weil bei den in Frage kommenden Temperaturen bereits starke Leitfähigkeit auftritt.

Gefundene Curiepunkte.

$NaNbO_3$	370° C	und 480° C	$NaTaO_3$	475° C
$KNbO_3$	434° C		$KTaO_3$	259° C

Nichtisotype Niobate des Cd und Pb wurden von COOK und JAFFE [79] hergestellt und strukturell wie dielektrisch untersucht. Der Curiepunkt von $Cd_2Nb_2O_7$ *ist 170° K*, der von $Pb_2Nb_2O_7$ liegt unter 77° K. ε beträgt für $Cd_2Nb_2O_7$ am Curiepunkt 2850, für $Pb_2Nb_2O_7$ steigt es zwischen Zimmertemperatur und -196° nur von 100—245. Während erstere Verbindung oberhalb des Curiepunktes flächenzentriert kubisch ist, weist letztere die dem $NaNbO_3$ entsprechende Fluoritstruktur mit rhomboedrischer Symmetrie auf [80]. Für ein Pb-Defizit von $^1/_2$ Mol tritt in $Pb_{1,5}Nb_2O_{6,5}$ ebenfalls kubische Struktur auf [81]. Natriumvanadat zeigt Domänenstruktur und Hystereseeffekte, jedoch nur schwach ausgeprägtes ε-Maximum [82].

Auch $LaGaO_3$ und $LaFeO_3$, von denen letzteres optisch deutlich anisotrop ist, besitzen bei 200° C einen Curiepunkt, der bei $LaGaO_3$ auch elektrisch nachweisbar ist.

Bei $LaFeO_3$ macht dies infolge der elektrischen Leitfähigkeit gewisse Schwierigkeiten. Unterhalb des Curiepunktes tritt bei $LaGaO_3$ zwischen 90 und 100° C eine weitere, optisch nachweisbare Umwandlung ein, wobei sich eine niedrige Symmetrie ausbildet.

Im Temperaturverlauf des ε für $KNbO_3$ und $NaNbO_3$ treten außer den Curiepunkten noch Anomalien auch bei tiefen Temperaturen auf, nämlich bei -80 und $+370^\circ$ C für $NaNbO_3$ und bei -10 und 224° C für $KNbO_3$, und zwar sowohl mit 10 kHz als auch mit 150 kHz Meßfrequenz. Diese Anomalien kommen bei ε nur schwach zum Ausdruck.

Die Anomalie bei 224°C in $KNbO_3$ entspricht einem Übergang von tetragonaler zu orthorhombischer Struktur und ist daher mit der mittleren Umwandlung bei $BaTiO_3$ zu vergleichen.

Besonders interessant sind die Verhältnisse für $NaNbO_3$. Hier liegt die größte ε-Spitze bereits bei 380°C vor, während sie am angenommenen Curiepunkt 475° wesentlich kleiner ist. Dieser erscheint insofern recht fragwürdig, als die Doppelbrechung oberhalb 480°C noch vorhanden ist und so langsam abnimmt, daß sie erst bei 640°C wirklich verschwindet, obwohl sich die Kristalle in diesem Temperaturbereich als kubisch erwiesen.

Für die Sättigungspolarisation wurde bei Zimmertemperatur der Wert $0,9 \cdot 10^{-6}$ Coulomb/cm² geschätzt.

Eine neuere Untersuchung [82a] hat nicht nur mehr Licht auf die Verhältnisse bei $NaNbO_3$ geworfen, sondern ist auch zu überraschenden Schlußfolgerungen gekommen, die hier nach Fertigstellung des Manuskripts eingefügt werden. Es ist dabei notwendig, einige der strukturellen und optischen Ergebnisse dieser Arbeit vorweg zu nehmen, da sie sehr eng mit den dielektrischen Eigenschaften verknüpft sind. Weitere Angaben siehe im Abschnitt Struktur S. 109.

Der Ausgangspunkt der Untersuchung war die Feststellung VOUS-DENS [82b], daß $NaNbO_3$ eine nichtpolare Struktur besitzt, die das Vorhandensein ferroelektrischer Eigenschaften ausschließt. Die tatsächlich beobachtete Ferroelektrizität erklärt VOUSDEN [82c] durch die Annahme, daß unter dem Einfluß eines starken elektrischen Feldes eine zweite, sonst weniger stabile Form, begünstigt wird. Ein durch ein äußeres elektrisches Feld erzeugter ferroelektrischer Zustand wurde schon bei den Mischphasen $(BaPb)ZrO_3$ und $Pb(ZrTi)O_3$ [71, 72] erwähnt.

SHIRANE und Mitarbeiter haben nun festgestellt, daß in $NaNbO_3$ die üblichen ferroelektrischen Kriteria, wie Hysterese und spontane Polarisation, zwischen 20 und 420° fehlen. Die an $NaNbO_3$-Einkristallen bei 355° beobachtete ε-Spitze von 2000 dürfte auf den Strukturübergang von orthorhombisch zu tetragonal zurückzuführen sein. Jedoch zeigen sowohl optische wie röntgenographische Messungen, daß der tetragonale Charakter nur schwach ausgeprägt ist und das Achsenverhältnis nur mit 0,2% von 1 abweicht. Wichtig ist die Feststellung, daß bereits durch Zusatz von nur 10% $KNbO_3$ in $NaNbO_3$ Ferroelektrizität induziert wird. Eine ähnliche Wirkung anderer Zusätze in kleinere Mengen erscheint nicht ausgeschlossen. Damit ist wenigstens im Prinzip gezeigt, daß Verunreinigungen einen Stoff ferroelektrisch machen können, wie WUL es für $BaTiO_3$ angenommen hat. In diesem Falle müßte jedoch schon eine unwahrscheinlich niedrige Schwellenkonzentration von 1% oder weniger den gleichen induzierenden Effekt haben, da $BaTiO_3$ von ziemlicher Reinheit noch ferroelektrisch ist.

Durch die Entdeckung eines weiteren Curiepunktes von $KTaO_3$ bei sehr tiefen Temperaturen von 13,2°K [*83*] wurde der früher von MATTHIAS angegebene Curiepunkt bei Zimmertemperatur fragwürdig. Es konnte nachgewiesen werden, daß dieser durch einen erheblichen Na-Gehalt der früher untersuchten Kristalle vorgetäuscht war. Spätere Messungen von REMEIKA an sehr reinen $KTaO_3$-Kristallen der Bell Telephone Lab. bis zu Temperaturen des flüssigen Stickstoffs ergaben ein CURIE-WEISS-Gesetz mit einer errechneten Curietemperatur von 10–20°K. Die genaue Bestimmung derselben erfolgte an zwei $KTaO_3$-Kristallen von 1 mm Dicke und 2 mm Kantenlänge, die mit ihrer Würfelfläche senkrecht zum angelegten Feld lagen, in dem der Temperaturverlauf von ε gemessen wurde.

Der große Abstand der Curiepunkte von $KNbO_3$ und $KTaO_3$ legt die Frage nahe, wodurch dieser Unterschied hervorgerufen ist. Nach VOUSDEN [*83a*] spielen hier die Gitterdimensionen und der dadurch bestimmte Grad der homöopolaren Bindung zwischen Sauerstoff und Nb bzw. Ta eine wichtige Rolle. Zur Kritik dieser Auffassung siehe [*83b*].

Beide Kristalle besaßen ein direkt meßbares ε-Maximum bei 13,2°K. Aus der CURIE-WEISSschen Gerade errechnen sich Θ-Werte von 14° bzw. 14,6°K für die einzelnen Kristalle (entsprechende Curiekonstanten $6,1 \cdot 10^4$ und $8,3 \cdot 10^4$). Diese Unterschiede werden auf innere Spannungen in den Kristallen zurückgeführt.

Unterhalb des Curiepunktes fiel ε streng linear bis 1,3°K ab. Die spontane Polarisation war klein. Bei der induzierten Polarisation war auch mit 5 kV/cm Feldstärke noch keine Annäherung an die Sättigung feststellbar. Da am ferroelektrischen Curiepunkt die thermische Energie der Gitterbestandteile die Wechselwirkungsenergie der Dipole überwinden muß, ist das Auftreten eines Curiepunktes bei so tiefen Temperaturen theoretisch recht interessant. Ein Versuch, ähnliche Effekte auch bei den Titanaten von Ca, Sr und Cd nachzuweisen, scheint nach Messungen von HULM [*84*] nicht gelungen zu sein.

$$\beta)\ WO_3.$$

Eine weitere Modellsubstanz mit ferroelektrischen Eigenschaften stellt das WO_3 dar. Seine Kristallstruktur entspricht einem Perowskitgitter, in dem die Würfelecken (im $BaTiO_3$ durch Ba besetzt) unbesetzt sind. Mit dem Ionenradius 0,62 Å von W erfüllt das WO_3 die empirisch gefundenen Voraussetzungen für das Auftreten ferroelektrischer Eigenschaften. (Abschnitt Allgemeine Theorie S. 129.) Das $W\,6^+$-Ion kann innerhalb des O_6-Oktaeders dem Feldwechsel folgen. MATTHIAS [*85*] hat bereits Einkristalle aus reinem WO_3 hergestellt, die eine ausgeprägte Domänenstruktur besaßen. Durch kleine äußere Drucke war diese Domänenstruktur veränderbar und erwies sich als „weich".

Infolge der verhältnismäßig starken Leitfähigkeit der gelben bis grünen Kristalle (Sauerstoffdefizit) waren ε-Messungen ungenau. An gepreßten und gesinterten Proben wurde hingegen ein ε von 1000 bei verhältnismäßig kleinen Verlusten gemessen. Bei der Temperatur der flüssigen Luft war die Messung zwar genauer, ergab jedoch nur niedrige Werte zwischen 100 bis 300.

Eine genauere Untersuchung der Kristalle und Domänenstruktur des WO₃ haben Ueda und Ichinokawa vorgenommen [86].

Sie stellten blättchenförmige Kristalle von etwa $1 \times 1 \times 0,1$ mm aus der Schmelze her, die sich optisch und röntgenographisch als pseudoorthorhombisch erwiesen ($a = 7{,}278$, $b = 7{,}460$, $c = 3{,}338$, $\beta \approx 90°$).

Den ferroelektrischen Charakter des WO₃ hatte neben Matthias praktisch gleichzeitig Sawada erkannt und bereits 1948 hierüber in einer schwer zugänglichen japanischen Zeitschrift [87] berichtet. Seine weiteren Untersuchungen [88] lieferten nunmehr quantitative Angaben über den Curiepunkt, der an Einkristallen von 0,01 mm² Fläche und 0,01 mm Dicke bei aufsteigender Temperatur zu 685° gefunden wurde, was durch weitere Messungen an großen Kristallen von $0{,}4 \times 0{,}2 \times 0{,}02$ mm polarisationsoptisch bestätigt wurde. Auch dilatometrische Messungen deuten auf ein entsprechendes Curieintervall von 685° bis 710° hin. Beim Überschreiten des Curiepunktes nach oben tritt eine Kontraktion ein. Der niedrige Widerstand von 2,5 kOhm ließ keine genauen dielektrischen Messungen zu.

Spätere Messungen von Sawada und Ando zeigen in der Tat eine sprunghafte Kontraktion von 0,12 Vol.-%, allerdings bei einer wesentlich höheren Temperatur (755°) und ein Maximum der spezifischen Wärme bei 728°, was einem latenten Wärmeverbrauch von 450 cal/Mol entspricht. Anomale Wärmeausdehnung bei 330° ist von keiner entsprechenden Anomalie der spezifischen Wärme begleitet [89]. (Abb. 36 u. 37, aus [89].)

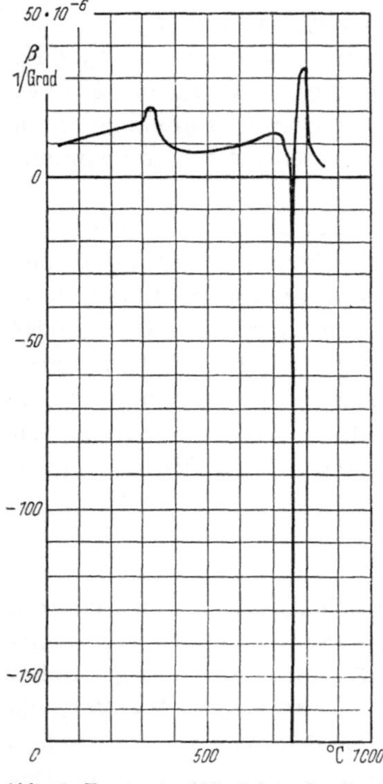

Abb. 36. Temperaturabhängigkeit des linearen Ausdehnungskoeffizienten von WO₃ (aus [89]).

Ausführliche Messungen von ε, Verlustfaktor, Gleichstrom- und Wechselstromwiderstand sind von Hirakawa zwischen −180 und +50° durchgeführt worden, wobei erhebliche thermische Hysterese festgestellt wurde [90].

Die röntgenographische Untersuchung des Phasenüberganges ergab, daß am Curiepunkt eine Umwandlung von orthorhombisch nach tetragonal erfolgt, was im bemerkenswerten Gegensatz steht zu den sonstigen Erfahrungen über die Änderungen der Strukturverhältnisse am Curiepunkt.

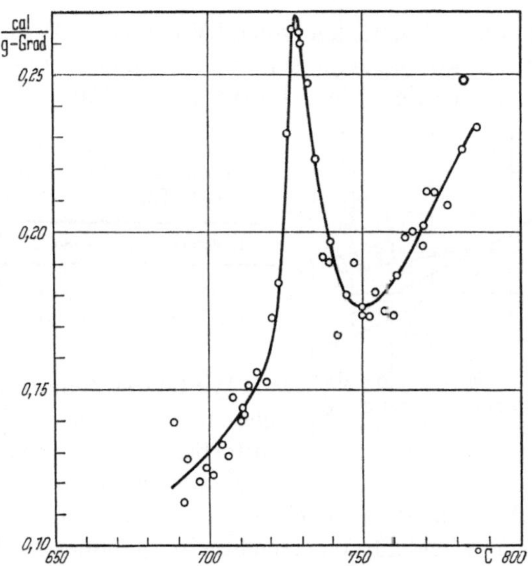

Abb. 37. Temperaturabhängigkeit der isobaren spezifischen Wärme Cp von WO_3 (aus [89]).

In fast allen bisher erwähnten Fällen lag ein Übergang tetragonal-kubisch vor. Außerdem hatte MATTHIAS [85] bereits auf die Struktur des WO_3 hingewiesen, allerdings ohne genauere röntgenographische Daten. Aus den röntgenographischen Messungen von SAWADA ergibt sich ferner, daß die Richtung der spontanen Polarisation wahrscheinlich mit der b-Achse zusammenfällt.

5. Spezielle elektrische Eigenschaften.

a) Feldabhängigkeit.

α) Feldabhängigkeit der Dielektrizitätskonstante.

Die Feldabhängigkeit der Dielektrizitätskonstante gehört zu den Grundphänomenen des ferroelektrischen Zustandes und ist demnach gleichzeitig mit ihm entdeckt worden. Sie ist mit den gleichen Begriffen und Tatsachen verknüpft, die bei der Magnetisierungskurve auftreten. Es gibt eine Hysterese der Polarisation, eine effektive und differentielle Dielektrizitätskonstante sowie Remanenz und Koerzitivfeldstärke. Die Kinetik der Umpolarisation ist mit Umklappvorgängen (Barkhausen-sprüngen) verbunden. Nachstehend werden folgende Phänomene getrennt betrachtet:

α) Abhängigkeit des ε vom Gleich- oder Wechselfeld.

β) Abhängigkeit des differentiellen ε bei überlagertem Gleichfeld.

Zu α). Bis zu hohen Feldstärken von 7 kV/cm haben WUL und GOLDMAN [*91*] und GINZBURG [*92*] gemessen und einen um so steileren Anstieg des ε beobachtet, je niedriger die Temperatur war (Tab. 11).

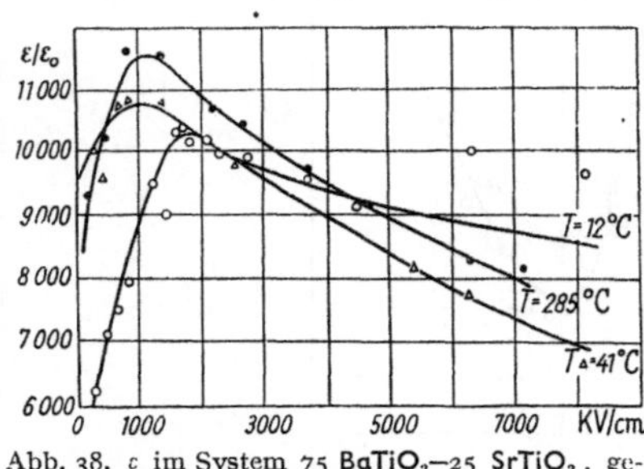

Abb. 38. ε im System 75 BaTiO₃–25 SrTiO₃, gemessen mit verschiedenen Gleichfeldstärken und bei verschiedenen Temperaturen (aus [*31*]).

Tabelle 11.
Einfluß der Wechselfeldstärke auf ε von BaTiO₃ bei —180 und 20° C.

Feldstärke	—180° C	+20° C
0 kV/cm	250	1800
7 kV/cm	6200	8400

Weitere systematische Messungen stammen von VON HIPPEL und Mitarbeitern [*31*] (Abb. 38), die ebenfalls einen Anstieg des ε zwischen 0 und 1,8 kV/cm fanden, wobei ein Maximum durchlaufen wird, das bei um so niedrigeren Feldstärken erreicht wird, je höher die Temperatur ist. Der absolute Betrag selbst ist ebenfalls temperaturabhängig. Alle diese Messungen ließen erkennen, daß BaTiO₃- und (BaSr)TiO₃-Mischphasen selbst bei 8 kV/cm noch weit vom Sättigungswert der Polarisation entfernt sind. Erst bei 10^7 V/cm kommen die Kräfte des elektrischen Feldes in die Größenordnung der thermischen Energie der Gitterbestandteile.

Zu β). Einen originellen Weg zur Bestimmung der differentiellen Permeabilität bei der Depolarisation des BaTiO₃-Dielektrikums haben AWERBUCH und KOSMAN eingeschlagen [*93*].

Sie benutzten hierzu ein ballistisches Verfahren, das gegenüber der sonst benutzten Wechselstrommessung folgende Vorteile hat:

a) Die Kenntnis des Ersatzschemas des zu untersuchenden Kondensators ist unwichtig.

b) Eine Erwärmung des Dielektrikums findet nicht statt.

c) Man erhält das wahre ε und keinen Effektivwert.

Das Prinzip dieses Verfahrens besteht darin, die Entladung eines geladenen BaTiO₃-Kondensators durch Vorschalten einer Gegenspannung stufenweise vorzunehmen. Dadurch kann die Entladungszeit in weiten Grenzen verändert werden. Das einstellbare Zeitintervall der Entladung lag zwischen 10^{-6} und 1 sek. Im Gebiet kurzer Entladungszeiten wurde ein anderer Verlauf von ε beobachtet als bei längeren Zeiten. Die Verfasser sprechen daher von einem hochfrequenten und einem niederfrequenten

Anteil von ε. Ersterer ist kaum, der zweite stark abhängig von der Entladungszeit. Ausführliches hierüber im Abschn. Zeitabhängigkeit, S. 72 ff.

Effektives ε und der Niederfrequenzanteil nahmen unter 100° mit der Feldstärke zu, über 100° jedoch ab, z. B. betrug bei 200° das effektive ε für 1,8 kV/cm 45% seines Wertes bei 0,5 kV/cm.

Sehr anschaulich wird die Spannungsabhängigkeit von ε durch oszillographische Untersuchungen dargestellt, wie sie RSCHANOW [94] und andere Autoren durchführten [95, 31].

Bis 50 kV/cm überlagerter Gleichfeldstärke hat ROBERTS [96] an $(Ba_{0,75}Sr_{0,25})TiO_3$ gemessen, und zwar mit der überlagerten Meßfrequenz von 400 kHz. Im Gegensatz zu WUL fand er einen monotonen Abfall von ε mit steigender Feldstärke und definierte eine spezifische Feldstärke E_0, für die der ε-Wert auf die Hälfte gesunken ist. Diese Feldstärke zeigt die gleiche Anomalie des Temperaturganges wie ε. Dabei prägt sich neben dem Curiepunkt auch das ε-Maximum bei $+10°$ deutlich aus. Zwischen Feldstärke und dielektrischer Verschiebung besteht oberhalb des Curiepunktes folgende einfache Beziehung:

$$E = \alpha D + \beta D^3,$$

in der α und β temperaturabhängig sind. ε ist als Differentialquotient dD/dE definiert. Die Größe β im kubischen Glied ergibt sich zu $16/27 \cdot \varepsilon_0^{-3} \cdot E_0^{-2}$, wobei

$$E_0 = 4 \left(\frac{\alpha}{3}\right)^{\frac{3}{2}} \beta^{-\frac{1}{2}}$$

ist und ε_0 für sehr kleine Feldstärken gilt. Sie ist oberhalb der Curietemperatur praktisch konstant. Für $\varepsilon_0^3 \beta$ ergibt sich nach Tab. 12:

Tabelle 12.

Gang der Konstante $\varepsilon_0^3 \beta$ mit der Temperatur bei BaSr-Titanat. Curiepunkt 18°.

10°	25°	20°	25°	30°	35°	40°	45°
26	16	11	9,0	8,4	7,8	7,8	$7,4 \cdot 10^{-24}$ m²/V⁻²

Die Auswertung der Beziehung zwischen E und D nach Temperaturen unterhalb des Curiepunktes führt zu Kurvenstücken mit negativer Neigung, die instabil sein müssen. Hier treten an Stelle kontinuierlicher Änderungen Sprünge auf, die im Umklappen der Polarisation einzelner Bezirke bestehen. Trotzdem kann praktisch der Fall eintreten, daß die Polarisation bei dem äußeren Feld 0 verschwindet, nämlich dann, wenn sich die Bereiche in ihrer Wirkung gerade aufheben.

Eine interessante Wirkung des überlagerten Gleichfeldes besteht im Auftreten charakteristischer Resonanzen im Frequenzgang der Verluste des Titanats (Abb. 39, nach [96]), für die bei niedrigen Feldstärken praktisch keine Anhaltspunkte bestehen, wie aus den Messungen von VON HIPPEL und Mitarbeitern und anderen Autoren hervorgeht. Tatsächlich konnte ROBERTS zeigen, daß diese Verlustresonanzen bei Feldstärken unter 10^3 V/cm verschwinden. Sie sind also die Folge einer vorliegenden Polarisation des Dielektrikums und verschwinden mit dieser oberhalb des Curiepunktes. Der piezoelektrische Charakter dieser Resonanzen konnte

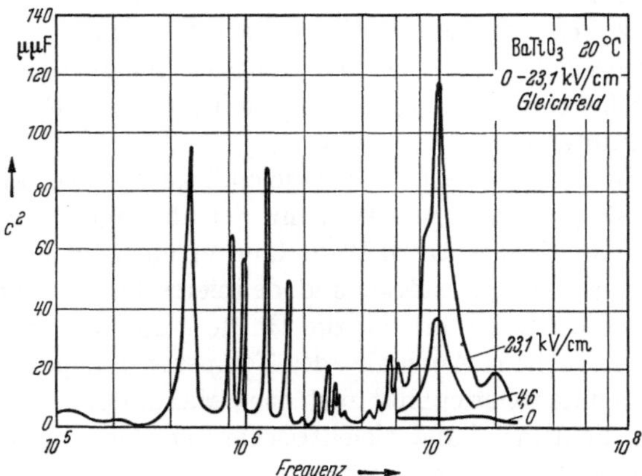

Abb. 39. Verlustanteil (ε'') der Kapazität von BaTiO$_3$ in Abhängigkeit von der Frequenz für drei verschiedene Feldstärken (aus [96]).

nachgewiesen werden. Zum Beispiel trat an einer kurzzeitig mit 6 kV/cm polarisierten Probe durch einige Kilogramm Druck eine piezoelektrische Spannung von einigen Volt auf. Auch die starke Erhöhung der Resonanzfrequenz mit sinkendem Durchmesser der Proben deutete auf ihre piezoelektrische Natur hin.

Bei oszillographischen Untersuchungen des dielektrischen Flusses in BaTiO$_3$ glaubt DE BRETTEVILLE [95] bei Feldstärken von 4,3 kV/cm Sättigungseffekte festgestellt zu haben (Abb. 40, aus [95]).

Über weitere Erfahrungen mit überlagertem Gleichfeld wird im Abschn. Zeitabhängigkeit (S. 75 ff.) berichtet.

β) Feldabhängigkeit des Verlustfaktors.

Das im Curiegebiet auftretende Maximum der dielektrischen Verluste kann durch ein überlagertes Gleichfeld, das größer ist als die angelegte Wechselfeldstärke, in zunehmendem Maße unterdrückt werden. Wahrscheinlich wirkt das Gleichfeld wie eine erhöhte Koerzitivkraft, die das Umklappen der Domänen weitgehend verhindert. In Abb. 41 sind diese Verhältnisse für Gleichfeldstärken von 0—10 kV/cm bei Effektivwerten der wirksamen Wechselspannung zwischen 0,5—2 kV/cm nach [112] für die Substanz (Ceramic A von BRUSH) angegeben.

Andererseits kann man die Überlagerung von Gleich- und Wechselfeldern dazu benutzen, die Endeinstellung der remanenten Polarisation des Dielektrikums zeitlich zu beschleunigen. Das Wechselfeld rüttelt die Domänen in die Feldrichtung.

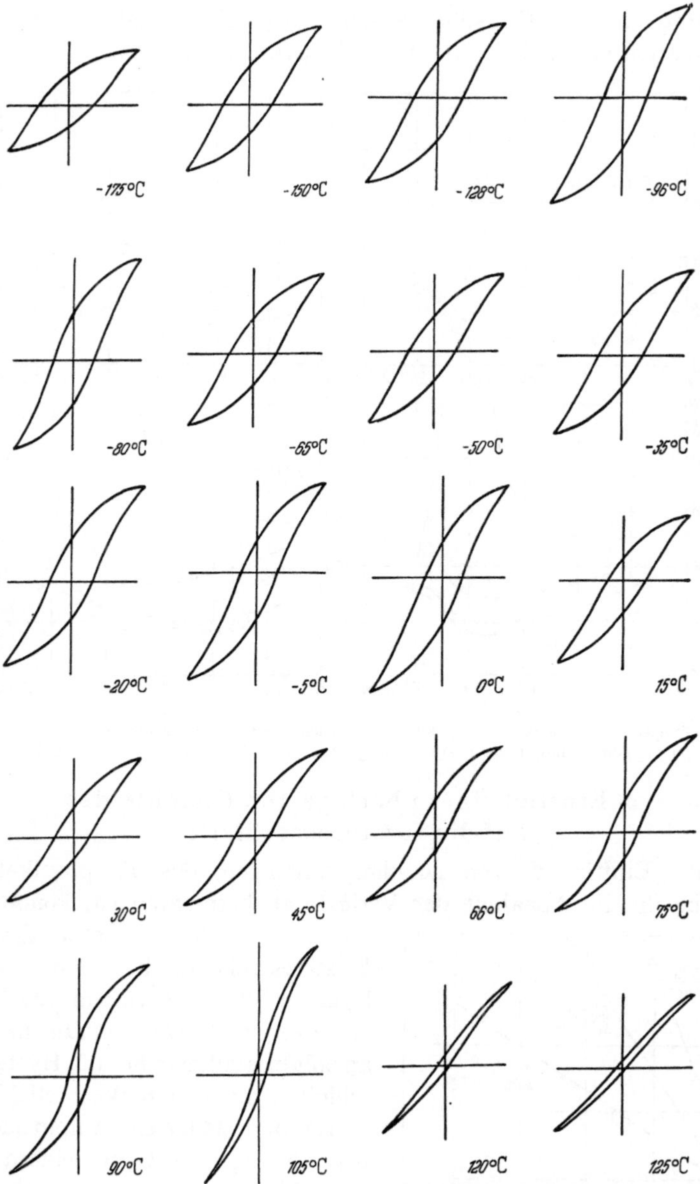

Abb. 40. Dielektrische Hystereseschleifen von polykristallinem **BaTiO₃** zwischen — 175 und + 125° C, gemessen mit 4,8 kV/cm Feldstärke und 60 Hz (aus [95]).

γ) Feldabhängigkeit der Curietemperatur.

Es ist leicht einzusehen, daß in einem Gleichfeld eine höhere Temperatur erforderlich ist, um die spontane Polarisation zum Verschwinden zu bringen. Dies drückt sich in einer entsprechenden Erhöhung der Curie-

4*

temperatur mit der Feldstärke aus, die für 40 kV/cm und die tetragonale Modifikation von $BaTiO_3$ 10° ausmacht (Abb. 42, aus [209]).

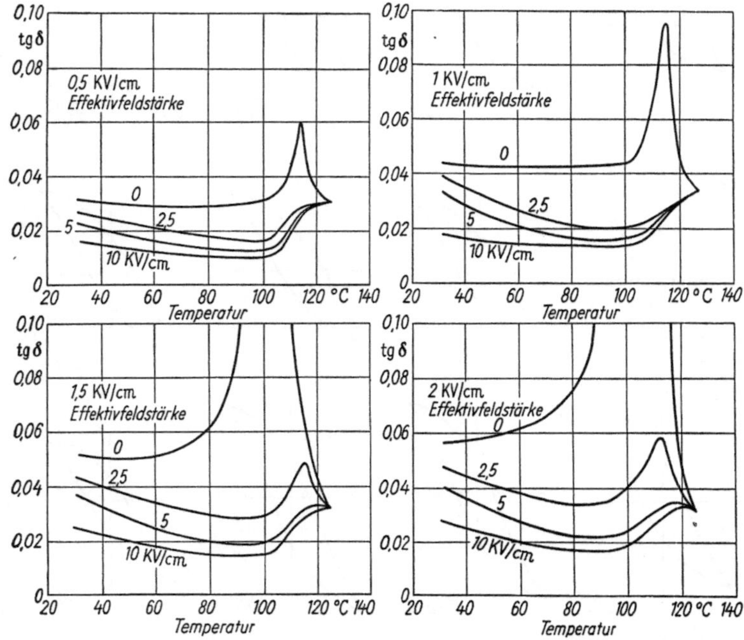

Abb. 41. Temperaturabhängigkeit von tg δ bei verschiedenen Effektivwerten der Wechselfeldstärke und unter Vorspannungen von 0—10 kV/cm (jeweils an der Kurve bemerkt) (aus [112]).

δ) Einfluß eines überlagerten Gleichfeldes auf die Hystereseschleife.

Das „Einfrieren" von Umklappvorgängen, das als physikalische Ursache für die Abnahme der Verluste zu betrachten ist, kommt anschaulich in dem Verschwinden der Hystereseschleife bei hohen überlagerten Gleichfeldern zum Ausdruck. NOMURA und SAWADA [112a] nahmen an polykristallinem $BaTiO_3$ Hystereseschleifen mit einem Wechselfeld von 50 Hz und 25 kV/cm Amplitude auf bei überlagerten Gleichfeldern von 0—45 kV/cm. Die normale symmetrische Hystereseschleife für niedrige Feldstärken wird bei 15 kV/cm unsymmetrisch. In dieser Größenord-

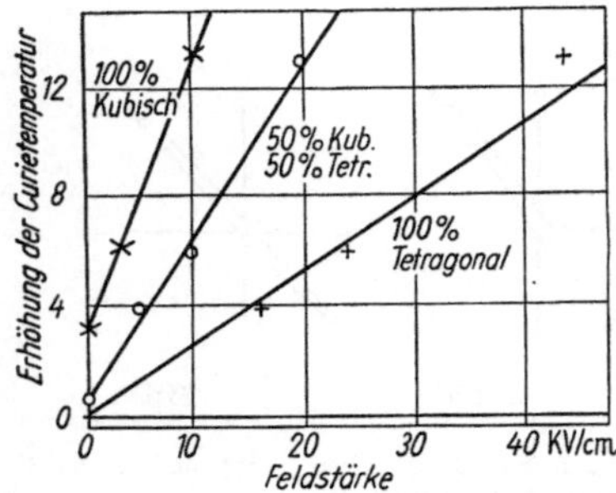

Abb. 42. Einfluß der Feldstärke auf die Curietemperatur (aus [209]).

nung liegt die Koerzitivfeldstärke. Die beobachtete Asymmetrie der Hystereseschleife deutet darauf hin, daß die Zahl der Umklappvorgänge nicht gleich ist. Für 45 kV/cm Gleichfeldstärke verschwindet die Hysterese völlig. Es ist verständlich, daß das „Einfrieren" der Umklappvorgänge durch niedrige Wechselfeldstärken begünstigt wird [*112 b*].

b) Frequenzabhängigkeit.

α) Experimentelle Tatsachen.

Von Hippel und Mitarbeiter [*31*] haben für das Frequenzgebiet von 10^1 bis 10^7 Hz den Gang von ε und $\mathrm{tg}\,\delta$ für die Titanate von **Mg, Ca, Sr** und **Ba** angegeben (Abb. 43 u. 44 aus [*31*]).

In allen Fällen tritt mit steigender Frequenz ein langsamer Abfall von ε, ein stärkerer von $\mathrm{tg}\,\delta$ ein. Besondere Anomalien werden bis 10^7 Hz nicht beobachtet. Darüber hinaus haben Nowosilzew und Chodakow [*97*] zwischen 1,5 und 60 MHz gemessen und für **BaTiO$_3$** praktisch keinen Frequenzgang von ε festgestellt. Mash [*98*] hat Messungen von ε und $\mathrm{tg}\,\delta$ an **BaTiO$_3$** bis über 10^9 Hz ausgedehnt. Er benutzte das Verfahren von M. A. Divilskowski und Philippow [*99*], bei dem die von einer homogenen Kugel mit dem Radius R in einem homogenen Hochfrequenzfeld der Amplitude E_0 und der Frequenz

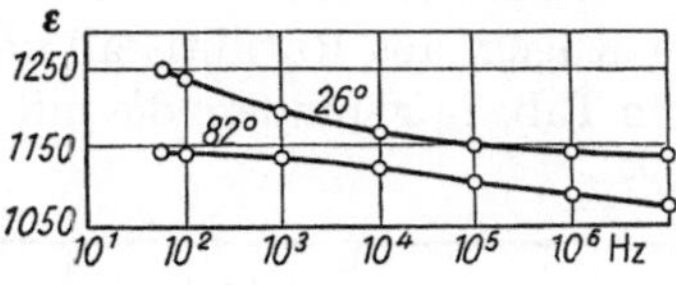

Abb. 43.
Frequenzabhängigkeit von ε in **BaTiO$_3$** bei zwei verschiedenen Temperaturen (aus [*31*]).

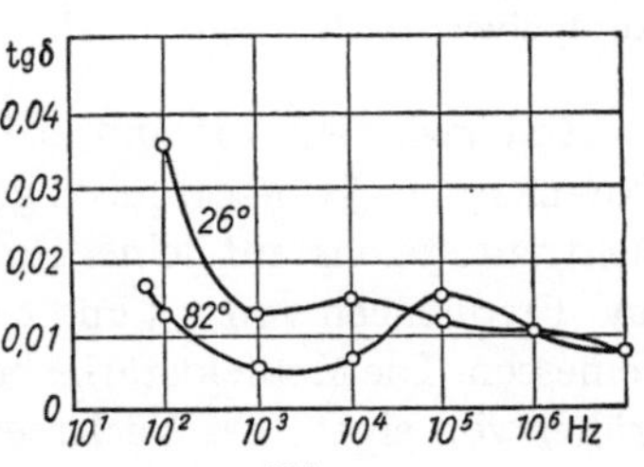

Abb. 44.
Frequenzabhängigkeit von $\mathrm{tg}\,\delta$ in **BaTiO$_3$** bei zwei verschiedenen Temperaturen (aus [*31*]).

$f = 2\pi \cdot c/\lambda$ verbrauchte Leistung gemessen wird. Besitzt ε der homogenen Kugel den reellen Teil ε' und den imaginären Teil $\varepsilon'' = \varepsilon' \cdot \mathrm{tg}\,\delta$, so ergibt sich für diese Leistung:

$$W_e = \frac{3}{2}\, E_0^2\, R^3 \,\frac{\varepsilon''}{(\varepsilon' + 2)^2 + \varepsilon''^2}\cdot 10^{-7}\ \text{Watt}, \quad \text{wobei} \left.\vphantom{\frac{\varepsilon''}{(\varepsilon'+2)^2}}\right\} \tag{3}$$

$$\varepsilon = \varepsilon' + j\,\varepsilon''; \quad |\varepsilon| = \sqrt{\varepsilon'^2 + \varepsilon''^2}.$$

In einem magnetischen Feld mit der Amplitude H_0 wird die Leistung:

$$W_h = \frac{\omega^3 \varepsilon''}{60\,c^2}\cdot H_0^2 \cdot R^5 \cdot 10^{-7}\ \text{Watt aufgenommen}, \quad \text{wobei} \left.\vphantom{\frac{\omega^3}{60}}\right\} \tag{4}$$

$$\omega = \frac{2\pi c}{\lambda}.$$

Man bestimmte durch Auflegen von Schmelzindikatoren die Erhitzungsgeschwindigkeit der Kugel des Dielektrikums, deren Masse und spezifische Wärme bekannt ist, im Wellenberg des magnetischen und elektrischen Feldes bei $1{,}27 \cdot 10^9$ Hz.

Dabei wurden die in Tab. 13 aufgeführten Meßergebnisse erhalten:

Tabelle 13.

Durchmesser (cm)	Gewicht (g)	ε'	ε''	$\frac{\varepsilon''}{\varepsilon'} = \mathrm{tg}\,\delta$
0,715	0,990	1250	613	0,490
0,528	0,330	1420	290	0,204

Um die Brauchbarkeit seines Verfahrens zu prüfen, hat MASH es auch an Kugeln aus Rutilkristall und Rutilpulver angewandt und die Werte von Tab. 14 gefunden, die mit der Erfahrung gut übereinstimmen.

Tabelle 14.

Werkstoff	∅ der Kugel (cm)	Gewicht (g)	ε'	ε''	$\frac{\varepsilon''}{\varepsilon'} = \mathrm{tg}\,\delta$
Rutilkristall	0,612	0,464	94	20,7	0,22
Rutilpulver	0,621	0,513	100	1,72	0,017

Erst zwischen 10^9 und 10^{10} Hz tritt ein deutlicher Abfall ein, wie POWLES und JACKSON [102] gezeigt haben. Sie haben die komplexe Dielektrizitätskonstante einer Reihe von Titanaten (Mg, Ca, Sr, Ba) bei 21° und Frequenzen von 1,5 und 9450 MHz, bei $BaTiO_3$ sogar bis 24000 MHz gemessen. Die Meßfeldstärke betrug weniger als 1 V/cm. Dabei wurde das früher von einem der Verfasser in [100] angegebene Verfahren, bei dem der Frequenzgang der durch eine den Querschnitt eines Hohlleiters ausfüllenden Scheibe durchgehenden Energie gemessen wird, benutzt. Dieses Verfahren war nur anwendbar, wenn es sich um Scheiben der verlustärmeren Dielektrika Mg-, Ca-, Sr-Titanat handelte. In $BaTiO_3$ war die Dämpfung zu hoch. Es wurde hier das komplexe ε durch Messung der Reflexion und Durchlässigkeit einer Scheibe des Dielektrikums bei festgelegter Frequenz vorgenommen. Für die Reflexionsmessung genügt es, nur die Stirnfläche der Scheibe zu betrachten, da innere Reflexionen stark gedämpft waren. Um die Stärke der stehenden Wellen vor der Probe auf meßbare Werte zu reduzieren, wurde eine $^1/_4$-Wellenlängenscheibe von geringerem ε angewandt, z. B. wurde mit Tempa S ($\varepsilon = 11,3$) das Leistungsverhältnis der stehenden Welle um 320 : 1 und mit Polystyrol ($\varepsilon = 2,56$) um 17 : 1 verringert. Die Dämpfung im Werkstoff wurde durch Messung

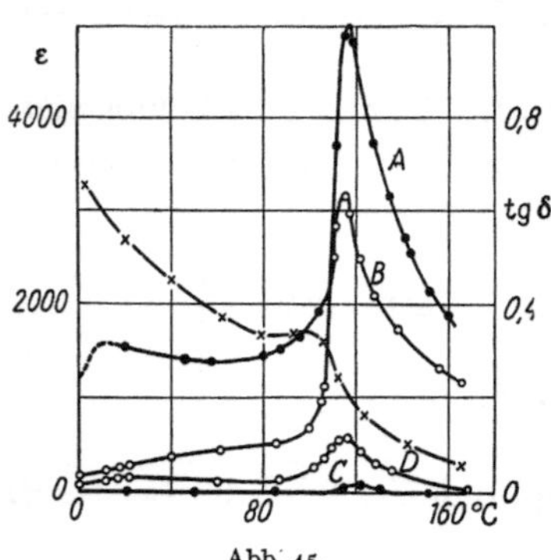

Abb. 45.
Temperaturabhängigkeit von ε', ε'' und tg δ in $BaTiO_3$ bei verschiedenen Frequenzen. A ε' bei 1,5 MHz; — B ε' bei 9450 MHz; — C ε'' bei 1,5 MHz; — D ε'' bei 9450 MHz; — $\frac{\varepsilon''}{\varepsilon'} = \mathrm{tg}\,\delta$ bei 9450 MHz (aus [102]).

der Durchlässigkeit der Scheibe aus $BaTiO_3$ mit Anpassungsscheibe an jeder Seite bestimmt. Durch Kombination der Werte zweier Messungen konnten die Real- und Imaginärteile errechnet werden (Abb. 45 aus [102]).

In einer weiteren Arbeit hat Powles [101] das Hohlleitermeßverfahren mit dem Mehrschichtplattendielektrikum auf eine Reihe gemischter Bariumstrontiumtitanate ausgedehnt. In der Abb. 46 aus [101] ist ε für die Frequenzen 1,5 und 9450 MHz sowie tg δ bei 9450 MHz in Abhängigkeit von der Zusammensetzung wiedergegeben. Es ist bemerkenswert, daß die ε-Spitze in diesem binären System ihrer Lage und Größe nach von der Meßfrequenz abhängt.

Für andere Zusammensetzungen (60 und 75% $SrTiO_3$) liegen die Verhältnisse ähnlich. Allerdings wird dann die Dispersion von ε plötzlich sehr groß und der Verlustwinkel steigt für höhere Konzentration von $BaTiO_3$ sehr steil an. Wenn man die Dispersion durch das Verhältnis des ε-Wertes bei 9450 und 1,5MHz in Abhängigkeit von der Konzentration darstellt (vgl. Abb. 47 aus [101]) und gleichzeitig die Temperaturskala so wählt, daß sie angibt, um wieviel jeweils der Curiepunkt nach unten verschoben ist, dann kann man erkennen, daß der Verlauf beider Kurven sehr ähnlich

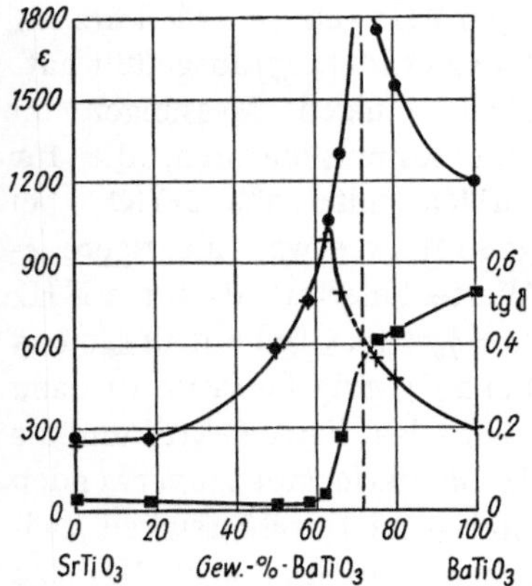

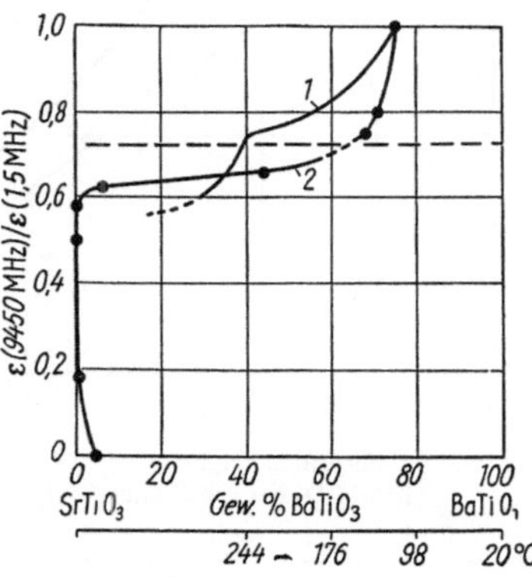

Abb. 46. Hochfrequenzeigenschaften des Systems (BaSr)TiO₃ bei 20° C (aus [101]). • ε' bei 1,5 MHz; + ε' bei 9450 MHz; ■ tg δ bei 9450 MHz.

Abb. 47. Dispersion von ε im System (BaSr)TiO₃ (aus [101]).

ist, nämlich der Kurve für die Dispersion in Abhängigkeit von der Zusammensetzung (Kurve 1) und der Dispersion als Funktion der Temperaturverschiebung des Curiepunktes (Kurve 2).

Daraus wird der Schluß gezogen, daß die Dispersion eng mit der Bedingung permanenter Polarisation verknüpft ist. Offensichtlich würde ein Werkstoff von der Zusammensetzung 56% $BaTiO_3$ und 44% $SrTiO_3$ mit einem ε von 760 und einem Verlustwinkel von 0,02 bei 9450 MHz und 20° für die Mikrowellentechnik große Bedeutung haben. Diese Zusammensetzung stellt einen Optimalwert dar, bei dem der Verlustwinkel noch klein ist, obwohl ε bereits ansehnliche Werte erreicht.

$\varepsilon = 990$ würde einen Verlustwinkel von 0,04 bedingen und bei 62% **Ba** und 38% **Sr** auftreten. Eine ausführliche Darstellung des benutzten Meß-

Tabelle 15.

Stoff	ε bei			$\operatorname{tg}\delta \cdot 10^4$ bei		
	1,5 MHz	9450 MHz	24 000 MHz	1,5 MHz	9450 MHz	24 000 MHz
$MgTiO_3$	13,0	11,8	—	12	100	—
$CaTiO_3$	140	132	—	7	150	—
$SrTiO_3$	264	232	—	9	300	—
$BaTiO_3$	1500	300	126	150	5900	5900

verfahrens ist von I. G. POWLES und W. JACKSON [102] veröffentlicht worden. Tab. 15 zeigt die von ihnen gefundenen Meßwerte von ε und tgδ für einige Titanate.

Die Arbeiten von POWLES haben eine große Lücke zwischen den Meßfrequenzen 1,5 und 9450 MHz gelassen, die kürzlich IWAYANAGI [103] ausgefüllt hat. Nach einigen Messungen in Hohlraumresonatoren, die für $BaTiO_3$ mit 20% $SrTiO_3$ bei 3080 MHz etwas niedrigere ε-Werte lieferten als für 1 MHz ($\varepsilon = 775 \pm 15$, tg$\delta = 0{,}14 \pm 0{,}025$ bei 24°), ging IWAYANAGI dazu über, das Ferroelektrikum als Hohlleiterfenster zu verwenden und seine Durchlässigkeit zwischen 2140 und 3530 MHz zu bestimmen. Abb. 48 aus [103] zeigt, daß dieses Frequenzgebiet für gewisse Zusammensetzungen kritisch ist. Die Verringerung von ε gegenüber dem Wert für 1 MHz erreicht bei etwa 33% $SrTiO_3$-Zusatz ein Maximum. Für Zusätze über 40% verschwindet die Dispersion praktisch vollkommen. Abb. 49 zeigt

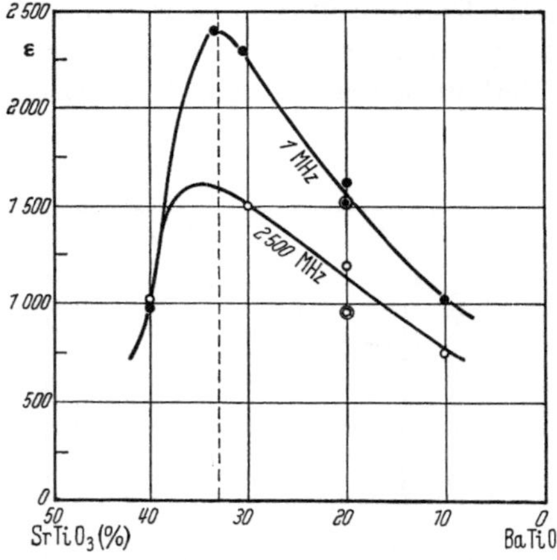

Abb. 48. Frequenzabhängigkeit von ε im System (BaSr)TiO₃ bei 23° C (aus [103]).

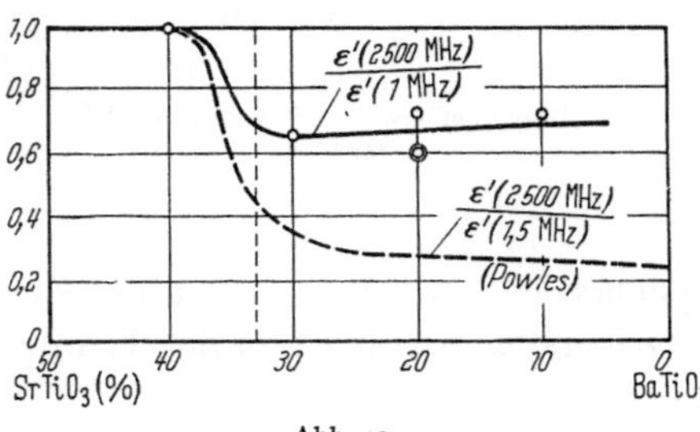

Abb. 49.
Dispersion von ε im System (BaSr)TiO₃ bei 23° C (aus [103]).

ähnliches auch für die Frequenz 9450 MHz. Abb. 50 stellt den experimentellen Aufbau für diese Messungen schematisch dar.

Das Konzentrationsgebiet um 35% $SrTiO_3$, das POWLES und JACKSON schon mit Rücksicht auf die relativ geringen Verluste bei noch hinreichendem hohen ε vorgeschlagen haben, stellt demnach in verschiedener Hinsicht ein Optimum dar.

Oberhalb der Curietemperatur tritt keine nennenswerte Dispersion mehr auf, wie Messungen im Bereich von 10 kHz bis 3000 MHz gezeigt haben [103a].

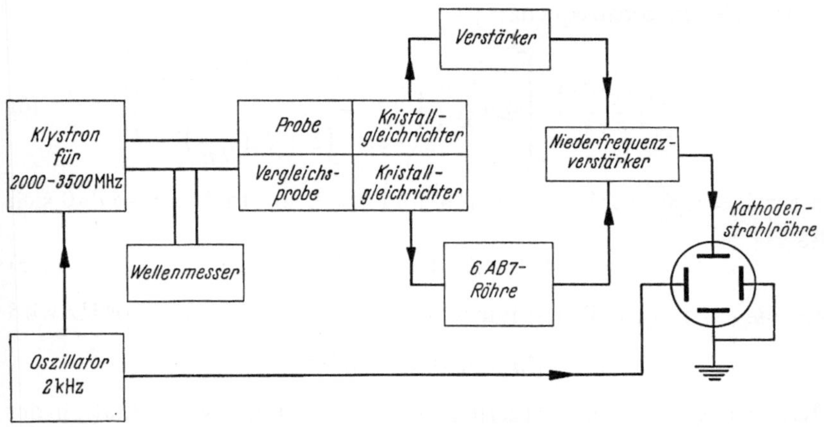

Abb. 50. Prinzipschaltbild des Hohlleitermeßverfahrens. Probe bzw. Vergleichsprobe werden als Abschluß-scheibe eines Hohlleiters benutzt (aus [103]).

β) Theoretische Überlegungen.

Aus den vorliegenden Messungen von MASH [98] bei $\lambda = 23,7$ cm $(1,27 \cdot 10^9$ Hz$)$ und unveröffentlichten Messungen [104] von YAGER $(2,4 \cdot 10^{10}$ Hz$)$ schätzten MASON und MATTHIAS eine Relaxationsfrequenz ν von $6,2 \cdot 10^9$ Hz. Sie ist eine Funktion der Potentialschwelle, die beim Übergang des zentralen Ti-Ions aus einer exzentrischen Lage in die hierzu symmetrische überwunden werden muß. Nach dem Modell von MASON ist das Ti^{4+}-Ion innerhalb eines O_6-Oktaeders in etwa 0,1 Å in Richtung eines der O-Ionen verschoben. Seine Lage entspricht einer Potential-mulde. Tatsächlich existieren nach der Theorie von MASON und MATTHIAS im räumlichen Gitter des $BaTiO_3$ sechs derartige Potentialmulden. Durch Anlegen eines Gleichfeldes wird die potentielle Energie der einen Mulde verringert und dafür die der anderen erhöht. MASON und MATTHIAS haben dieses Modell quantitativ behandelt. Hierauf wird im Abschn. Theorie (S. 130 ff.) kritisch eingegangen. An dieser Stelle interessiert nur die Anwendung des MASONschen Modells auf die Relaxationsvorgänge.

Man hat hierzu die zeitliche Veränderung der Zahl der in einer bestimmten Potentialmulde befindlichen Ionen zu der Wahrscheinlich-keit eines Überganges von einer Mulde in die andere in Beziehung zu setzen.

Diese Wahrscheinlichkeit bezeichnet MASON und MATTHIAS mit $\alpha_{1,2}$. Sie ergibt sich nach der Theorie von EYRING für die Reaktionsgeschwindigkeit zu

$$\alpha_{1,2} = \frac{kT}{W}\, e^{-\Delta U/kT}, \tag{5}$$

wobei Δu die zu überwindende Potentialschwelle, d.i. der Unterschied zwischen Potentialmulde und Potentialwall, ist.

Die Relaxationsfrequenz:

$$f_0 = \frac{6kTe^{-\Delta U/kT}}{2\pi h}\left[\mathfrak{Cof}\,\frac{AP_s}{N\mu}\left(1 - \frac{A\left(2\,\mathfrak{Cof}\,\frac{AP_s}{N\mu} + 1\right)}{\left(2 + \mathfrak{Cof}\,\frac{AP_s}{N\mu}\right)^2}\right)\right] \tag{6}$$

in der $k = 1{,}38 \cdot 10^{-16}$, $T = 300°\,\mathrm{K}$ und $h = 6{,}56 \cdot 10^{-27}$ ist, so daß sich ergibt

$$f_0 = 1{,}6 \cdot 10^{12} \cdot e^{-\Delta u/kT}. \tag{7}$$

Für die experimentell bestimmte Relaxationsfrequenz $6{,}2 \cdot 10^9$ Hz wird

$$\Delta u = 3{,}35\ \mathrm{kg\ cal/Mol}.$$

Diese Energie ist also erforderlich, um das Ti^{4+}-Ion aus der Mulde, in der es sich normalerweise befindet, in die genaue Mitte des O-Oktaeders zu bringen. Ob diese Anregungsenergie richtig ist, hängt davon ab, inwieweit das Modell von MASON den Tatsachen entspricht. (Vgl. Abschn. Theorie, S. 130ff.)

KITTEL [105] hat neuerdings versucht, ohne Verwendung eines bestimmten Gittermodells die Relaxationsfrequenz aus dem Wandverschiebungsvorgang beim Umklappen der spontan polarisierten Domänen zu errechnen und hat dabei den Wert $2 \cdot 10^9$ Hz, der gut mit dem experimentellen Wert von POWLES und JACKSON übereinstimmt, gefunden.

Er geht von der Vorstellung aus, daß bei der Umpolarisation eines ferroelektrischen Kristalls durch Wandverschiebung sich die Wandenergie deshalb vergrößert, weil durch Richtungsänderung des Polarisationsvektors die Ionen als Träger der Polarisation sich ein wenig verschieben und dies mit einer gewissen Trägheit erfolgt. Durch diese Trägheit tritt eine Dispersion bei Hochfrequenz auf.

Für eine 180°-Wand von n Gitterkonstanten (im ferroelektrischen Kristall wird eine Stärke der Wand bis zu mehreren Gitterkonstanten als wahrscheinlich angenommen) und eine Verschiebung der Ti-Ionen beim Umklappen um 0,2 Å besteht zwischen der Geschwindigkeit der Ti-Ionen V_{Ti} und der Wandgeschwindigkeit V_w die Beziehung:

$$V_{\mathrm{Ti}} = (\delta/\mathrm{Na}) \cdot V_w, \tag{8}$$

wobei a die Gitterkonstante ist.

Die kinetische Energie der Wand beträgt je Flächeneinheit

$$1/2\ M\ (N/a^2)\ (\delta/Na)^2 \cdot V_w^2 . \tag{9}$$

Hierbei ist M die reduzierte Masse des Ti-Ions. Die effektive Masse je Flächeneinheit wird mit

$$\varrho = M\ \delta^2/Na^4 \tag{10}$$

angesetzt.

Unter Benutzung der Zahlenwerte $\delta = 0{,}2$ Å, $a = 4$ Å ergibt sich für

$$\varrho = 1{,}0 \cdot 10^{-10}/N\ \mathrm{g/cm^2}.$$

Diese Größe ist nunmehr in die Bewegungsgleichung der Wand einzusetzen, die je ein Glied für dämpfende und Rückstellkräfte enthält. Sie lautet:

$$\varrho\ (d^2x/dT^2) + r\ (dx/dT) + qx = 2\,P_s\,E. \tag{11}$$

r stellt einen Reibungswert und q die Rückstellkraft dar, die mit den Wandverschiebungen verknüpft sind. Die Dämpfung kann durch Kopplung mit Gitterschwingungen, akustische Abstrahlung und andere Effekte erfolgen. KITTEL vernachlässigt sie in seiner weiteren Betrachtung. P_s ist die Sättigungspolarisation.

Der ε-Anteil, der von Wandverschiebungen herrührt, steht mit der Rückstellkraft in folgender Beziehung:

$$q = 4\,P_s^2/D\,\chi_{d^0}, \tag{12}$$

in der D die Dicke einer Domäne und χ_{d^0} die statische Suszeptibilität ist. Für Wechselfelder mit der Kreisfrequenz ω gilt:

$$\chi_{d^0} = \frac{4\,P_s^2/D}{q - \varrho\,\omega^2}. \tag{13}$$

Für den Resonanzfall:

$$\omega_0 = \left(\frac{q}{\varrho}\right)^{1/2} = \left(\frac{4\,P_s^2}{\varrho\,D\,\chi_d}\right)^{1/2}, \tag{14}$$

Für $P_s = 50\,000$ CGS, $\chi_{d^0} = 100$ und $D = 10^{-2}$ cm wird die Relaxationsfrequenz

$$f_0 = 2 \cdot 10^9\ \mathrm{Hz}.$$

Für die Wanddicke wurde die Größenordnung einer Gitterkonstante angenommen.

KITTEL betont, daß dies nur eine der möglichen Erklärungen ist, da noch nicht bewiesen ist, ob die Umklappvorgänge bis zu dieser Frequenz maßgebend beteiligt sind.

c) Druckabhängigkeit.

Mit dem Einfluß des Druckes auf ε von einfachen Ionenkristallen im Niederfrequenzgebiet hat sich MAYBURG beschäftigt [106]. Während nach den Untersuchungen von BRIDGMAN das ε gasförmiger und flüssiger

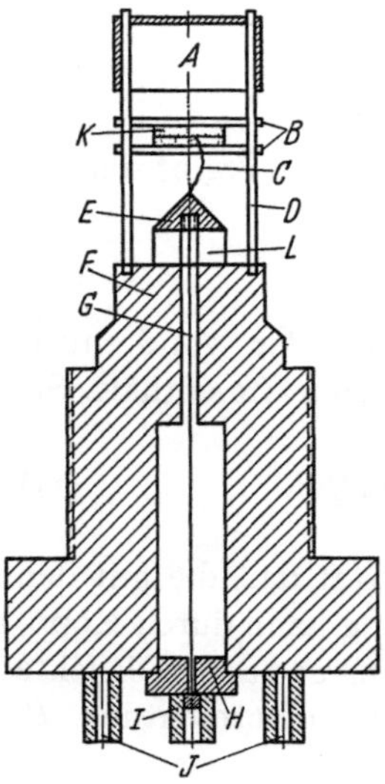

Abb. 51. Probenhalter und Einschraubfassung für die Hochdruckbombe (aus [106]).
A Natriumbehälter; — B Probenhalter und elektrische Erdung; — C Manganindraht, $\varnothing$ 75 μ; — D Halteklemmen; — E gehärteter Stahlkonus mit optisch ebener Grundfläche und Schraubengewinde; — F optisch ebener Stahlkörper; — G Klaviersaitendraht, $\varnothing$ 200 μ; — H Isolierscheibe; — I spannungsführende Elektrode.

Stoffe infolge der wachsenden Dipoldichte mit dem Druck stets zunimmt, fand MAYBURG für die Ionenkristalle MgO, LiF, NaCl, KCl und KBr zwischen 0 und 8000 Bar durchweg eine Abnahme des ε.

Der Wert $\left(\dfrac{d \ln \varepsilon}{d p}\right)_T$ lag zwischen $0{,}32 \cdot 10^{-5}$ Bar^{-1} für MgO und $1{,}17 \cdot 10^{-5}$ Bar^{-1} für KBr.

Aus der Druckabhängigkeit des optischen Brechungsindexes hat MUELLER [107] bereits 1935 auf eine Abnahme der Ionenpolarisierbarkeit mit dem Druck geschlossen. Die relative Änderung derselben ist halb so groß als die entsprechende Dichteänderung.

Im optischen Gebiet handelt es sich vorwiegend um die Polarisierbarkeit der Ionen, während bei längeren Wellen die Gitterpolarisation, hervorgerufen durch die Verschiebung der Teilgitter der positiven und negativen Ionen zueinander, in den Vordergrund tritt. Diese ist natürlich erheblich druckabhängig, weil die Rückstellkräfte durch Druckeinwirkung unterstützt und damit die Gitterpolarisation vermindert wird.

Die Messungen MAYBURGs wurden mit der in Abb. 51 dargestellten Apparatur durch-

Tabelle 16. *ε bei Gleichstrom.*

Stoff	Statische Dielektrizitätskonstante ε	Optische Dielektrizitätskonstante ε_0	Gitterkonstante L (Å)	Volumenänderung[1] unter Hochdruck bei Zimmertemperatur $\dfrac{-\Delta V}{V i} = a p - b p^2$		Wärmeausdehnung $\left(\dfrac{\partial \ln V}{\partial T}\right)$ 10^4 (° C)	Temperaturabhängigkeit von ε $\left(\dfrac{\partial \ln \varepsilon}{\partial T}\right)$ 10^5 (° C)	Änderung des Brechungsindexes mit der Dichte $\dfrac{d n}{d \ln p}$
				10^7 Bar	$\cdot 10^{12}$ (Bar)^2			
LiF	9,27	1,92	2,07	15,20	5,5	1,05	37,5	0,1
NaCl	5,62	2,25	2,81	43,1	49,6*	1,20	34,0	0,24
KCl	4,68	2,13	3,14	56,8	72,4*	0,96	30,3	0,23
KBr	4,78	2,33	3,29	67,0	105,3			0,35
MgO	9,8	2,95		5,95	1,0			

[1] Meßwerte nach BRIDGMAN und SLATER Rev. Mod. Phys. *18*, 60 (1946).
* Berechnet aus elastischen Konstanten nach LAZARUS (1949).

geführt. Ihre Ergebnisse sind in Tab. 16 und Abb. 52 zusammengestellt, in welcher der Übersichtlichkeit halber die Nullpunkte der einzelnen 3 Kurven gegeneinander verschoben sind.

MAYBURG kommt zu dem Schluß, daß die allgemeine Abnahme des ε mit dem Druck sowohl durch Erhöhung der Rückstellkraft der gegeneinander verschobenen Teilgitter als auch durch Verminderung des inneren Feldes hervorgerufen wird, wobei letztere durch die Überlappung der Elektronensphären benachbarter Ionen bedingt ist.

Zur Deutung seiner Ergebnisse zieht MAYBURG die Theorie von MOTT und LITTLETON [108] heran, die eine Erweiterung der älteren Überlegungen von HECKMANN [109] und HOJENDAHL [110] ist. Nach dieser Theorie besteht zwischen ε, der Ionenpolarisierbarkeit β_0, der Gitterpolarisierbarkeit β (beide gerechnet je Volumeneinheit) und der Konstante des inneren Feldes γ (LORENTZ-Faktor) die folgende Beziehung:

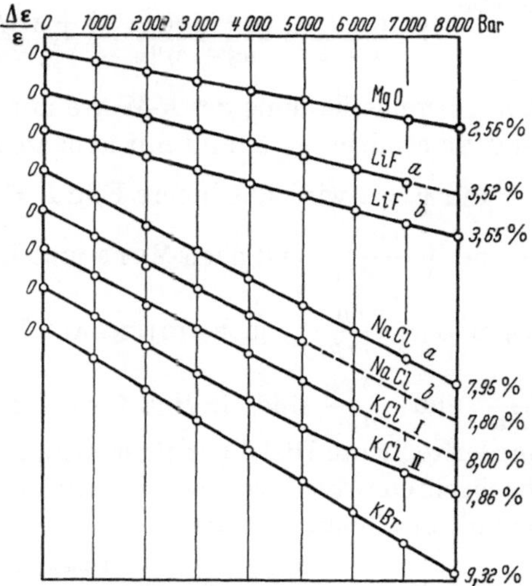

Abb. 52. Druckabhängigkeit von ε bei 1 kHz und Zimmertemperatur. Der Ursprung jeder Kurve ist so gewählt, daß alle Kurven in dem Diagramm untergebracht werden können. Die prozentuale Änderung bei 8000 Bar ist für jede Substanz rechts angegeben (aus [106]).

$$\frac{\varepsilon - 1}{4} = \frac{8\pi\beta\beta_0\,(\gamma - 1)/3 + (\beta + \beta_0)}{1 - 4\pi\,(\beta + \beta_0)/3 + 16\pi^2\beta\beta_0\,(1 - \gamma^2)/9}. \tag{15}$$

Bei rein heteropolarer Bindung wie im NaCl erreicht γ den Wert 1 und das innere Feld entspricht dem LORENTZ-Feld, das durch folgende Gleichung wiedergegeben wird:

$$F = E + 4\pi\gamma\,P/3 \tag{16}$$

F inneres Feld, E äußeres Feld
P Gesamtpolarisation je Volumeneinheit

Für optische Frequenzen, wo die Gitterpolarisierbarkeit praktisch zu vernachlässigen ist, geht Gl. (15) in die bekannte LORENTZ-LORENZsche Formel über:

$$(\varepsilon_0 - 1)/(\varepsilon_0 + 2) = 4\pi\,\beta_0/3. \tag{15a}$$

Aus dieser letztgenannten Formel lassen sich die Werte β_0 ermitteln. Unterhalb der charakteristischen Gitterfrequenz gilt für die Gitterpolarisierbarkeit nachfolgende Formel:

$$\beta = N\,(Ze)^2/R \tag{17}$$

mit Ze als Ionenladung, N Zahl der Ionenpaare je Volumeneinheit, während R auf die relative Verschiebung der negativen Ionen gegen die positiven Ionen zurückzuführen ist und der hiergegen wirkenden Rückstellkraft entspricht. Durch Einsetzen der vorgenannten Beziehungen in Gl. (15), S. 61, ergibt sich nachfolgende Gleichung, in der MOTT und LITTLETON für die Extremfälle $\gamma = 0$ und $\gamma = 1$ die Größe R bestimmt haben.

$$\frac{\varepsilon_0 - 1}{\varepsilon + 2} = \frac{(\varepsilon_0 + 2)/(\varepsilon_0 - 1) + 3\,R/4\,\pi\,N\,(Ze)^2 - 2\,(1 - \gamma)}{(\varepsilon_0 + 2)/(\varepsilon_0 - 1)\,[3\,R/4\,\pi\,N\,(Ze)^2] - (1 - \gamma)^2}\;. \qquad (18)$$

Die Übereinstimmung der R-Werte mit den nach BORN und GOEPPERT-MAYER ermittelten nimmt mit abnehmendem Wert von γ zu.

Für $\gamma = 1$ wird das innere Feld $F = E + \dfrac{4\,\pi}{3}\,P$ (LORENTZ-Feld)

γ und $\left(\dfrac{\partial \gamma}{\partial \ln p}\right)_T$ sind nach MOTT und LITTLETON,

γ_H und $\left(\dfrac{\partial \gamma_H}{\partial \ln p}\right)_T$ nach HOJENDAHL berechnet,

$\dfrac{\varDelta \varepsilon \gamma}{\varDelta \varepsilon}$ und $\dfrac{\varDelta \varepsilon \gamma_H}{\varDelta \varepsilon}$ sind ein Maß für den Einfluß des inneren Feldes auf die niederfrequente Dielektrizitätskonstante. Der mit zunehmendem Druck beobachtete Abfall von ε ist eine Folge der aus Tab. 17 erkennbaren Abnahme des inneren Feldes.

Tabelle 17.

Stoffe	γ	$\left(\dfrac{\partial \gamma}{\partial \ln p}\right)_T$	$\dfrac{\varDelta \varepsilon \gamma}{\varDelta \varepsilon}$	γ_H	$H\left(\dfrac{\partial \gamma_H}{\partial \ln p}\right)_T$	$\dfrac{\varDelta \varepsilon \gamma_H}{\varDelta \varepsilon}$
LiF	0,25	$-0,5 \pm 1$	0,1	0,73	$-0,5 \pm 0,3$	0,4
NaCl	$-0,08$	$-0,4 \pm 1,3$	0,1	0,47	$-1,0 \pm 0,5$	0,5
KCl	$-0,05$	$-3,0 \pm 1$	0,6	0,46	$-1,8 \pm 0,4$	0,8
KBr	$-0,04$	$-2,2 \pm 0,7$	0,5	0,42	$-1,7 \pm 0,5$	0,8

Allerdings hat neuerdings RAO [111] unter Benutzung der nachfolgenden Gleichung die Werte $d\ln\varepsilon/dp$ erneut berechnet und ist dabei zu dem Ergebnis gekommen, daß für LiF und NaCl dieser Wert eindeutig positiv ist, im Widerspruch zur Theorie von MOTT und LITTLETON, und daß das negative Vorzeichen bei den Stoffen KCl und KBr infolge der Kleinheit des Effekts keineswegs völlig gesichert ist. Hingegen stehen die Werte für $d\ln\varepsilon/dp$ nach RAO in guter Übereinstimmung mit denen von MAYBURG. RAO benutzt hierzu eine Gleichung, die sich aus älteren Überlegungen von BORN, MAYER und MADELUNG ergeben hat.

Für $BaTiO_3$ liegen die Verhältnisse natürlich anders als für die rein heteropolaren Ionenkristalle der vorgenannten Alkalichloride.

Mit $BaTiO_3$ fanden WUL und VERESHAGIN [113] zwischen 300 und 2000 Bar einen mittleren Druckkoeffizienten von

$$\frac{1}{\varepsilon}\cdot\frac{d\varepsilon}{dp} = 1,2 \cdot 10^{-5}\ \mathrm{cm^2/kg}\,, \qquad (19)$$

dessen Vorzeichen also das gleiche ist wie bei Gasen und Flüssigkeiten und darauf hinzudeuten scheint, daß im wesentlichen die Zunahme der Dipoldichte für die Druckabhängigkeit von ε kennzeichnend ist.

MERZ [114] hat sich eingehend mit dem Einfluß des hydrostatischen Druckes auf die Curietemperatur von $BaTiO_3$-Einkristallen beschäftigt und eine Abnahme um $5,8 \cdot 10^{-3}$ Grad/at gefunden.

Theoretisch wäre anzunehmen, daß sich unter Druck ein Zustand des Kristallgitters einstellt, der einem Gleichgewicht ohne Druck bei tieferen Temperaturen entspräche. Dies gilt natürlich auch für den Curiepunkt, der demnach mit dem Druck steigen müßte. Hiergegen spricht der Befund, daß durch Ersatz der Ba- durch Sr-Ionen im $BaTiO_3$ und der dadurch bedingten Schrumpfung und Druckerhöhung der Curiepunkt sinkt.

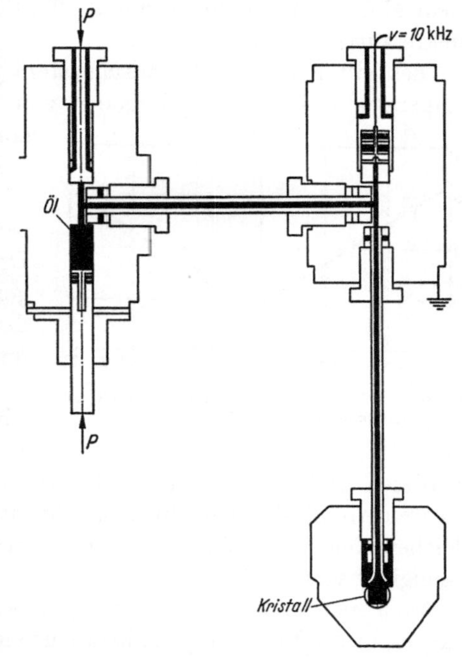

Abb. 53. Messung von ε unter hydrostatischem Druck (aus [114]).

Zur experimentellen Klärung dieser Diskrepanz hat MERZ einen $BaTiO_3$-Kristall in eine hydraulische Kammer mit Silikonöl als Druckflüssigkeit gesetzt, die auf Temperaturen von $-180°$ bis $+150°C$ einstellbar war (Abb. 53). Die Reproduzierbarkeit der Temperaturmessungen mittels Thermoelement betrug am Kristall $0,1°$ C.

Zwischen 0 und 2500 at fiel der mit 10 kHz gemessene Curiepunkt ziemlich genau linear wie oben angegeben $(d\Theta/dp = -5,8 \cdot 10^{-3} °/at)$ (Abb. 54).

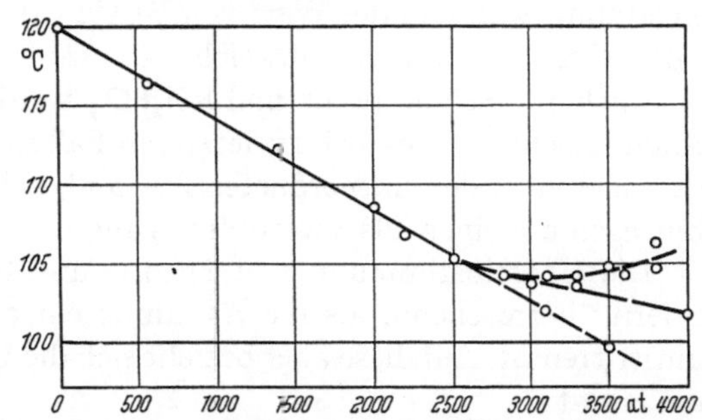

Abb. 54. Einfluß des Druckes auf die Curietemperatur von $BaTiO_3$-Einkristallen (oberhalb 2500 at macht sich der Einfluß der Vorbehandlung bemerkbar) (aus [114]).

Bei höheren Drucken trat eine erhebliche Streuung der Curietemperatur auf. Diese hing davon ab, bei welcher Temperatur der Druck einsetzte bzw. welche Vorgeschichte der Druckbehandlung vorlag (Abb. 54).

Da nach MERZ Eindomänenkristalle auch bei höheren Drucken weiter linear abfielen, ist diese Streuung offensichtlich auf Domänenumklappeffekte zurückzuführen.

Dies gilt auch für das Mischsystem (BaSr)TiO$_3$, in dem die Curietemperatur zwischen o und 3000 at von 57 auf 45° sinkt, entsprechend einem Druckkoeffizienten von $-4 \cdot 10^{-3}$°/at [115].

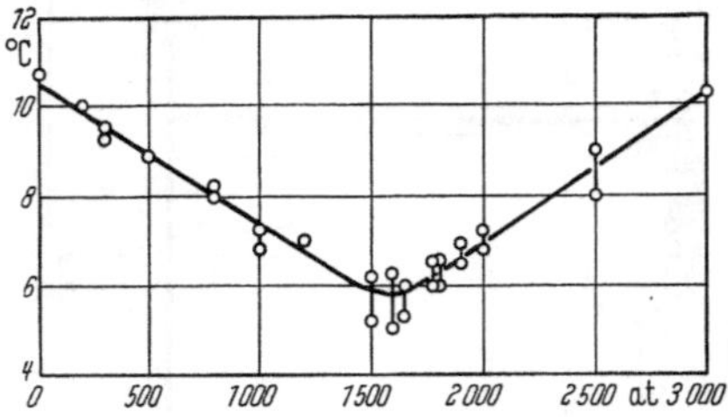

Abb. 55. Druckabhängigkeit der mittleren Umwandlungspunkte für BaTiO$_3$ (aus [114]).

SHIRANE und SATO [116] haben mit 75 Ba-, 25 Sr-Titanat einen Druckbeiwert von $-6 \cdot 10^{-3}$°/at gemessen und eine Verschiebung der gesamten ε/t-Kurve nach tieferen Temperaturen festgestellt.

MERZ hat auch die Druckabhängigkeit des mittleren Umwandlungspunktes bei etwa o°C an diesen Einkristallen untersucht. Bis 1500 at fand er ebenfalls einen linearen Abfall, darüber einen fast linearen Wiederanstieg mit etwa der gleichen Neigung (Abb. 55 aus [114]) sowie ebenfalls eine erhebliche Abhängigkeit von der Vorgeschichte.

Auch hier sind Umorientierungseffekte bei hohen Drucken zur Erklärung dieser Vieldeutigkeit heranzuziehen.

Von Interesse dürfte sein, daß sich die mit Hilfe der EHRENFESTschen Beziehung [117] aus dem gemessenen dT/dp ergebende Änderung der spez. Wärme am Curiepunkt $(4,9 \cdot 10^{-3}$ cal/g · Grad) der Größenordnung nach gut mit den Meßwerten von WUL [118] $(3 \cdot 10^{-3}$ cal/g · Grad) und von HARWOOD, POPPER und RUSHMAN $(2,5 \cdot 10^{-3}$ cal/g · Grad) übereinstimmt, während der Wert von BLATTNER und MERZ [119] $(20 \cdot 10^{-3}$ cal/g · Grad) stark davon abweicht.

Auch für Seignettesalz und KH$_2$PO$_4$ werden große Werte gefunden. Allerdings handelt es sich im letzteren Fall um einen Übergang aus dem geordneten in den ungeordneten Zustand, bei Seignettesalz und BaTiO$_3$ hingegen um einen Platzwechselvorgang.

Die Übereinstimmung von Theorie und Experiment bei Δc_p ist insofern überraschend, als die Annahme einer Umwandlung 2. Ordnung umstritten ist. Auf diese aber bezieht sich die Gleichung von EHRENFEST, die lautet:

$$dp/dT = \Delta c_p \cdot \varrho/\Theta \Delta \beta. \tag{20}$$

Θ = Curietemperatur, $\Delta \beta = 3 \cdot \Delta \alpha$ = Änderung der räumlichen Wärmeausdehnung. Letztere ist nach MEGAW [120] $3\Delta\alpha = 18 \cdot 10^{-6}$/°. Unter Verwendung dieses Wertes und der Dichte $\varrho = 6{,}04$ g/cm^3

errechnet sich die oben zitierte Änderung der spez. Wärme am Curiepunkt

$$c_p = 4,9 \cdot 10^{-3} \, \text{cal/g} \cdot \text{Grad.}$$

Auch das Vorzeichen der Druckabhängigkeit liefert die EHRENFESTsche Gleichung richtig, da beim Übergang von tetragonal zu kubisch c_p positiv (> 0) und $\Delta\beta$ negativ (< 0) sein muß. Bei Seignettesalz sind beide Größen am oberen Curiepunkt positiv, am unteren Curiepunkt negativ. Dagegen steigt der obere Curiepunkt mit dem Druck, während der untere fällt.

Aus der Beziehung $dp/dT = \Delta\beta/\Delta k$ erhält man für die Änderung der Volumenkompressibilität am Curiepunkt $\Delta k = 1,03 \cdot 10^{-13} \cdot \text{cm}^2/\text{Dyn}$. Sie ist im Curiegebiet höher als oberhalb desselben.

Aus dem YOUNGschen Modul, den MASON mit $11,3 \cdot 10^{11}$ Dyn/cm² angegeben hat $\cdot$ [121], ergibt sich eine Volumenkompressibilität von $12,2 \cdot 10^{-13}$ cm²/Dyn. Beim Durchgang durch den Curiepunkt in das kubische Gebiet nimmt die Kompressibilität um 8,5% ab.

Die Frage nach der Druckabhängigkeit der Gitterkonstante im kubischen Bereich kann nunmehr ebenfalls beantwortet werden. Die Kompressibilität beträgt hier $k - \Delta k = 11,17 \cdot 10^{-13}$ cm²/Dyn. Hieraus ergibt sich die Zunahme der Curietemperatur mit der linearen Ausweitung des Gitters zu $+ 3,3 \cdot 10^3$ °/Å. Einer 25%igen Zunahme der Gitterkonstante entspräche demnach eine Erhöhung des Curiepunktes um 3300°.

Für Mischphasen im System (**BaSr**)-Titanat sind die Gitterkonstanten bekannt. Für 64% **BaTiO$_3$** ist $a = b = c = 3,9620$ gegen $a = b = c = 4,0011$

für reines **BaTiO$_3$** im kubischen Zustand, woraus sich ergäbe

$$\Delta\Theta/x = 2,8 \cdot 10^3 \, °/\text{Å},$$

in überraschender Übereinstimmung mit der Rechnung.

Nachdem MASON festgestellt hatte, daß bis 7,5% der Domänen im **BaTiO$_3$** durch das Feld ausgerichtet werden, haben TAKAGI, SAWAGUCHI

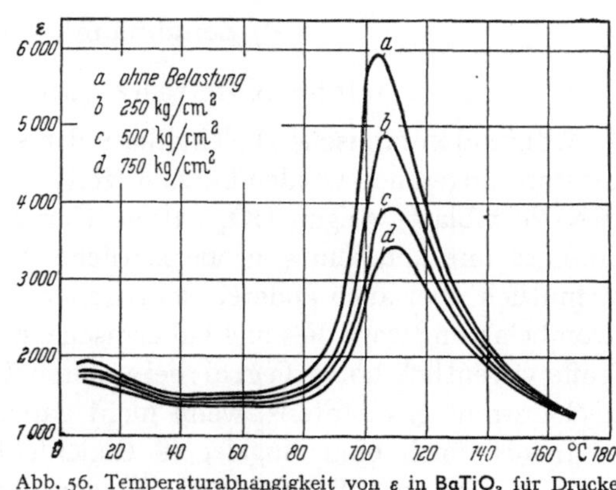

Abb. 56. Temperaturabhängigkeit von ε in **BaTiO$_3$** für Drucke von 0—750 kg/cm² (aus [122]).

und AKIOKA [122] sowie SHIRANE und SATO [116] versucht, diese Ausrichtung durch einen einseitigen, äußeren Druck zu behindern. Schon bei verhältnismäßig niedrigen Drucken von 250 kg/cm² an war eine merkliche Erniedrigung der ε-Werte feststellbar, besonders deutlich im Curiegebiet von 100—120°. Gemessen wurde mit 70 V/cm und 3 kHz.

Da die gleichzeitige Dickenabnahme unberücksichtigt blieb, sind die in Abb. 56 (aus [122]) dargestellten Effekte eher etwas zu klein angegeben. Sie sind allerdings 50mal größer als bei WUL und VERESHAGIN [113]. Auffällig ist, daß der Curiepunkt eindeutig mit dem Druck zu steigen scheint, während er bei allseitigem Druck fiel.

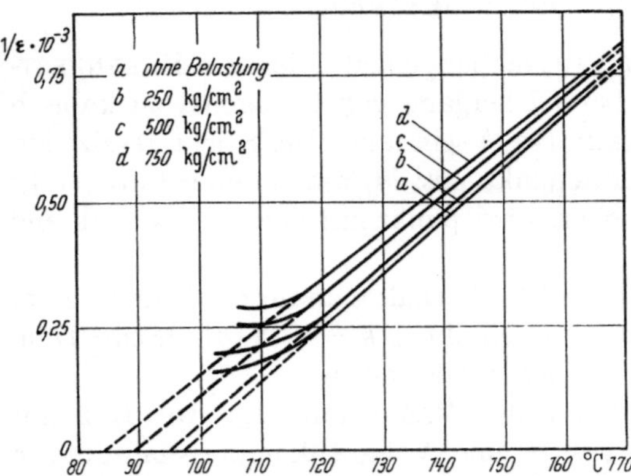

Abb. 57. CURIE-WEISSsche Geraden von polykristallinem BaTiO₃ für einseitige Drucke von 0—750 kg/cm² (gemessen mit 3 kHz und 70 V/cm) (aus [122]).

Ein anderes Bild ergibt sich jedoch, wenn man die Meßwerte über 120° als CURIE-WEISS-Geraden für die verschiedenen Druckparameter darstellt (Abb. 57 aus [122]). Diese schneiden die Abszisse bei um so niedrigerer Temperatur, je höher der Druck ist. Dies steht in guter Übereinstimmung mit den MERZschen Ergebnissen bei hydraulischem Druck.

Die theoretische Behandlung der Wirkung allseitigen und einseitigen Druckes auf ε und Curietemperatur durch CHOLODENKO und SCHIROBOKOW [123] bestätigt im wesentlichen die experimentellen Ergebnisse anderer Autoren.

d) Zeitabhängigkeit.

α) Zeitliche Konstanz ohne Vorbelastung.

Während keramische Dielektrika mit niedrigem ε (10 bis 20) als sehr konstant angesehen werden können (zeitliche Änderungen $< 0,5\%$ nach DIN-Normblatt), zeigen TiO_2-haltige Keramiken, besonders ausgeprägt Titanate mit höherem ε, große zeitliche Änderungen ihrer Kapazität, vermutlich aber auch anderer elektrischer Eigenschaften. Unter Gleichstrombelastung wäre dies nicht überraschend, da das Leitvermögen dieser Stoffe wesentlich höher liegt als bei anderen Keramiken und der Leitungsmechanismus größtenteils, wenn nicht ganz, elektrolytischer Natur ist.

Jedoch auch ohne angelegtes Gleichfeld, beim einfachen Lagern, treten bereits erhebliche zeitliche Änderungen der Kapazität auf. Auf diese Tatsache hat zuerst MARKS [124] hingewiesen. Es erfolgt eine Kapazitätsabnahme, die dem Logarithmus der Beobachtungszeit proportional ist und die nach 10000 Stunden für Massen mit einem ε von 6000 etwa 18%, mit einem ε von 2000 2% ausmacht. Diese Werte beziehen sich auf $BaTiO_3$, dem zur Verschiebung der ε-Spitze nach tieferen Temperaturen Zusätze gemacht waren (vermutlich $SrTiO_3$).

Bemerkenswert ist die Feststellung, daß die Kapazitätsabnahmen durch kurzzeitiges Erwärmen auf 125°, also auf Temperaturen über den Curiepunkt, wieder rückgängig gemacht werden können. Inzwischen ist der Kapazitätsabfall $BaTiO_3$-haltiger Keramikkondensatoren auch von anderen Seiten bestätigt worden.

Nach dem Vorhergesagten muß der Schluß gezogen werden, daß sich Titanatkeramiken mit sehr hohem ε in einem instabilen Zustand befinden, dessen Deutung noch weiterer Untersuchungen bedarf.

Die russischen Autoren NOWOSILZEW, CHODAKOW und SCHULMAN [125] haben die Reversibilität, das Vorzeichen und die Geschwindigkeit dieser ε-Änderung bestätigt. Für feste Lösungen von 60% $BaTiO_3$, 40% $SrTiO_3$ fanden sie einen Kapazitätsabfall nach 150 Tagen von 60%, während der Verlustwinkel nur um 25% fiel. Die Zunahme des Alterungseffektes mit sinkender Curietemperatur im Bereich 150—35° stellten auch BOGORODITZKI und WERBITZKAJA [126] fest.

Reines $BaTiO_3$ zeigt einen Kapazitätsabfall von 4% je Jahr. Durch Zusatz von $PbTiO_3$ läßt sich diese Alterung noch herabsetzen. Der an sich steilere Anfangsabfall von ε kann durch Erwärmen auf 70° so beschleunigt werden, daß z.B. in $BaTiO_3$ mit 8—12% $PbTiO_3$-Zusatz die gleiche Alterung innerhalb von 5 Tagen eintritt wie bei Zimmertemperatur in einem Jahr. Hieraus ergibt sich eine Aktivierungswärme des Alterungsvorganges von 19 kcal/Mol. Die weiteren Änderungen nach dieser beschleunigten Voralterung liegen dann in der Größenordnung von 0,1% [127].

Die Alterungsbeschleunigung wirkt sich außer auf ε auch auf die piezoelektrischen Eigenschaften des Ferroelektrikums aus. S. Abschn. Piezoeffekt, S. 78 ff.

β) Zeitliche Konstanz mit Vorbelastung.

Nachwirkungserscheinungen an mit Gleichspannung vorpolarisierter Keramik wurden erstmalig von PARTINGTON, PLANER und BOSWELL [128] beschrieben. Beim Anlegen eines Gleichfeldes von 3,3 kV/cm an polykristallines $BaTiO_3$ und gemischte Titanate wurde unterhalb der Curietemperatur eine Erhöhung von ε und des Verlustwinkels von 3—6% festgestellt, die nach Abschalten des Feldes im Laufe von 10—50 Minuten wieder zurückging, und zwar um so schneller, je kurzzeitiger das Gleichfeld vorher einwirkte. Später haben diese Verfasser ausführlicher über derartige Versuche berichtet und vor allem auch den Einfluß bestimmter Zusätze und Verunreinigungen auf diese Nachwirkungserscheinungen untersucht. Zuerst wurden ε und Verlustwinkel aller Proben nach Abkühlen von der Sintertemperatur gemessen, und zwar jeweils bei verschiedenen Temperaturen, die längere Zeit bis zur Kapazitätskonstanz eingehalten wurden. Dann wurde mit einer hohen Gleichspannung polarisiert und nach deren Abschalten in verschiedenen Zeitabständen gemessen [129].

5*

Die Untersuchungen erstreckten sich auf folgende Stoffe:

A. Reines $BaTiO_3$, Curiepunkt 112°.
B. $(BaSr)TiO_3$, Ba : Sr = 75 : 25 Gew.-%, Curiepunkt 21°.
C. $BaTiO_3$.

1. Mit Zusätzen von 3% TiO_2, bezogen auf das Gewicht des $BaTiO_3$, Curiepunkt unverändert.

2. Mit Zusätzen von CeO_2 in verschiedenen Mengen, Curiepunkt je nach Zusatz.

3. Mit Zusätzen von CeO_2 und $BaCO_3$ bzw. BaO gleichzeitig.

4. Mit Zusätzen von 2,5% Al_2O_3 und 2,5% V_2O_5, Curiepunkt unverändert.

Bei den untersuchten Systemen sind vier Arten von Nachwirkungseffekten erkennbar, die sich in folgender Weise kennzeichnen lassen:

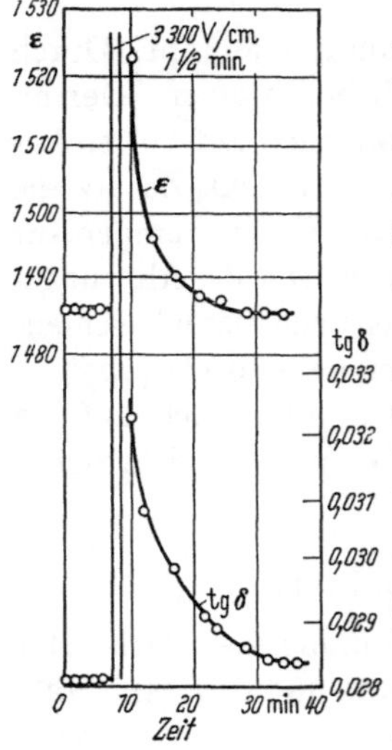

Abb. 58. Zeitlicher Abfall von ε und tg δ bei $BaTiO_3$ nach kurzzeitiger (1¹/₂ Min) Vorbelastung mit 3,3 kV/cm (aus [129]).

1. Unterhalb des Curiepunktes, also im Bereich der tetragonalen Struktur, stiegen ε und Verlustwinkel während der Gleichfeldeinwirkung zwischen 0 und 22,5 kV/cm um 3—13% an. Nach Abschalten des Feldes gingen diese Änderungen im Laufe einer Stunde wieder zurück (Abb. 58, 59 aus [129]).

2. Oberhalb des Curiepunktes stellt sich beim Anlegen des Feldes sofort ein niedrigerer ε-Wert ein, der nach Abschalten des Feldes langsam wieder im Laufe von 100 Minuten auf den alten Wert kroch. Der Verlustwinkel verhielt sich in diesem Fall unterschiedlich. Bei $BaTiO_3$ fiel er gleichzeitig mit dem Steigen von ε, bei $(BaSr)TiO_3$ blieb er unverändert (Abb. 60 aus [129]).

In einzelnen Fällen waren die Verhältnisse etwas verwickelter. So trat bei $(BaSr)TiO_3$ im Koexistenzgebiet beider Strukturen, etwas oberhalb des Curiepunktes, ein zeitweiliger Anstieg wie unterhalb des Curiepunktes und dann erst der unter 2. erwähnte Abfall ein.

Die gleichen Effekte wurden bei Zusätzen von TiO_2, CeO_2, Al_2O_3, V_2O_5 sowie auch im System $BaTiO_3$—$BaSrO_3$ beobachtet. Die Abnahme von ε oberhalb des Curiepunktes durch das angelegte Feld wurde bei Annäherung an denselben immer größer und durch längere Feldeinwirkung begünstigt. Ein Einfluß der Frequenz und Amplitude des Meßstromes war zwischen 500 Hz und 1 MHz sowie zwischen 2,5 und 17 kV/cm Feldstärke nicht feststellbar.

Es wurden auch die während der Feldeinwirkung auftretenden ε-Änderungen untersucht. Hierauf wird im Abschn. 4 näher eingegangen.

Es wurde ferner geprüft, ob sich die gefundenen Nachwirkungserscheinungen durch Raumladungen erklären lassen. Zu diesem Zweck wurde zuerst kurzzeitig eine hohe Spannung an das Dielektrikum, entweder reines $BaTiO_3$ oder Barium-Strontium-Titanat der genannten Zusammen-

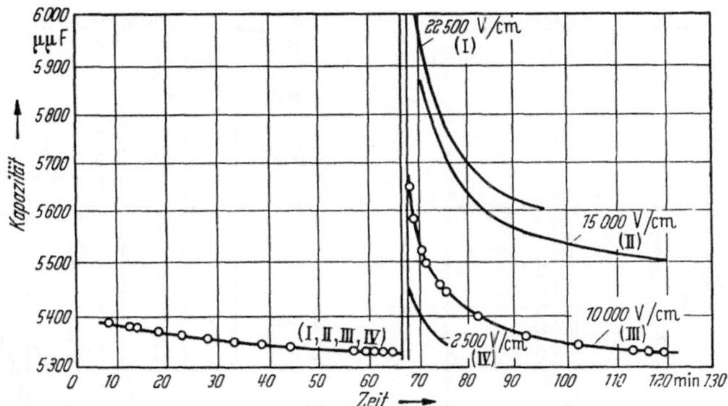

Abb. 59. Einfluß der Feldstärke auf die zeitlichen Änderungen der Kapazität von $BaTiO_3$ bei 28° C nach je 1½ Min. Feldeinwirkung (aus [129]).
I 22500 kV/cm Feldstärke; — II 15000 kV/cm Feldstärke; — III 10000 kV/cm Feldstärke; — IV 2500 kV/cm Feldstärke.

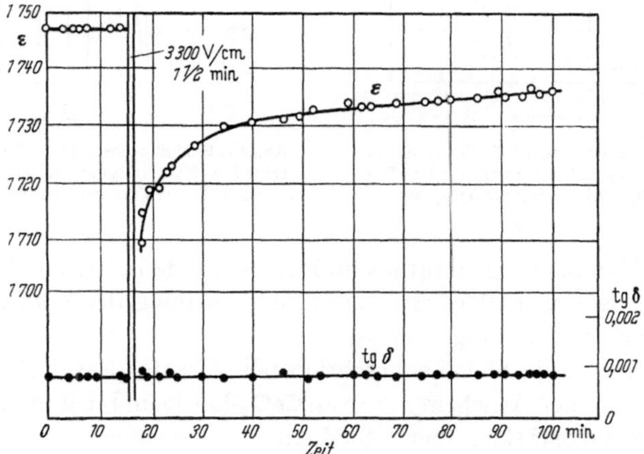

Abb. 60. Zeitlicher Gang von ε und tg δ in $(BaSr)TiO_3$, oberhalb der Curietemperatur nach vorheriger kurzzeitiger Belastung (1½ Min.) mit 3,3 kV/cm (aus [129]).

setzung, gelegt, der weitere Spannungsstöße von etwas geringerer Amplitude folgten, die entweder in der gleichen oder in der umgekehrten Richtung zum Anfangsfeld lagen. Diese Spannungsstöße folgten zeitlich so aufeinander, daß die ε-Änderung infolge der ersten bzw. der jeweils vorausgegangenen Spannungseinwirkung noch nicht ganz abgeklungen war. Die durch diese Behandlung mit Spannungen von wechselndem Vorzeichen auftretenden ε-Änderungen sind sowohl für Temperaturen unter dem Curiepunkt ($BaTiO_3$) als auch oberhalb desselben ($BaSr$)TiO_3 untersucht worden (Abb.61, 62 aus [*129*]).

Es zeigte sich, daß die ε-Änderung, die jeder Spannungsstoß hervorruft, durch den nachfolgenden vergrößert wird, ohne Rücksicht auf das Vorzeichen desselben. Daraus muß der Schluß gezogen werden, daß die beobachteten Effekte

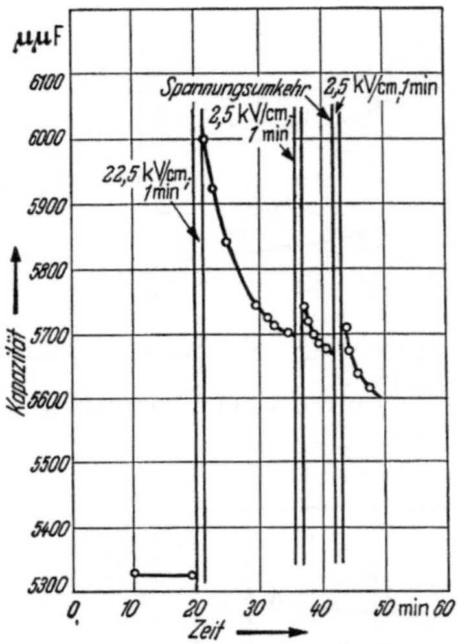

Abb. 61. Einfluß wechselnder Feldrichtung auf die zeitlichen Kapazitätsänderungen bei $BaTiO_3$ unterhalb der Curietemperatur (aus [*129*]).

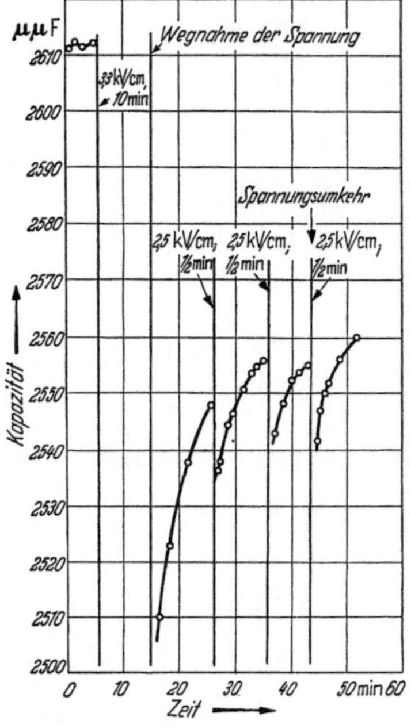

Abb. 62. Einfluß wechselnder Feldrichtung auf die zeitlichen Kapazitätsänderungen bei ($BaSr$)TiO_3 oberhalb der Curietemperatur (aus [*129*]).

nicht auf Raumladungen zurückzuführen sind, da in diesem Falle beim Anlegen eines Gegenfeldes eine teilweise Aufhebung der vorausgegangenen Wirkung hätte erfolgen müssen.

3. Während die meisten beschriebenen Effekte praktisch reversibel waren, hatte es den Anschein, als ob an CeO_2-haltigem Barium-Strontium-Titanat bei Feldstärken über 0,5 kV/cm ein bleibender ε-Abfall aufträte. Abb. 63 (aus [*129*]). Um die Lebensdauer dieses Zustandes zu untersuchen, wurden Platten hergestellt, deren eine Fläche einen einheitlichen Silberbelag und deren andere Fläche zwei getrennte Beläge besaß, die einzeln mit der Schaltung verbunden werden konnten. An eine dieser Teilelektroden und die gemeinsame Gegenelektrode wurde nun kurzzeitig eine hohe Gleichspannung gelegt und dadurch in diesem Plattenteil ein bleibender Abfall von ε hervorgerufen. Nunmehr wurde bei kleinen Wechselfeldstärken des Meßstromes (3–17 V/cm und 1 kHz) der Kapazitätswert dieser Scheibe als auch der des unbehandelten Teils zeitlich verfolgt, um etwaige Änderungen der nicht vorpolarisierten Keramik zu eliminieren. Es

ergab sich, daß die Differenz beider Teile 14 Tage praktisch konstant
blieb und sich vermutlich noch länger gehalten hätte, worauf ja auch
die inzwischen gemachten zahlreichen Erfahrungen mit polarisierter Keramik auch ohne CeO_2-Zusatz hinweisen.

Durch kurzzeitiges Erwärmen auf 100° gelang es, die Kapazitätsdifferenz zum Verschwinden zu bringen. Durch abermaliges Anlegen der hohen Gleichspannung trat wieder der gleiche Abfall auf. Dieser Zyklus war beliebig oft wiederholbar.

Ob es sich bei diesem „Auftauen" des durch die Gleichfeldbehandlung erzeugten Zustandes beim Erwärmen um den gleichen Mechanismus handelt wie bei der bereits erwähnten Regenerierung durch einfaches Lagern gealterter Titanatkeramik, läßt sich noch nicht entscheiden.

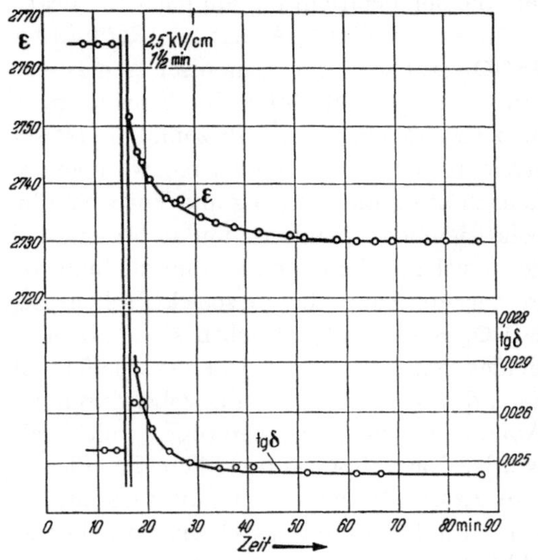

Abb. 63. Zeitlicher Gang von ε und tg δ in polykristallinem $BaTiO_3$ mit CeO_2-Zusatz nach $1^1/_2$ Min. Vorbelastung mit 2,5 kV/cm (aus [129]).

Auch eine Anzahl russischer Forscher haben sich mit zeitlichen Nachwirkungserscheinungen an $BaTiO_3$ und verwandten Stoffen beschäftigt, wobei außer der Polarisation auch der durch Vorpolarisation mit Gleichspannung entstandene Piezomodul betrachtet wurde.

Zuerst hat RSCHANOW [131] das zeitliche Verhalten des polykristallinen $BaTiO_3$ mit $2^0/_0$ Al_2O_3-Zusatz und einem Curiepunkt von 123° nach vorausgegangener zyklischer Polarisation mit 50 Hz bis zu Feldstärken von 25 kV/cm untersucht und gefunden, daß diese mit erheblichen Nachwirkungserscheinungen verknüpft ist, die zum Teil große Relaxationszeiten besitzen. Trotz aller bei solchen Untersuchungen zur Vermeidung von Fehlschlägen üblichen Vorkehrungen, z. B. langsame Senkung des polarisierenden Feldes im Laufe von 2—3 Stunden, konnten sich seine Proben noch der vorausgegangenen zyklischen Polarisation „erinnern", und zwar um so länger, je niedriger die Temperatur war, bei der sie gelagert wurden. Besonders für kleine Feldstärken ($<$ 6 kV/cm) wurden dann nicht nur höhere Polarisations-, sondern auch höhere Remanenz- und Koerzitivwerte und damit auch größere Hystereseverluste erhalten, was bei der praktischen Verwendung und bei Reihenmessungen zu beachten ist. Nach Ansicht von RSCHANOW führt die primäre Einwirkung eines starken Wechselfeldes dazu, daß sich die spontanen Momente der einzelnen Mikrokristalle im Feld drehen und sich nach der Achse ausrichten, die der Feldrichtung am nächsten liegt.

In einer weiteren Arbeit hat RSCHANOW [132] den Piezomodul von $BaTiO_3$ statisch und dynamisch gemessen und dessen zeitliche Änderungen festgestellt. Nach der Einwirkung eines polarisierenden Feldes bis zu 25 kV/cm fiel der Piezomodul erst schnell, später langsamer und erreichte schließlich einen Grenzwert von 50—80% des Anfangswertes, je nach Zusammensetzung und Vorbehandlung der Proben. Je höher die polarisierende Spannung, um so besser ist die Konstanz. Diese Angabe deckt sich mit der ersten Veröffentlichung von CHERRY und ADLER [133], in der erstmalig die piezoelektrischen Eigenschaften vorpolarisierter $BaTiO_3$-Keramik beschrieben sind. Nach einstündiger Einwirkung des Feldes von 20 kV/cm fiel der Piezoeffekt bis auf einen Grenzwert von 85% des Anfangswertes ab, wobei durch Temperaturerhöhung zwar die Abfallgeschwindigkeit vergrößert, nicht aber der Endwert beeinflußt wurde. Nach RSCHANOW blieb der Piezomodul nach Erreichung des Grenzwertes länger als ein Jahr konstant, und zwar besonders gut, wenn eine Stunde lang mit 25 kV/cm vorpolarisiert worden war. Die Wiederabkühlung im polarisierenden Feld von Temperaturen über dem Curiepunkt war ohne Einfluß auf Größe und zeitliche Konstanz des Piezoeffekts. (Vgl. auch Abschn. Piezoeffekt, S. 78ff.)

Praktisch wirken sich die zeitlichen Änderungen des Piezomoduls so aus, daß die Resonanzfrequenz im Laufe der Zeit etwas wächst, und zwar um so mehr, je höher die erregende Wechselspannung ist. So betrug der Anstieg bei 1 V Wechselspannungsamplitude und 210 kHz etwa 1,2 kHz $\approx$ 0,5%.

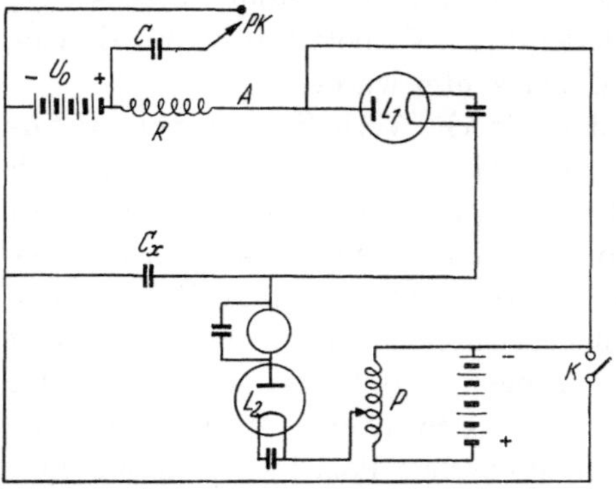

Während sich die bisher genannten Untersuchungen im wesentlichen auf langfristige Änderungen der dielektrischen Eigenschaften des Titanats bezogen, haben sich AWERBUCH und KOSMAN [93] neuerdings mit den während der ersten 100 msek der Entladung auftretenden Vorgängen beschäftigt. Das hierfür benutzte Untersuchungsverfahren bestand darin, die Entladung eines $BaTiO_3$-Kondensators stufenweise vorzunehmen. Dabei wurde der Spannung des aufgeladenen Kondensators eine jeweils einstellbare Gegenspannung vorgeschaltet, wobei eine Veränderung der Entladungszeit in weiten Grenzen

Abb. 64. Schaltbild zur stufenweisen Entladung (nach AWERBUCH und KOSMAN) (aus [93]).

möglich war. Die benutzte Meßanordnung ist in Abb. 64 (aus [93]) dargestellt.

Bei geöffnetem Schalter K findet eine Aufladung des zu untersuchenden Kondensators C_x über die Röhre L_1 statt. Beim Schließen des Schalters K wird die Röhre L_1 kurz geschlossen, die Röhre L_2 eingeschaltet, und es findet eine Entladung des zu untersuchenden Kondensators über das ballistische Galvanometer und die Röhre L_2, und zwar bis auf deren Kathodenpotentialwert statt, der mit Hilfe des Potentiometers P auf jeden Wert zwischen der maximalen Ladespannung und Null eingestellt werden kann.

Die Anschaltzeit des Kondensators an die Stromquelle und das ballistische Galvanometer betrug weniger als 10^{-7} sek, so daß etwaige Verluste durch Selbstentladung zu vernachlässigen waren. Der Ausschlag des ballistischen Galvanometers war jeweils ein Maß für die Elektrizitätsmenge, die bei der Teilentladung des Kondensators frei wird. Durch diese partielle Entladung war es möglich, das differentielle ε des untersuchten Dielektrikums zu bestimmen. Die Entladungszeit des Kondensators C_x konnte mit Hilfe des Kondensators C und des Widerstandes R in weiten Grenzen verändert werden, und zwar in folgender Weise: War der Schalter PK der Abb. 64 nach oben geschlossen, so fand eine Aufladung des Kondensators C statt. Nunmehr wurde der Schalter PK nach unten an Punkt A gelegt. Dabei wurde der Punkt A plötzlich negativ, weil·die mit dem Schalter verbundene Belegung des Kondensators C ja bisher am negativen Pol der Spannungsquelle U_0 lag. Infolgedessen sperrte nunmehr die Röhre L_1, während die Röhre L_2 den Strom durchließ und damit die Entladung des zu untersuchenden Kondensators C_x ermöglichte. Diese Entladung ging so lange vor sich, bis der Punkt A wieder sein ursprüngliches Potential erreicht hatte (indem sich der Kondensator C über R entlud). Dabei wurde die Röhre L_2 sperrend und die Entladung hörte auf.

Die Entladungszeit wurde im wesentlichen durch die Werte der Kapazität C und des Widerstandes R bestimmt. Durch Änderung dieser beiden Größen konnte man die Zeitabhängigkeit von ε bestimmen. Dies ist ein wesentlicher Vorteil gegenüber den Messungen mit Wechselstrom.

Die Mindestentladezeit hing von dem inneren Widerstand der Röhre L_2 ab. Die in der benutzten Schaltung erreichten Zeiten lagen bei 10^{-6} sek, wobei keine nennenswerten Verluste auftraten. Die Maximalzeit der Entladung wird durch die Periode des ballistischen Galvanometers bestimmt, die 16 sek betrug. Bei Entladungszeiten von etwa der Hälfte der Galvanometerperiode betrug der Meßfehler von ε etwa $5^0/0$.

Untersucht wurden einige Proben von $BaTiO_3$ in Form von Scheiben vom Durchmesser 15 mm und einer Dicke von $1-1,3$ mm, die Silberelektroden trugen. Das ε aller Proben lag bei Zimmertemperatur zwischen 800 und 1000.

Bei der partiellen Entladung eines Kondensators gilt die Beziehung
$dQ = dU \cdot C = dU \cdot \varepsilon \cdot F/4\,\pi D$.

In Abb. 65 (aus [93]) ist demnach die Neigung der Kurve $\frac{Q}{S} = f(U)$
die differentielle Dielektrizitätskonstante $d\,\varepsilon/d\,U$, die für normale Dielek-

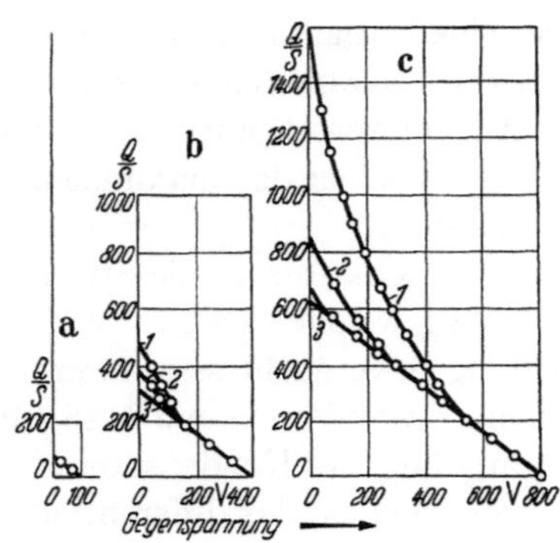

Abb. 65. Stufenweise Entladung eines $BaTiO_3$-Kondensators bei verschiedenen Temperaturen (aus [93])

Teilbild	Kurve 1	Kurve 2	Kurve 3
a: 20° C	$T = \infty$		
b: 120° C	$T = \infty$	$T = 10^{-1}$ sek	$T = 10^{-3}$ sek.
c: 270° C	$T = \infty$	$T = 10^{-4}$ sek.	$T = 10^{-6}$ sek.

Ordinate Q/S stellt den Quotienten entladene Elektrizitätsmenge pro Flächeneinheit des Kondensators in Coulomb dar (Erklärung im Text). T = Entladungszeit.

trika konstant ist. Bei $BaTiO_3$ hingegen besteht diese Kurve aus zwei
Teilen mit verschiedener Neigung und verschiedener Abhängigkeit von
der Entladungszeit. Der von dieser unabhängige Kurventeil wird als Hoch-
frequenzteil ε_{HF}, der zeitabhängige als Niederfrequenzteil ε_{NF} von ε be-

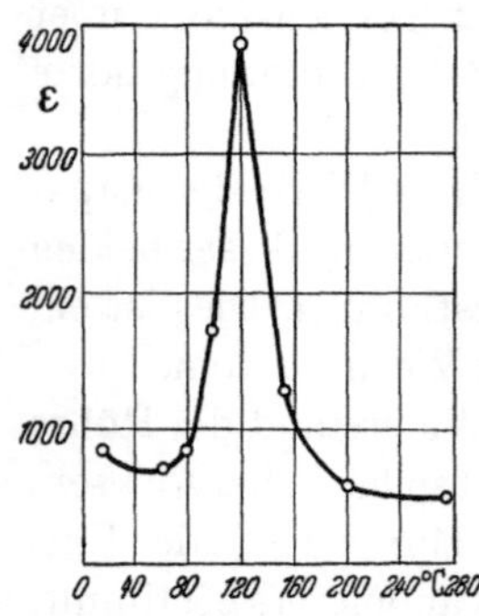

Abb. 66. Temperaturabhängigkeit des „hochfrequenten" An-
teils von ε in $BaTiO_3$ (aus [93]).

zeichnet. Beide Kurventeile unterscheiden sich
nicht nur in ihrer Abhängigkeit von der Entladungszeit, sondern auch in ihrer Temperatur-
und Spannungsabhängigkeit (Abb. 65). Die Temperaturabhängigkeit des HF-Teils von ε fällt mit
der von WUL und GOLDMAN [33] mit Wechsel-
strom gemessenen zusammen. Das effektive ε
ergibt sich aus dem Verhältnis der gesamten
Elektrizitätsmenge zur gesamten Ladespannung
des Kondensators. Es wächst mit steigender
Temperatur bis etwa 150° durch Vermehrung des
niederfrequenten Anteils rasch an und erreicht
bei 1,8 kV/cm den Wert 10400. Bei weiterer Tem-
peratursteigerung bis 270° behält das effektive ε

seinen Wert von 150° bei. (Maximale Abweichung $\pm$ 10°.) Es hat damit
eine ganz andere Temperaturabhängigkeit als ε_{HF}, dessen Temperaturabhängigkeit in Abb. 66 (aus [93]) dargestellt ist.

Die Feldstärkenabhängigkeit von ε_{HF} und ε_{NF} wurde zwischen 15 und 200° untersucht. Beide nahmen mit wachsender Feldstärke unter 100° zu, über 100° ab. Zum Beispiel betrug ε_{HF} bei 200° und 1,8 kV/cm nur 45% seines Wertes bei 0,5 kV/cm. Eine Beziehung zum Curiepunkt war für ε_{NF} nicht eindeutig erkennbar.

Abb. 67 (aus [93]) gibt für BaTiO$_3$ die Temperaturabhängigkeit des Verhältnisses der effektiven Werte von ε bei zwei Feldstärken.

In Abb. 68 (aus [93]) ist die Temperaturabhängigkeit des Verhältnisses der ε_{HF}-Werte bei 5,5 und 0,5 kV/cm aufgetragen. Es ist erkennbar, daß die Temperaturabhängigkeit dieses Verhältnisses für bestimmte Temperaturen verschwindet, nämlich bei etwa 80 und 100° C.

AWERBUCH und KOSMAN [93] kommen auf Grund ihrer Messungen zu dem Schluß, daß in BaTiO$_3$ zwei Polarisationsvorgänge stattfinden, die sich erheblich durch ihre Relaxationszeiten unterscheiden (10^{-1} und 10^{-6} sek). Letztere hängen weitgehend von den äußeren Entladungsbedingungen ab.

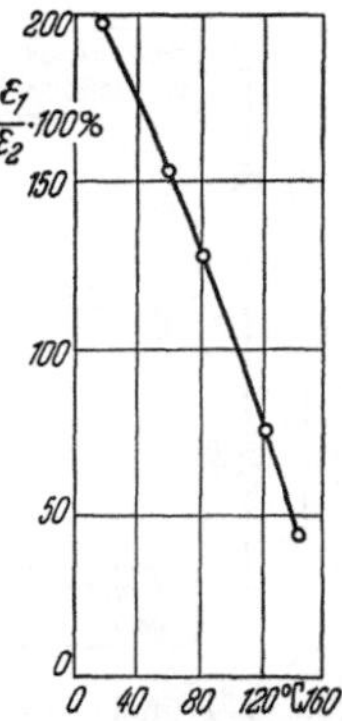

Abb. 67. Spannungs- und Temperaturabhängigkeit des effektiven ε von BaTiO$_3$. ε_1 gemessen mit 5,5 kV/cm; — ε_2 gemessen mit 0,5 kV/cm (aus [93]).

Eine physikalische Deutung dieser Erscheinungen haben die russischen Forscher nicht gegeben. Sie weisen jedoch darauf hin, daß die geringe Frequenzabhängigkeit von ε, die WUL und andere gefunden haben, sich nur auf den hochfrequenten Anteil bezieht, während die Berücksichtigung des niederfrequenten Anteils zu ganz anderen Ergebnissen führt. Die üblicherweise mit Wechselstrom gemessenen Effektivwerte halten sie nicht geeignet zur Deutung der physikalischen Natur der Polarisationsvorgänge.

Eine kritische Stellungnahme zu den Versuchen von AWERBUCH und KOSMAN ist nicht bekannt geworden. Sie wurden ausführlicher erwähnt, da sie aus dem Rahmen der sonst üblichen Wechselstrommessungen herausfallen und die von den Verfassern gezogenen Schlußfolgerungen eine öffentliche Diskussion verdienen.

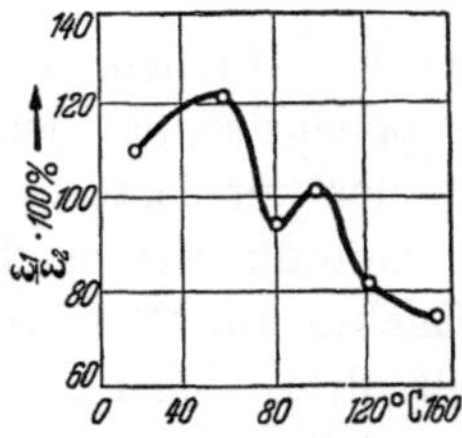

Abb. 68. Spannungs- und Temperaturabhängigkeit des „hochfrequenten" Anteils von ε bei verschiedenen Temperaturen (aus [93]). ε_1 gemessen mit 5,5 kV/cm; — ε_2 gemessen mit 0,5 kV/cm.

4. Bisher wurden die Änderungen besprochen, die beim Abschalten einer Gleichspannung auftreten.

Aber das mit schwachem Wechselstrom gemessene ε von Ba- und (BaSr)-Titanat nimmt auch bei konstant bleibender Überlagerung eines eingeschalteten starken Gleichfeldes ab. Die Beziehung zwischen der Dauer der Feldeinwirkung und dem Wert von ε wurde von PARTINGTON und Mitarbeiter [128, 129] mit einer Abb. 69 entsprechenden Anordnung gemessen.

Beim Überlagern eines Gleichfeldes von 10 kV/cm trat unterhalb des Curiepunktes zeitlich zuerst der bereits früher beschriebene Anstieg und dann ein exponentieller Abfall auf einen konstanten Endwert ein (Abb. 70 aus [129]), während oberhalb des Curiepunktes der Abfall sofort erfolgte (Abb. 71 aus [129]). Beide Effekte nahmen auch hier mit Annäherung an die Curietemperatur zu.

Nach Wegnahme des Feldes ergaben sich die in Abb. 71 u. 72 (aus [129] dargestellten zeitlichen Gänge von ε. Bemerkenswert ist dabei, daß im 1. Fall, also für $T < \Theta$, die ε-Werte erst steil über den Ausgangswert „zurückfedern" und dann erst langsam auf diesen

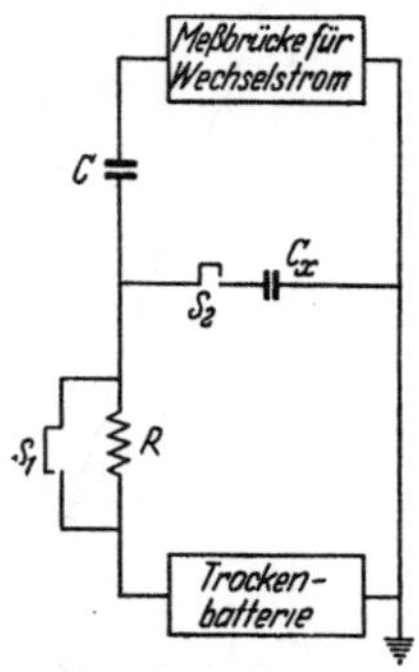

Abb. 69. Prüfung eines Dielektrikums unter verschiedenen Vorspannungen (aus [128]):
C_x Prüfkondensator von 1000—6000 $\mu\mu$F mit zu untersuchendem Dielektrikum; — C Blockierungskondensator 1 μF; — R Hochohmwiderstand 10 Megohm.
Schalter S_1 überbrückt R und führt zur schnellen Ladung von C; — Schalter S_2 dient zur wahlweisen An- und Abschaltung der Probe.

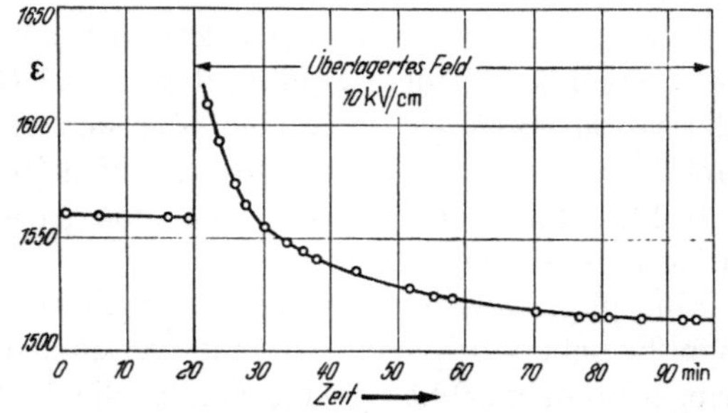

Abb. 70. Einfluß eines überlagerten Gleichfeldes von 10 kV/cm auf ε von polykristallinem BaTiO$_3$ bei 27,5° (aus [129]).

wieder abfallen. Für $T > \Theta$ hingegen stieg ε einsinnig und offenbar exponentiell auf den Endwert. Die Rückfederung der Polarisierbarkeit in der unbelasteten Keramik über den Anfangswert hinaus ist schwer verständlich zu machen, wenn man, wie im Abschn. 5$b\beta$ (S. 58 ff.), diese Effekte auf Wandverschiebungen zurückführt. Es hat den Anschein, als ob es sich hier, also unterhalb des Curiepunktes, um Drehprozesse handelt.

Einen weiteren interessanten Beitrag zur Dynamik des Polarisationsvorganges in BaTiO$_3$ haben Sinjakow, Stafichuk und Tchernii geliefert [130]. Die Verfasser bestimmten ε mit Gleichstromimpulsen von $5 \cdot 10^{-6}$ bis $9 \cdot 10^{-5}$ sek. Diese Impulse wurden durch Aufprallen von Stahlkugeln auf eine Stahlplatte erzeugt, wobei die Impulsdauer durch die Größe der Kugeln einstellbar war. In dem untersuchten Zeitbereich waren ε und sein Temperaturgang unabhängig von der Impulsdauer. Das ε am Curiepunkt war jedoch etwas höher als bei kontinuierlichem Wechselstrom gleicher Periode (10^{-6} sek).

Es ist bemerkenswert, daß bei diesem Meßverfahren unterhalb des Curiepunktes die Feldabhängigkeit von ε durch ein Maximum ging. Der

Einfluß einer Vorpolarisation wurde dadurch ausgeschlossen, daß zur Auslöschung von Remanenzeffekten die Proben vor jeder neuen Spannungsbelastung auf 200° erhitzt wurden.

Im übrigen haben diese Impulsuntersuchungen die Ergebnisse von RSCHANOW bestätigt, nach denen bei der ersten Hystereseschleife der Polarisation der Anstieg auf einer jungfräulichen Kurve verläuft, so daß die Schleife asymmetrisch zur

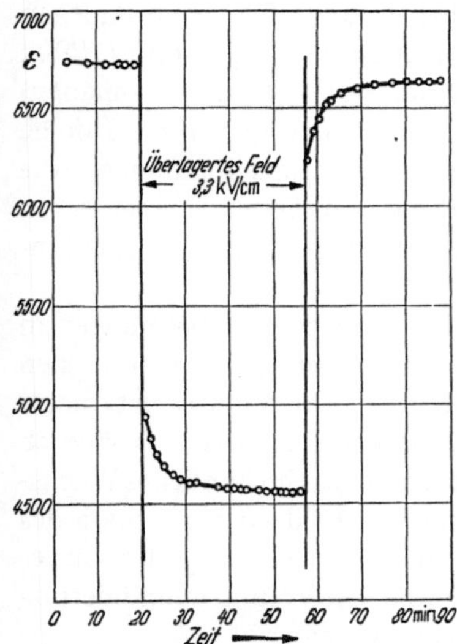

Abb. 71. Einfluß eines überlagerten Gleichfeldes von 3,3 kV/cm auf ε von polykristallinem (BaSr)TiO$_3$ oberhalb der Curietemperatur (aus [129]).

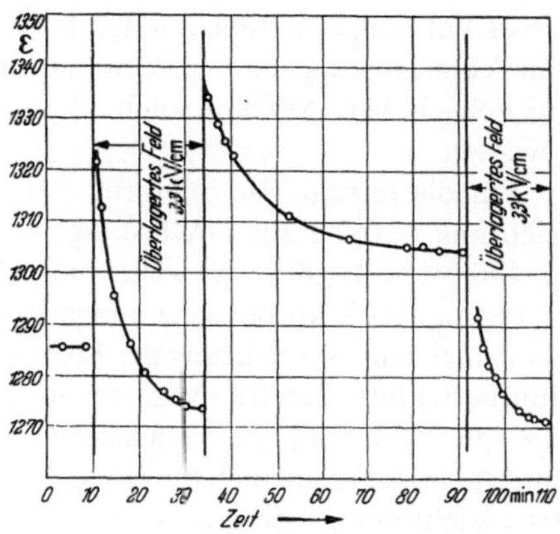

Abb. 72. Einfluß der periodischen Einwirkungen eines überlagerten Gleichfeldes auf ε von polykristallinem BaTiO$_3$ bei 32,5° (typische Rückfederkurven) (aus [129]).

Feldachse liegt, während die weiteren Hysteresezyklen symmetrisch zu ihr sind. Die spontane Polarisation stimmt mit $4-6,6 \cdot 10^{-6}$ Coulomb/cm^2 ebenfalls gut mit der von RSCHANOW ($5-5,5 \cdot 10^{-6}$ Coulomb/cm^2) und WUL ($6,6 \cdot 10^{-6}$ Coulomb/cm^2) bestimmten überein.

Betrachtet man das Verhalten bei konstanter Feldstärke und Temperatur, so ist der Polarisationszuwachs nicht der Zeit proportional wie beim Seignettesalz. Dies geht daraus hervor, daß bei verschiedenen Impulsdauern der Quotient von Polarisation und Zeit mit letzterer zunimmt. Die sich daraus ergebende verschiedene Polarisationsgeschwindigkeit ist ihrerseits eine Funktion der Temperatur. Diese zeigt ebenfalls ein Maximum, und zwar bei 105°. Oberhalb des Curiepunktes hängt die Polarisationsgeschwindigkeit linear, unterhalb nichtlinear von der Feldstärke ab. Es gilt demnach: $dP/dt = A \cdot e^{\alpha \sqrt{E}}$; darin sind A und α temperaturabhängige Größen.

Eine Vorpolarisation vermindert stets die Geschwindigkeit der weiteren Polarisation, und zwar um so mehr, je näher der Curiepunkt liegt, während oberhalb desselben ein rascher Abfall der Geschwindigkeit eintritt.

γ) Deutungsversuche.

PARTINGTON, PLANER und BOSWELL [129] haben versucht, die beobachteten zeitlichen ε-Änderungen zu erklären. Um den verschiedenen Effekten gerecht zu werden, kommen sie zu folgender Vorstellung: Die Momente der ferroelektrisch erregten Bezirke innerhalb eines polykristallinen Titanats sind anfangs regellos verteilt. Die beim Anlegen eines äußeren Feldes entstehende Polarisation des Werkstoffes führt zu einem Wachstum der in Feldrichtung orientierten Bezirke (Domänen) auf Kosten anderer, was mit Wandverschiebungen verknüpft ist. Infolge dieses Vorgangs entstehen in den Kristalliten anisotrope Spannungen, die eine Verschiebung der Curietemperatur nach niedrigeren Temperaturen zur Folge haben. Auf eine solche Möglichkeit hat bereits MEGAW [120] hingewiesen.

Für die tetragonale Struktur z. B. treten vorwiegend Spannungen in Richtung parallel zur c-Achse auf, so daß der Übergang zur kubischen Modifikation begünstigt wird. Unterhalb des Curiepunktes ist dieser Übergang mit Wandverschiebungen von Bezirken verbunden. Zusätzlich kann auch eine Ausrichtung der Bezirke stattfinden. Ein ähnliches Wachstum gerichteter Bezirke kann in einem starken Feld auch oberhalb des Curiepunktes erfolgen. Gleichzeitig mit der Verschiebung des Curiepunktes ändert sich auch die Höhe der ε-Spitze. Die Volumenveränderung der gerichteten Bezirke ist aber ein zeitlicher Vorgang.

e) Piezoeffekt und Elektrostriktion.

α) Experimentelle Tatsachen.

Das Auftreten eines linearen Piezoeffekts bei $BaTiO_3$ ist wohl erstmalig von ROBERTS [96] festgestellt worden. Er fand nämlich, daß bei der Überlagerung eines starken Gleichfeldes bei bestimmten Resonanzfrequenzen Verlustmaxima auftraten, die durch eine Vorpolarisation des Dielektrikums gedeutet wurden. Diese Resonanzfrequenzen wurden mit sinkendem Durchmesser und abnehmender Dicke der Proben nach höheren Frequenzen verschoben. Durch statische Messungen an einer kurzzeitig mit 6 kV/cm polarisierten Probe konnte mit einem Druck von einigen Kilogramm eine piezoelektrische Spannung von einigen Volt erzeugt werden.

Kurze Zeit darauf haben CHERRY und ADLER [133] auf die Möglichkeit hingewiesen, durch kurzzeitige Vorpolarisation mit Feldstärken von der Größenordnung 20 kV/cm $BaTiO_3$-Keramik, die einige Prozent glasbildende Zusätze enthält, piezoelektrisch zu machen. Dadurch konnten elektromechanische Wandler ganz anderer Form und Größe geschaffen werden, als sie bisher bei Verwendung kristalliner Werkstoffe, wie Quarz und Seignettesalz, möglich waren. Nach einem anfänglichen Abfall um 15%, innerhalb der ersten Stunde nach Einwirkung der polarisierenden

Spannung, blieb der Piezoeffekt monatelang unverändert. Bei höheren Temperaturen, z.B. 65°, wurde zwar die Einstellungsgeschwindigkeit des Grenzwertes erhöht, letzterer aber selbst nicht verändert.

Inzwischen ist diese elegante Möglichkeit zur Schaffung piezoelektrischer Werkstoffe hoher mechanischer und thermischer Stabilität sowie niedriger Gestehungskosten von der Technik rasch weiterentwickelt worden. In USA hat sich besonders JAFFE bei der „The Brush Development Co." eingehend mit diesem Problem beschäftigt und diese Firma bringt bereits seit längerer Zeit piezoelektrische Schwinger in Form von Schalen und anderen Formen auf den Markt.

Für die Piezokonstante von vorpolarisiertem $BaTiO_3$ hat JAFFE [135] zuerst den Wert $50 \cdot 10^{-12}$ Coulomb/Newton angegeben.

Eine genauere Untersuchung der elektromechanischen Kopplungskonstanten für polykristallines $BaTiO_3$ während des Anlegens einer Gleichfeldstärke erfolgte durch MASON [136], und zwar für verschiedene Anregungsformen (Dicken- und Radialschwingungen). Dabei ergab sich für Dickenschwingungen der doppelte Wert gegenüber Radialschwingungen. Abb. 73 zeigt die benutzte Meßschaltung nach [121].

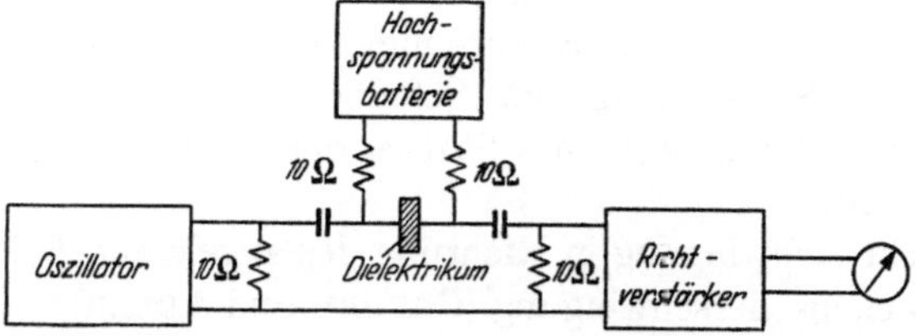

Abb. 73. Meßschaltung zur Untersuchung der Resonanzen und der mechanischen Kopplung in $BaTiO_3$. Die beiden Widerstände unmittelbar unterhalb der Hochspannungsbatterie sind nicht 10 Ω, sondern beide 5 MΩ (aus [121]).

Aus der Integration der Kurve für die Elektrostriktionskonstante ergibt sich eine relative Dickenzunahme für 30 kV/cm von $5 \cdot 10^{-4}$.

Für die Unterschiede von Dicken- und Radialeffekt hat MASON folgende Erklärung gegeben: Beim Übergang des kubischen $BaTiO_3$ in das tetragonale, ferroelektrische findet eine Dilatation um 0,66% in Richtung der ferroelektrischen Achse und eine Kontraktion in den Achsen senkrecht dazu statt. Durch das Anlegen eines starken Gleichfeldes wird ein bestimmter Anteil der ferroelektrischen Bezirke in Feldrichtung ausgerichtet. Das Verhältnis der gefundenen zur theoretisch möglichen Dickenzunahme entspricht dem Anteil der ausgerichteten Bezirke und beträgt demnach:

$$\frac{5 \cdot 10^{-4}}{6,6 \cdot 10^{-3}} = 0,075 \ (ca. \ 7,5\% \ bei \ 30 \, kV/cm).$$

Die Wirkung der überlagerten Wechselfeldstärke besteht darin, nicht ganze Bezirke zum Umklappen zu bringen, sondern einzelne Moleküle bzw. Elementarzellen in die in Feldrichtung bereits ausgerichteten Bezirke überzuführen, wobei also eine Wandverschiebung erfolgen müßte. Diese Wandverschiebung findet natürlich auch ohne Vorpolarisation statt, nur ist sie in diesem Fall ohne Einfluß auf die Dicke. Das Nachhinken dieser Wandverschiebung gegenüber dem Feld führt zu einer Verlustleistung und der Gütefaktor ist nur 15%.

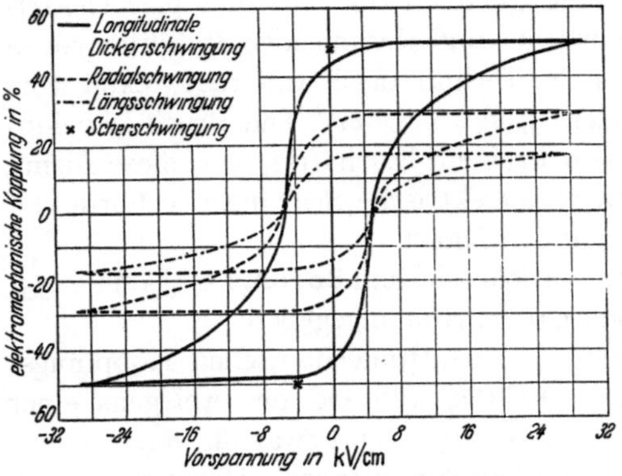

MASON [137] hat außerdem die elektromechanischen Effekte von polykristallinem $BaTiO_3$ noch ausführlicher theoretisch behandelt.

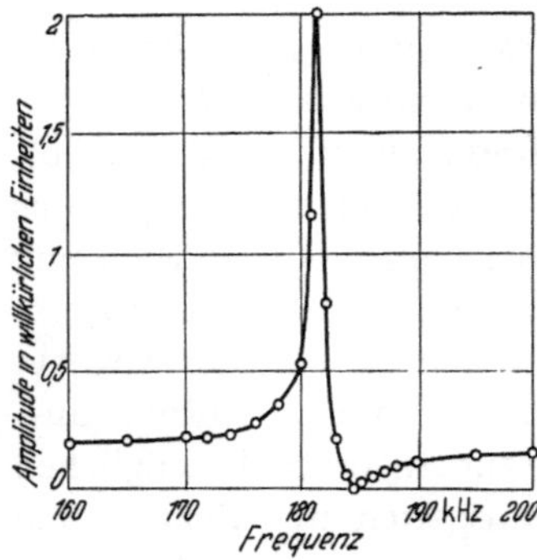

Abb. 74. Elektromechanische Kopplungsfaktoren für vier verschiedene Schwingungsformen (aus [121]).

Eine Wechselspannung ruft, wie bereits ROBERTS [96] gezeigt hatte, in der Keramik ferroelektrische Resonanzen hervor. Dabei sind vier verschiedene Effekte meßbar (Abb. 74 aus [121]):

a) die radiale Schwingung einer Scheibe,

b) die Längsschwingung eines Stabes, der aus einer solchen Scheibe geschnitten wird,

c) die Dickenschwingung in Richtung des angelegten Feldes,

d) eine Dickenscherschwingung (CHERRY und ADLER).

Die ersten drei Schwingungsarten treten dann auf, wenn das erregende Gleichfeld seiner Richtung nach mit dem Wechselfeld übereinstimmt, während bei senkrecht gekreuzten Feldern die Scherschwingung entsteht.

Für zwei im rechten Winkel zueinander angeordnete Plattensätze kann das Wechselfeld seiner Richtung nach nicht gleichförmig gemacht werden, so daß die Scherschwingung durch Erregung einer remanenten Polarisation mittels eines Gleichfeldes und anschließende Entfernung der dafür benutzten Beläge erzielt werden muß.

RSCHANOW [132] hat für seine Resonanzmessungen eine ähnliche Meßmethode angegeben. Frisch hergestellte und noch nicht mit Gleichfeldern vorpolarisierte Proben haben einen von Resonanzen freien Frequenzgang (Abb. 75 aus [132]). Die Temperaturabhängigkeit des Frequenzgangs ist in Abb. 76 (aus [132]) dargestellt. Der Unterschied von Reso-

Abb. 75. Frequenzabhängigkeit des Stromes in der Nähe der Resonanz (aus [132]).

nanz- und Antiresonanz nimmt mit steigender Temperatur stetig ab, offenbar infolge zunehmender Verluste.

Nach dem Anlegen einer Gleichspannung von 30 kV/cm an eine Scheibe von 15 cm Durchmesser und 0,025 cm Dicke treten die in Abb. 77

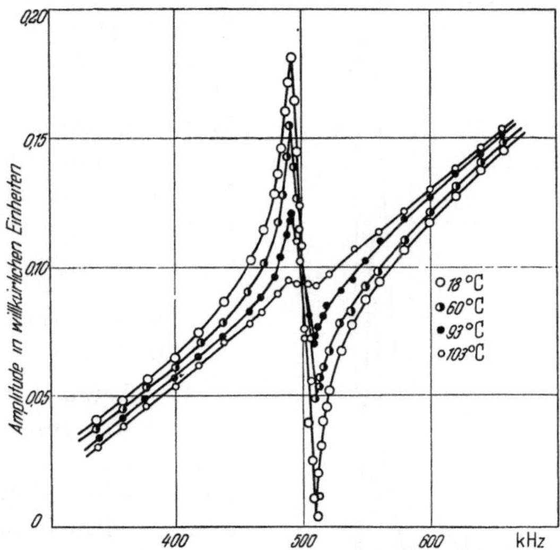

Abb. 76. Frequenzabhängigkeit des Meßstromes bei verschiedenen Temperaturen (aus [132]).

(aus [121]) angegebenen Resonanz- und Antiresonanzfrequenzen auf. Die Umkehr der Feldstärke führt zu einer Hysterese und die Hystereseschleifen verlaufen symmetrisch. Dieses Verhalten ist insofern einleuchtend, als ja offenbar nicht die angelegte Feldstärke, sondern die dadurch hervorgerufene Polarisation bestimmend für das piezoelektrische Verhalten des Werkstoffes ist. Die Resonanzfrequenz und der Piezomodul (Abb. 78 aus [132]) wurden im dynamischen Verfahren in Abhängigkeit von der Temperatur bestimmt.

Die angeregten Schwingungsfrequenzen sind mit der im Wechselfeld erfolgenden Umorientierung der durch ein Gleichfeld polarisierten Elementarzellen verknüpft. Hierbei sind nach ROI zwei Fälle denkbar [139].

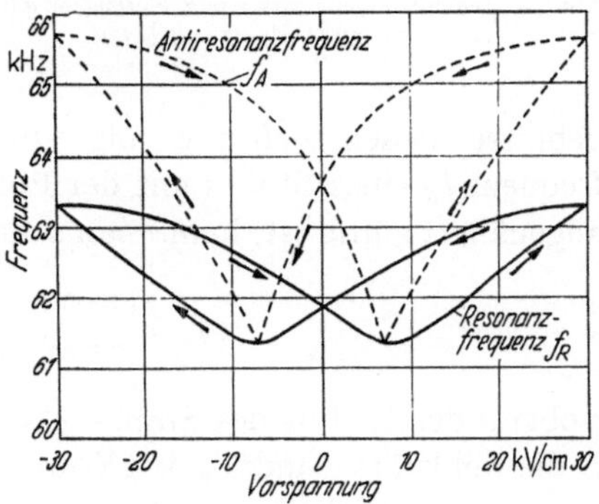

Abb. 77. Resonanz- und Antiresonanzfrequenz als Funktion der Vorspannung für Scheiben mit 5 cm ⌀ (aus [121]).

a) Die induzierte polare Achse steht anfangs senkrecht zum Wechselfeld und wird um 90° in die Feldrichtung gedreht. Die Schwingungsfrequenz ist mit der Feldfrequenz identisch.

b) Die polare Achse wird um 180° gedreht und die Schwingungsfrequenz ist gegenüber der Feldfrequenz verdoppelt.

Für Übergänge von der antiparallelen Ausrichtung in die senkrecht
dazu gelegene treten starke Dämpfungen auf. Die Amplitude der Schwingungen ist dem polarisierenden
Feld proportional und ändert
sich unterhalb der Curietemperatur mit dem Quadrat der
Wechselfeldstärke. Außerdem
wird sie durch die Dauer der
Vorpolarisation bestimmt und
ist um so höher, je kürzere Zeit
diese wirkt [*140*].

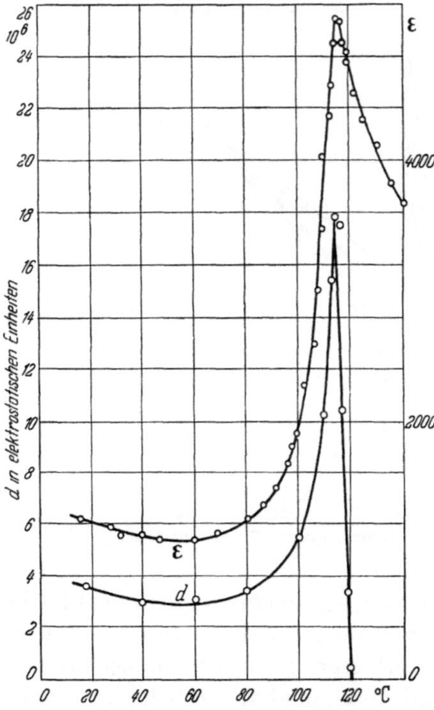

Abb. 78. Temperaturgang von ε und Piezomodul d bei
statischer Beanspruchung (aus [*132*]).

β) Theoretische Betrachtungen.

Der Anteil der in mechanischer Form gespeicherten Ge-
samtenergie, d. h. die elektromechanische Kopplung, läßt
sich aus dem Gang von ε mit
der Feldstärke in der Resonanzkurve berechnen. Ferner ergeben sich hieraus die Elektrostriktionskonstanten und die
elastischen Konstanten für radiale Schwingungen. (S. Abb. 74
S. *80*.)

MASON [*121*] hat diese Rechnungen durchgeführt. Seine Er-
gebnisse lassen sich wie folgt zusammenfassen: Für die Resonanzfrequenz f_R eines Stoffes mit der POISSONschen Zahl 0,27, die für BaTiO$_3$
angenähert gültig ist, kann man schreiben:

$$f_R = \frac{2,03}{2\,\pi\,a}\left(\frac{Y_0^E}{\varrho\,(1-\sigma^2)}\right)^{1/2}, \tag{21}$$

wobei a der Radius des Stabes, ϱ seine Dichte, σ die POISSONsche Zahl,
E die Feldstärke und Y_0 der YOUNGsche Modul ist. Für die von MASON
untersuchten Scheiben mit $a = 2,5$ cm, $\varrho = 5,5$ g/cm^3, $\sigma = 0,27$ ergibt
sich demnach aus den Resonanzfrequenzen 61,4 bzw. 63,3 kHz der
Abb. 77 $Y_0 = 1,12 \cdot 10^{12}$ Dyn/cm^2 für $E = 0$ und $Y_0 = 1,18 \cdot 10^{12}$ für
$E = 30$ kV/cm.

Aus der Frequenzdifferenz zwischen Resonanz und Antiresonanz, der
Resonanzfrequenz selbst und einer Größe R_1, die sich theoretisch aus

den frequenzbestimmenden Gleichungen ableiten läßt, findet MASON für
den elektromechanischen Kopplungsfaktor

$$k = \sqrt{\frac{\Delta f}{f_R}\left[\frac{R_1^2 - (1 - \sigma^2)}{1 + \sigma}\right]} + \cdots \tag{22}$$

Der Klammerausdruck hat für $\sigma = 0{,}27$ den Wert 2,51, so daß sich mit
den Meßwerten aus Abb. 77 unmittelbar die verschiedenen k-Werte für
verschiedene Schwingungsarten als Funktion der angelegten Feldstärke
ergeben, und zwar

a) für eine longitudinale Dickenschwingung; b) für eine Radial-
schwingung; c) für eine Längsschwingung; d) für eine Scherschwingung.

Bei einer Vorpolarisation mit 30 kV/cm ergibt sich aus diesen
Messungen eine Koerzitivfeldstärke von 7,5 kV/cm, bei kleineren Vor-
polarisationen eine kleinere.

Piezoelektrische Effekte 1. Ordnung können in $BaTiO_3$ Keramik infolge der regellosen Ausrichtung der Teilchenachsen nicht erwartet werden. Wenn also trotzdem piezoelektrische Effekte beobachtet werden,
müssen diese 2. Ordnung sein. Nicht das elektrische Feld, sondern die
elektrische Verschiebung bestimmt also die elektromechanische Kopplung.

Für die verschiedenen Schwingungsformen hat MASON eine phänomenologische Theorie entwickelt. Aus der Tatsache, daß der Dickeneffekt
zum Radialeffekt im Verhältnis 2 : 1 steht und eine radiale Kontraktion
eintritt, lassen sich weitere Schlüsse über die physikalischen Zusammenhänge ziehen.

Nach der Herstellung der Keramik sind die Feldvektoren aller unter
120° C auftretenden Domänen in ihrer Richtung regellos verteilt, so daß
keine Polarisation nach außen in Erscheinung tritt. Durch das angelegte
Gleichfeld werden Domänen bevorzugt in Feldrichtung ausgerichtet, und
zwar so, daß eines der 6 Ti-Atome in eine neue Gleichgewichtslage übergeht, die die Richtung der ferroelektrischen Achse bestimmt. Infolge der
bestehenden Potentialschwelle bleibt diese Richtung auch nach Wegnahme des Feldes erhalten.

Andererseits tritt durch diese Umrichtung der Domänen eine Ausdehnung auf, die sich aus der Zahl der nach dieser Richtung ausgerichteten Domänen ergibt und die $^2/_3$% ausmacht, wenn alle Domänen ausgerichtet sind.

Für den $BaTiO_3$-Kristall liefern röntgenographische Untersuchungen
das Ergebnis, daß die seitliche Kontraktion halb so groß ist als die axiale
Dickenzunahme, so daß sich in Summa Volumenkonstanz ergibt. Für die
polykristalline Keramik ist die Kontraktion kleiner und es existiert eine
wirkliche Volumenänderung. Eine Kontraktion der Domänen muß nicht
unbedingt mit einer äußeren Form- und Volumenänderung verbunden

6*

sein, da erstere nicht durchweg kraftschlüssig miteinander in Verbindung stehen. Dagegen würde eine Expansion stets nach außen wirksam werden.

Ein gleichzeitig überlagertes schwaches Wechselfeld reicht zwar nicht aus, um Domänen umzuklappen, jedoch kann es den Platzwechsel einzelner „Moleküle" (gemeint sind Elementarzellen in der Grenzfläche) von einer zur anderen Domäne erzielen (Wandverschiebung). Auf alle Fälle treten infolge des reversiblen Wachsens und Abnehmens einzelner Domänen Dickenschwankungen auf, die wegen ihres Nachhinkens gegenüber dem Feld eine starke Hysterese aufweisen, die sich in erheblichen Verlusten äußert.

Thermodynamische Beziehungen zwischen linearer Wärmeausdehnung und Elektrostriktion hat SMOLENSKI [141] aufgestellt und geprüft. Da das Volumen eines Ferroelektrikums außer von der Temperatur auch von der inneren Feldstärke E abhängt, gilt:

$$d V = \left(\frac{\partial V}{\partial E}\right)_T d E + \left(\frac{\partial V}{\partial T}\right)_E d T . \tag{23}$$

Ferner ist E sowohl von T als auch der Polarisation P abhängig:

$$d E = \left(\frac{\partial E}{\partial P}\right)_T d P + \left(\frac{\partial E}{\partial T}\right)_P d T . \tag{24}$$

Definiert man α_E als den linearen Ausdehnungskoeffizienten bei konstanter innerer Feldstärke und α_p den für konstante Polarisation, so ergibt sich für die experimentell gefundene Ausdehnung

$$\alpha = \alpha_E - \alpha_P = - \left(\frac{1}{3 V}\right) \left(\frac{\partial V}{\partial E}\right)_T \left(\frac{\partial E}{\partial T}\right)_P , \tag{25}$$

da gleichzeitig gilt:

$$\alpha_P = \left(\frac{1}{3 V}\right) \left(\frac{\partial V}{\partial T}\right)_P \quad \text{und} \quad \alpha_E = \left(\frac{1}{3 V}\right) \left(\frac{\partial V}{\partial T}\right)_E .$$

$\left(\frac{\partial E}{\partial T}\right)_P$ ist stets positiv; demnach bestimmt der erste Faktor, die Volumenelektrostriktion, das Vorzeichen der Wärmeausdehnung.

Beziehungen zwischen spontaner Polarisation und der Deformation des Kristallgitters sind von MERZ an Seignettesalz und $BaTiO_3$ diskutiert worden [142].

Oberhalb des Curiepunktes kristallisiert Seignettesalz im orthorhombischen System und hat demgemäß die folgende Matrix piezoelektrischer Konstanten:

$$\begin{matrix} 0 & 0 & 0 & d_{14} & 0 & 0 \\ 0 & 0 & 0 & 0 & d_{25} & 0 \\ 0 & 0 & 0 & 0 & 0 & d_{36} . \end{matrix} \tag{26}$$

Diese geht im Curiegebiet in folgende Form über, weil dort monokline Symmetrie eintritt:

$$\begin{matrix}
d_{11} & d_{12} & d_{13} & d_{14} & 0 & 0 \\
0 & 0 & 0 & 0 & d_{25} & d_{26} \\
0 & 0 & 0 & 0 & d_{35} & d_{36} \,.
\end{matrix} \qquad (27)$$

Diese 2. Matrix ist in einer zyklisch vertauschten Form niedergeschrieben, um sie mit der Matrix 1 besser vergleichen zu können. Die a-Achse gilt als polare Achse. Durch die spontane Polarisation in x-Richtung treten Verzerrungen nach allen drei Koordinaten x, y und z sowie eine Scherung in der $y-z$-Ebene auf. Letztere ist der spontanen Polarisation proportional. Man kann sie als Fortsetzung des normalen piezoelektrischen Effekts oberhalb des Curiepunktes in den Curiebereich hinein ansehen. Andererseits sind drei Normalspannungen X_x, Y_y, Z_z gefunden worden, die P_s proportional sind und einen quadratischen Piezoeffekt darstellen. Nach JAFFE ist dies so zu erklären, daß die piezoelektrischen Konstanten d_{11}, d_{12}, d_{13}, die dem monoklinen System entsprechen, ihrerseits der Spannung und der Polarisation in erster Näherung proportional sind, so daß in der Tat folgende Zusammenhänge bestehen:

$$X_x \sim d_{11}\,P_s^2; \quad Y_y \sim d_{12}\,P_s^2; \quad Z_z \sim d_{13}\,P_s^2 \,. \qquad (28)$$

Das gleiche gilt für die primären Alkaliphosphate und Arsenate, für die M. DE QUERVAIN [134] zeigen konnte, daß die Scherung x_y der spontanen Polarisation P_s in z-Richtung proportional ist. Man kann diesen Effekt als Fortsetzung des Piezoeffekts ansehen. Die anderen Spannungen sind $P_s^2 \sim$ proportional.

Für das kubische **BaTiO₃** werden oberhalb des Curiepunktes alle Piezokonstanten d_{ik} zu Null. Unterhalb desselben geht der Kristall aus dem kubischen in das tetragonale System mit folgender Matrix über:

$$\begin{matrix}
0 & 0 & 0 & 0 & d_{15} & 0 \\
0 & 0 & 0 & d_{15} & 0 & 0 \\
d_{31} & d_{31} & d_{33} & 0 & 0 & 0
\end{matrix} \qquad (29)$$

Hier müssen die durch die spontane Polarisation hervorgerufenen Spannungskomponenten in z-Richtung vorhanden sein. Analog zu anderen ferroelektrischen Stoffen ist zu erwarten, daß diese Normalspannungen dem Quadrat von P_s proportional sind, weil die Konstanten d_{31} und d_{33} ihrerseits P_s proportional sind.

Unter Berücksichtigung der Messungen von MEGAW [143] für die relative Änderung der Gitterkonstanten $\Delta a/a$ und $\Delta c/c$ mit der Temperatur kann man bei **BaTiO₃** folgende Beziehungen aufstellen.

$$(z_z)^{1/2} = (\Delta c/c)^{1/2} \sim P_s \qquad (30)$$

$$(x_x)^{1/2} = (y_y)^{1/2} = (\Delta a/a)^{1/2} \sim P_s \,. \qquad (31)$$

Diese gelten allerdings nur zwischen dem Curiepunkt und 90°C, während bei tieferen Temperaturen die Werte von P_s zu niedrig ausfallen. Bei höheren Feldstärken und bei gleichzeitiger thermischer Vorbehandlung wird diese Abweichung kleiner. Sie ist offensichtlich auf antiparallele Ausrichtung von Domänen zurückzuführen, die bei tieferen Temperaturen dann schwerer zu polarisieren sind. Dies steht auch in Einklang mit optischen Messungen [144].

Infolge dieser antiparallelen Anordnung von Domänen schwanken die Absolutwerte der spontanen Polarisation bei Zimmertemperaturen von Kristall zu Kristall. Man kann demnach nur einen Mittelwert angeben, für den sowohl MERZ als auch HULM

$$P_s = (15,5 \pm 1,5) \cdot 10^{-6} \text{ Coulomb/cm}^2 \qquad (32)$$

fanden. Die Größe P_s/P_∞, die den Bruchteil der Sättigungspolarisation darstellt, verläuft für $BaTiO_3$ nahezu genauso wie für KH_2PO_4, wenn man als Temperaturkoordinate die reduzierte Temperatur T/Θ benutzt, d.h., daß sie in beiden Fällen steiler verläuft, als es die LANGEVINsche Theorie verlangt.

Unterhalb des Curiepunktes ist die Polarisation P eine Funktion der Temperatur und des angelegten Feldes. Unterschreitet letzteres die Koerzitivfeldstärke, so wird P sehr klein und verläuft gegen Null. Außerdem treten nach Abschalten des Feldes sprunghafte Abnahmen der Polarisation ein. Diese sind so zu deuten, daß auch der Eindomänenkristall im Feld Null die Neigung hat, in Domänen aufzuspalten, wobei letztere sich antiparallel ausrichten, da die optische Untersuchung tetragonalen Charakter offenbart. Derartige Verhältnisse sind beim Seignettesalz ebenfalls bekannt.

An den Umwandlungspunkten treten plötzliche Sprünge der spontanen Polarisation auf. Diese sind ohne weiteres verständlich, wenn man die Tatsache berücksichtigt, daß bei 0° die 011-Richtung der polaren Achse am stabilsten ist; in diesem Fall muß senkrecht zur Kristallfläche ein Abfall der spontanen Polarisation von der Größenordnung $1/\sqrt{2}$ erwartet werden, der tatsächlich auch beobachtet wurde. Ein ähnlicher Abfall müßte auch am Umwandlungspunkt bei $-80°$ auftreten, wo die polare Achse sich in der Richtung 111 dreht. Wenn hier die gemessenen Änderungen größer sind als die theoretisch zu erwartenden, so kann dies offenbar nur dadurch erklärt werden, daß nicht nur der Richtungsfaktor eingeht, sondern sich auch das Dipolmoment selbst ändert bzw. verringert. Alle Messungen der spontanen Polarisation unter 0° sind weniger reproduzierbar, weil sie durch Domänenbildung und zunehmende innere Spannungen beeinflußt werden.

Der Einfluß der Domänenstruktur auf die elektromechanische Kopplung ist recht kompliziert, da die Ausrichtung der Domänen zusätzliche Spannungseffekte bedingt.

CASPARI und MERZ [45] haben bei ihren Messungen die Domäneneffekte weitgehend dadurch ausgeschaltet, daß sie mit Eindomänenkristallen arbeiteten.

Ihre Messungen wurden sowohl auf statischem als auch auf dynamischem Weg durchgeführt. Bei der statischen Messung wurde der umgekehrte Piezoeffekt, d.h. die durch bestimmte Feldstärken hervorgerufene Längenänderung ermittelt. Diese erzeugte eine Kapazitätsänderung eines Plattenkondensators, dessen einer Belag durch einen Quarzstab mit dem $BaTiO_3$-Kristall starr und kraftschlüssig verbunden war (Abb. 79 aus [45]). Die Empfindlichkeit und Meßgenauigkeit dieses Verfahrens betrug $10^{-3} \mu\mu F$, so daß bei der benutzten Abmessung des Kondensators von 2,5 cm Durchmesser und 0,01 cm Plattenabstand eine Längenänderung von 10^{-7} cm nachweisbar war. Bei verschiedenen angelegten Feldstärken und Feldrichtungen ergab sich eine Hysteresekurve (Abb. 80 aus [45]), die um so besser reproduzierbar war, je stärker der Kristall im Gleichfeld vorpolarisiert war. Außerdem wurden dabei auch die Hystereseeffekte kleiner. Die so ermittelten Werte für den Koeffizienten d_{31} ergaben bei $\pm 10\%$ Genauigkeit für 6 Kristalle einen Mittelwert von $-110 \cdot 10^{-8}$ statische Coulomb/dyn, der etwas kleiner ist als der aus der spontanen Polarisation und der elektrischen Suszeptibilität ermittelte ($d_{31} = -173 \cdot 10^{-8}$ statische Coulomb/dyn). Bei der dyna-

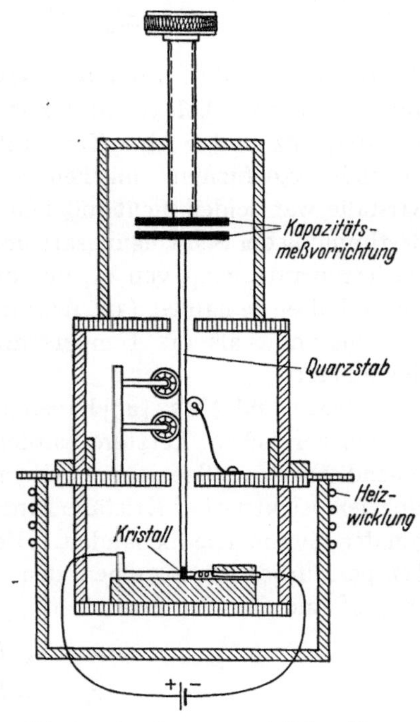

Abb. 79. Anordnung zur statischen Messung der elektromechanischen Wechselwirkung von $BaTiO_3$-Eindomänenkristallen (aus [45]).

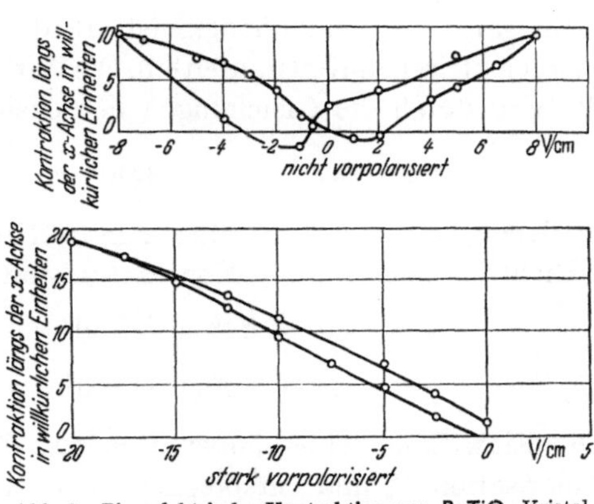

Abb. 80. Piezoelektrische Kontraktion von $BaTiO_3$-Kristallen ohne und mit Vorpolarisation (aus [45]).

mischen Methode wird der piezoelektrische Koeffizient d_{31} aus folgender Beziehung ermittelt:

$$d_{31}^2 = G\,\Delta f \cdot \varepsilon/f_R \cdot 10^{-8}. \tag{33}$$

Hierbei ist Δf die Differenz zwischen Resonanz und Antiresonanzfrequenz, ε die Dielektrizitätskonstante in z-Richtung, f_R die Resonanzfrequenz und G eine Konstante, in die Querschnitt, Dichte und Elastizitätskoeffizient eingehen. Eine Vernachlässigung der Dicke der Kristalle war leider nicht möglich und damit auch nicht eine genaue Bestimmung der Schwingungsart und der Konstante G. Daher wurde nur der Temperaturgang von d_{31} auf diese Weise bestimmt. Es ergab sich ein Verhalten gemäß Gl. (33), das mit dem aus Gl. (38) berechneten besser übereinstimmt als die Temperaturabhängigkeit, die die statische Methode liefert.

CASPARI und MERZ [45] haben ihre Messungen mit den theoretischen Werten verglichen. Letztere wurden auf folgende Weise erhalten: Ausgehend von dem allgemeinen Schema für das piezoelektrische Verhalten nichtferroelektrischer Kristalle wird der Sonderfall des $BaTiO_3$ mit tetragonaler Symmetrie behandelt. Hier gelten folgende Beziehungen im Temperaturbereich zwischen dem mittleren Umwandlungspunkt von etwa $0°$ und dem Curiepunkt:

$$x_x = d_{31}E_z + g_{31}E_z^2\,{}^* \tag{34}$$

$$z_z = d_{33}E_z + g_{33}E_z^2. \tag{35}$$

Die Größen x_x und z_z stellen die Deformationskomponenten längs der x- und z-Achse dar, wenn nur das Feld E_z, jedoch keine mechanische Kraft auf den Kristall einwirkt. Oberhalb des Curiepunktes werden die Koeffizienten d_{31} und d_{33} zu 0.

Durch das ferroelektrische Verhalten werden die Verhältnisse insofern kompliziert, als eine spontane Polarisation vorliegt, die sowohl temperatur- als auch feldabhängig ist. Beide Abhängigkeiten gehen in die piezoelektrischen Konstanten ein. Die Wirkung der spontanen Polarisation P_0 wird durch die Gleichungen berücksichtigt:

$$(x_x)_0 = \mu P_0^2 \qquad (34\,\mathrm{a}) \qquad\qquad (z_z)_0 = \varrho\,P_0^2, \qquad (35\,\mathrm{a})$$

in denen $(x_x)_0$ die Kontraktion in x-Richtung, $(z_z)_0$ die Elongation in z-Richtung und μ und ϱ Konstanten sind, die folgende Werte haben:

$$\mu = -\,10{,}5 \cdot 10^6\ \mathrm{cm^4/Coul^2} = -\,1{,}17 \cdot 10^{-12}\ (\mathrm{cgs})_s$$

$$\varrho = +\,24{,}0 \cdot 10^6\ \mathrm{cm^4/Coul^2} = +\,2{,}67 \cdot 10^{-12}\ (\mathrm{cgs})_s.$$

Die Einwirkung eines äußeren Feldes E_z führt zu einer zusätzlichen Polarisation P_z und entsprechenden zusätzlichen Deformationen $\Delta(x_x)$

${}^*\ E_z =$ äußeres Feld in z-Richtung

und $\Delta(z_z)$, so daß man insgesamt erhält:

$$x_x = (x_x)_0 + \Delta(x_x) = \mu(P_0 + P_z)^2 \tag{34b}$$

$$z_z = (z_z)_0 + \Delta(z_z) = \varrho(P_0 + P_z)^2 \tag{35b}$$

oder wegen Gl. (34a) u. (35a):

$$\Delta(x_x) = 2\mu P_0 P_z + \mu P_z^2 \tag{34c}$$

$$\Delta(z_z) = 2\varrho P_0 P_z + \varrho P_z^2. \tag{35c}$$

Da die zusätzliche Polarisation P_z beschrieben werden kann $P_z = \chi_c E$ $\left(\chi_c = \dfrac{\varepsilon - 1}{4\pi} = \text{elektrische Suszeptilität in } z\text{-Richtung}\right)$ gehen die Gl. (34c) und (35c) über in:

$$\Delta(x_x) = 2\mu\chi_c P_0 E + \mu\chi_c^2 E^2 \tag{36}$$

$$\Delta(z_z) = 2\varrho\chi_c P_0 E + \varrho\chi^2 E^2. \tag{37}$$

Durch Vergleich mit Gl. (34) u. (35) erhalten CASPARI und MERZ schließlich folgende Beziehungen für die elektromechanischen Kopplungskoeffizienten:

$$d_{31} = 2\mu\chi_c P_0, \qquad d_{33} = 2\varrho\chi_c P_0 \tag{36}$$

$$g_{31} = \mu_c^2, \qquad g_{33} = \varrho\chi_c^2. \tag{37}$$

Unter Verwendung der gemessenen χ_c- und P_0-Werte und deren Temperaturgang kann man für jede Temperatur die entsprechenden Kopplungskoeffizienten berechnen, z.B. für Zimmertemperatur

$$\cdot d_{31} = -173 \cdot 10^{-8} \text{ (cgs)}_s, \qquad d_{33} = +396 \cdot 10^{-8} \text{ (cgs)}_s \tag{38}$$

$$g_{31} = -300 \cdot 10^{-12} \text{ (cgs)}_s, \qquad g_{33} = 683 \cdot 10^{-12} \text{ (cgs)}_s. \tag{39}$$

Abb. 81 und Abb. 82 (beide aus [45]) geben einen Vergleich der berechneten und der statisch gemessenen Werte von d_{31}.

Es darf allerdings nicht verschwiegen werden, daß bisher angenommen worden ist, die spontane Polarisation hänge nicht von der Größe der Feldstärke ab. Dies ist zweifellos nicht ganz richtig. Diese Annahme ist nur dann berechtigt, solange das innere Feld sehr viel größer ist als das äußere angelegte Feld.

Das innere Feld ist von der Größenordnung P_0/χ_c. Die bekannten Werte von P_0 und χ_c ergeben ein inneres Feld von 870 kV/cm; das ist also 30mal mehr als das bisher angewandte höchste äußere Feld von etwa 30 kV/cm. Aus der spontanen Polarisation von $15{,}5 \cdot 10^{-6}$ Coulomb/cm² läßt sich unter Verwendung des von MEGAW bestimmten Temperaturganges der Gitterkonstante eine spontane Deformationskomponente in x-Richtung von etwa $-2{,}65 \cdot 10^{-3}$ berechnen.

Die durch ein äußeres Feld von 30 kV/cm hervorgerufene Deformation ist von der Größenordnung 10^{-5}. Stellt man die Gesamtdeformation in Abhängigkeit von dem gesamten in Kristall wirksamen Feld dar, so ergibt sich deutlich, daß für experimentell zugängliche Werte des

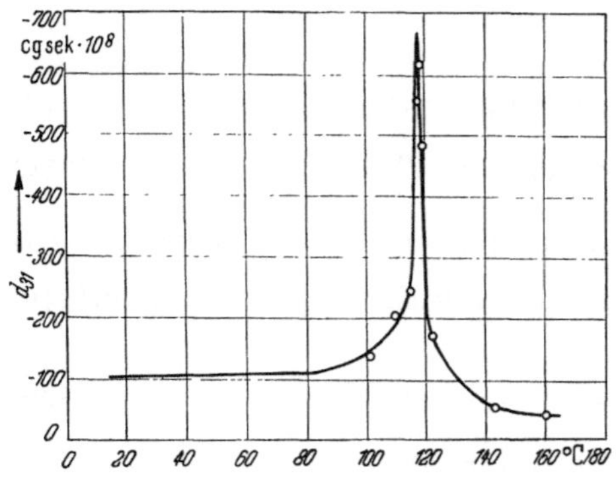
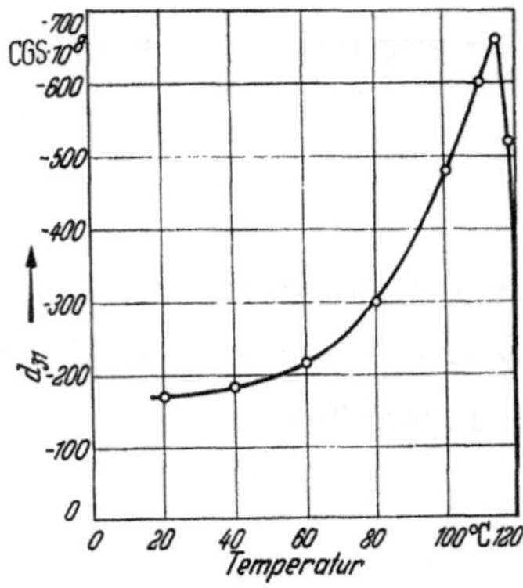

Abb. 81.
Temperaturgang des Piezokoeffizienten d_{31} von BaTiO$_3$-Kristallen, statisch gemessen (aus [45]).

Abb. 82. Berechneter Temperaturgang des Piezokoeffizienten d_{31} von BaTiO$_3$-Einkristallen (aus [45]).

äußeren Feldes ein praktisch linearer Piezoeffekt auftritt und der den Gl. (34) und (35) entsprechende quadratische Term praktisch keine nennenswerte Rolle spielt.

Besondere Erwähnung verdienen die Verhältnisse etwas oberhalb der Curietemperatur. Wie bereits in Abschnitt 3 aγ berichtet wurde, steigt die Curietemperatur mit der angelegten äußeren Feldstärke. Bei der statischen Messung des piezoelektrischen Effekts muß sich dieser Einfluß geltend machen, da ja mit Feldstärken bis zu 30 kV/cm gearbeitet wurde. Abb. 82 aus [45] zeigt deutlich, daß der Piezoeffekt oberhalb der Curietemperatur keinesfalls verschwindet, wie das nach der Abb. 83 aus [45] dargestellten, theoretisch berechneten Kurve der Fall sein sollte. In einem späteren Kapitel wird gezeigt, daß die Erhöhung der Curietemperatur pro kV äußerer Feldstärke von der Größenordnung 1° ist. Die Tatsache, daß trotzdem selbst oberhalb 160° noch immer piezoelektrische Erscheinungen, nach CASPARI und MERZ bei 6 kV/cm sogar bis 180°, auftreten, ist daher überraschend. Offenbar liegen hier noch elektrostriktive Effekte vor. (Vgl. a. Spannungseffekte oberhalb der Curietemperatur — Abschnitt Zeitabhängigkeit.)

Auch im dynamischen Verfahren bei und oberhalb der Curietemperatur werden gewisse Unterschiede beobachtet, je nachdem ob der Kristall aus einem oder einer Mehrzahl von Domänen besteht.

In der Nähe des Curiepunkts erreicht die Differenz zwischen Antiresonanz- und Resonanzfrequenz ein Maximum (Abb. 83 aus [45]). Dieses Maximum kommt dem ε-Maximum um so näher, je besser der

Kristall ausgebildet ist. Bei sehr guten Kristallen, in denen keine inneren Spannungen vorliegen und keine Domänen senkrecht zur c-Achse liegen,

nimmt die Resonanzfrequenz in der Nähe des Curiepunktes außerordentlich ab, zeigt jedoch kein Minimum (Abb. 84 aus [45]).

Es muß angenommen werden, daß die Unterschiede zwischen „normalen" und spannungsfreien Kristallen im wesentlichen auf Domäneneffekte zurückzuführen sind. Während ein idealer Eindomänenkristall am Curiepunkt sprungartig kubisch wird, verschmiert sich dieser Übergang für Vieldomänenkristalle infolge der damit verbundenen inneren Spannungen. Aus optischen Beobachtungen geht hervor,

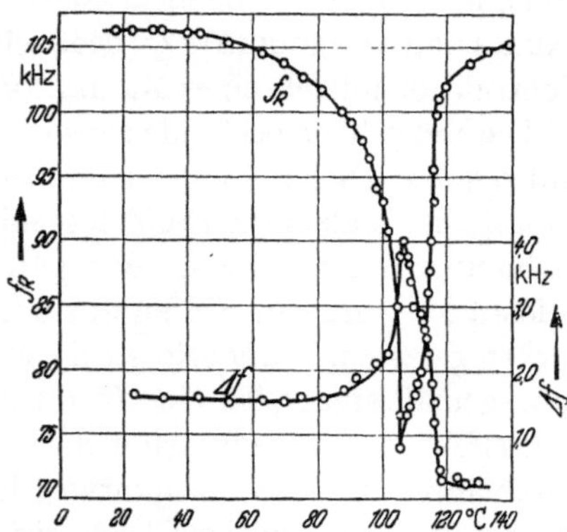

Abb. 83. Temperaturgang der Resonanzfrequenz und der Frequenzdifferenz $\Delta f = f_A = f_R$ für normale Kristalle mit Spannungen (aus [45]).

daß das Minimum der Resonanzfrequenz bei der Temperatur auftritt, bei der ein Aufspalten der Eindomänenkristalle in viele Domänen erfolgt.

CASPARI und MERZ weisen darauf hin, daß die von RSCHANOW [132] an Keramik statisch gemessene Temperaturabhängigkeit von d_{31} mit der

von ihnen an Einkristallen gefundenen übereinstimmt.

Der Auffassung von MASON [121] und JAFFE [146], die Hysteresekurven fanden analog zu Abb. 81 und diese als quadratischen elektrostriktiven Effekt deuteten, können sie nicht zustimmen. Ihre eigenen Versuche haben gezeigt, daß ein quadratischer Effekt nicht primärer Natur und auch nicht eigentlich elektrostriktiv ist, sondern durch

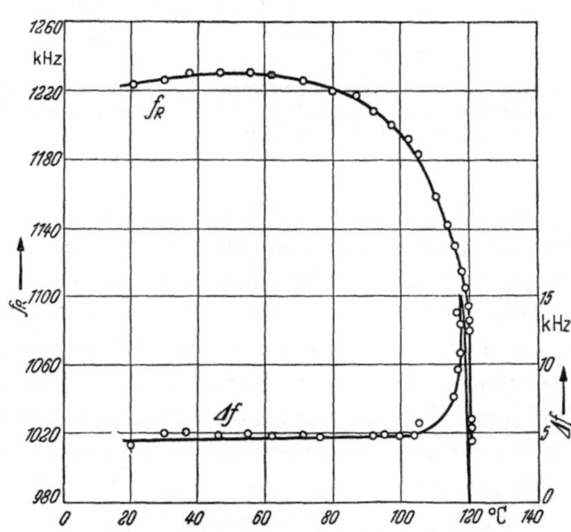

Abb. 84. Abhängigkeit analog zu Abb. 83, jedoch für sehr gute spannungsfreie Kristalle (aus [45]).

Umordnungen in der Domänenanordnung verursacht worden ist. Durch starke Vorpolarisation werden derartige sekundäre Effekte sowohl in Einkristallen als auch in Keramik unterdrückt und wird lineares Verhalten erzielt. Hierbei werden auch die Absolutwerte der elektromechanischen Wechselwirkung kleiner. Auch die bei solchen Messungen beobachtbare zeitliche Trägheit der elektromechanischen Effekte läßt auf Domänenvorgänge schließen. Solche Trägheitseffekte wurden z.B. von TAKAGI und SAWAGUCHI [147] beobachtet, die den transversalen Effekt der Kontraktion mittels eines MICHELSONS Interferometers gemessen haben.

Die Meßproben bestanden aus Platten von 22 mm Länge, 3 mm Breite und 0,5 mm Dicke. Gemessen wurde die Längenänderung parallel zur Längskante, indem die Probe fest mit einem Spiegel des Interferometers verbunden wurde. Die an den parallelen Flächenelektroden angelegte Feldstärke wurde in Stufen auf 2 kV/cm erhöht und jeweils 1 Minute wirken gelassen. Dann erfolgte die Messung der Längenänderung. Erwartungsgemäß ergab sich eine Kontraktion als transversaler Elektrostriktionseffekt. Diese stellt sich nicht sofort auf einen Endwert ein, sondern durchläuft erst eine Neukurve. Erst nach mehrfachem Polwechsel stellt sich eine endgültige Gleichgewichtskurve ein (Abb. 85 aus [147]).

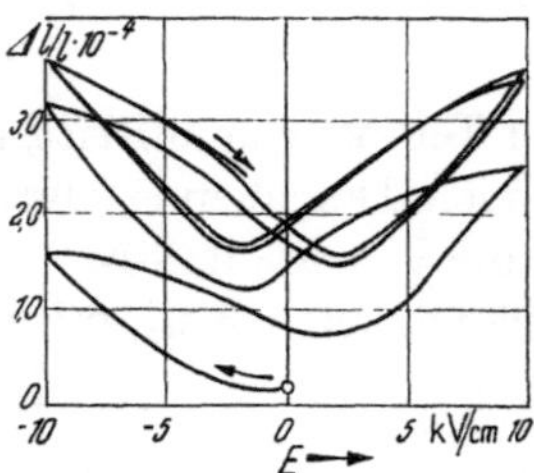

Abb. 85. Allmähliche Verschiebung der Spannungshysteresekurven beim Anlegen des polarisierenden Gleichfeldes (aus [147]).

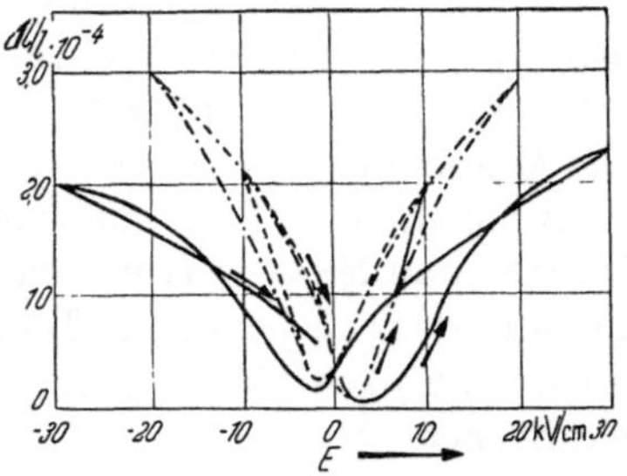

Abb. 86. Elektrostriktive Kontraktion als Funktion der angelegten Feldstärke für verschiedene Vorpolarisation (aus [147]).

Aus Abb. 86 (aus [147]) ist erkennbar, daß für 10 kV/cm sich etwa eine Elektrostriktion von $3{,}6 \cdot 10^{-4}$ ergibt. Für sehr hohe Feldstärken bis 30 kV stellt sich eine Sättigungskurve ein.

Überraschenderweise ist die Längenänderung bei einer Feldstärke von 30 kV/cm kleiner als bei kleineren Feldstärken. Vermutlich ist dies auf Änderungen der Zwillingsstruktur zurückzuführen. Diese Zahlenwerte sind wesentlich kleiner als die von anderen Verfassern gemessenen. Die Größe der Elektrostriktion wird im wesentlichen durch die Stärke der Koerzitivkraft, d. h. durch die elektrische „Härte" des Werkstoffes bestimmt.

SCHÖFER [137] hat ebenfalls Trägheitseffekte bei der Messung der elektromechanischen Wechselwirkung in $BaTiO_3$-Keramik beobachtet.

γ) Umklappeffekte (Barkhausensprünge).

Im Seignettesalz treten beim Durchlaufen der Hystereseschleife Diskontinuitäten auf [148]. Sie sind später von den Schweizern VON ARX, BANTLE [149], ZWICKER und SCHERRER [150] sowie von DE BRETTEVILLE

[151] qualitativ beobachtet und auf das Umklappen des Polarisationsvektors einzelner Domänen zurückgeführt worden.

Die Messung von Größe und Dauer der damit verbundenen Stromimpulse würde einen guten Einblick in die Kinetik des Polarisationsvorganges und Aufschluß über die Größenverteilung der vorhandenen Domänen liefern. Derartige Messungen haben NEWTON, AHEARN und McKAY [152] in den Bell Laboratories ausgeführt. Dabei wurde die gleiche Meßeinrichtung benutzt, mit der WOOLDRIDGE, AHEARN und BURTON Stromimpulse in Diamant beim Auftreffen von Kernteilchen nachwiesen.

Beim Anlegen eines elektrischen Feldes an $BaTiO_3$-Kristalle traten ziemlich große Stromimpulse auf, deren Richtung sich mit dem Felde umkehrte. Nach Abschaltung des letzteren wirkten die Impulse noch kurze Zeit weiter, klangen aber nach einigen Sekunden ab. Damit war ein Einfluß einfallender bzw. absorbierter Teilchen ausgeschlossen. Der Effekt war nur im Vakuum bei 10^{-2} mm nachweisbar. Unter Atmosphärendruck hingegen trat ein starkes Rauschen auf, das offenbar auf Oberflächenleitung zurückzuführen war.

Die Meßanordnung arbeitete ballistisch, so daß die Größe eines Impulses ein Maß für die jeweils freigesetzte Ladung darstellt. Für letztere wurde ein Maximalwert von $8{,}5 \cdot 10^6$ Elektronen gefunden. Die gemessenen Impulse entstehen dadurch, daß eine gewisse Ladungsmenge, die der Polarisation der Einzeldomäne proportional ist, über deren Länge verschoben wird. Für eine Polarisation P einer Domäne mit dem Querschnitt A und der Länge l ergibt sich bei der Feldumkehr ein Ladungstransport von $Q = 2\,P A \cdot l/L = 2\,P \cdot v/L$ elektrostatischen Einheiten (L = Dicke des Kristalls).

Wenn P nach HULM [153] $16 \cdot 10^{-6}$ Coulomb/cm² ist, ergibt sich für $L = 0{,}15$ cm $v = 5 \cdot 10^{-9}$ cm³ oder für die Kantenlänge der kubisch gedachten Domäne

$$\sqrt[3]{v} = 1{,}7 \cdot 10^{-3}\,\text{cm}.$$

Das Verhältnis vom größten zum kleinsten Impuls ist etwa 5, woraus sich ein unterer Grenzwert von $\sqrt[3]{v} = 10^{-3}$ cm $= 10\,\mu$ ergibt.

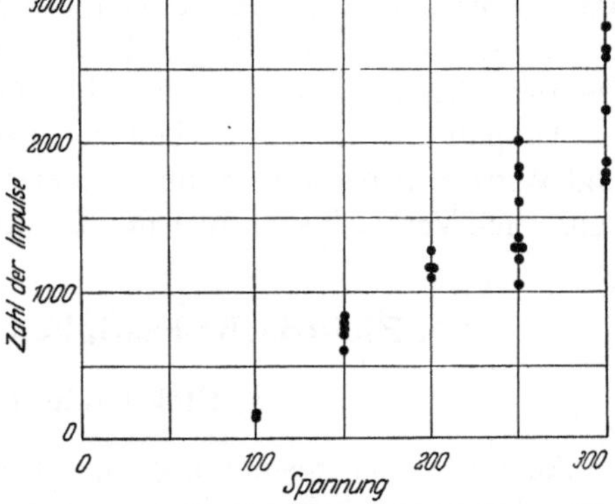

Abb. 87. Abhängigkeit der Zahl der Umklappimpulse von der angelegten Spannung in $BaTiO_3$-Kristallen (aus [152]).

Mit steigender Feldstärke nimmt die Zahl der Impulse angenähert linear zu (Abb. 87 aus [152]). Sie beträgt für 2000 V/cm über 15 Versuchsreihen gemittelt 2200, so daß dabei $2{,}2 \cdot 10^{-3}$ cm³ entsprechend $0{,}4\,\%$ des Kristalles umpolarisiert werden. Durch Extrapolation auf 27 kV/cm erhöht sich dieser Anteil auf 6%, was in guter Übereinstimmung mit dem von MASON aus Elektrostriktionsversuchen ermittelten Wert 7,5% steht. Die Dauer der Impulse wurde mittels eines Fernsehverstärkers mit geeichter Zeilenzahl/Zeiteinheit zu 1 μsek bestimmt. Die Streuung war zwischen 0,2–6 μsek. Zwischen Größe und Dauer des Impulses bestand der in Abb. 88 (aus [152]) angegebene Zusammenhang. Aus Impulsdauer und Domänengröße war die Fortpflanzungsgeschwindigkeit leicht zu ermitteln.

$$10^{-3}/10^{-6} \text{ cm sek}^{-1}$$
$$= 10^3 \text{ cm sek}^{-1}.$$

Beim Curiepunkt, der in der gewählten Versuchsanordnung nur im relativen Temperaturmaßstab bestimmt werden konnte, verschwinden die Impulse. Sie treten allerdings beim Abkühlen bereits 5° unterhalb des

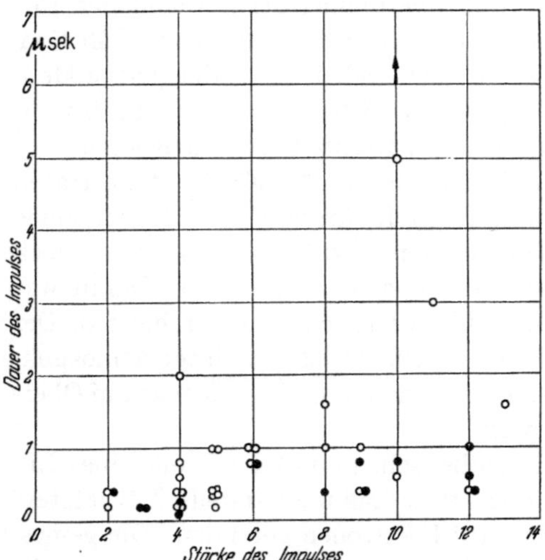

Abb. 88. Beziehung zwischen Impulsstärke und -dauer in BaTiO$_3$-Kristallen.
• ○ bezeichnen verschiedene Richtungen des Impulses, wobei eine Vorzugsrichtung erkennbar ist (aus [152]).

Curiepunktes wieder auf. Ihre Zahl nimmt dann bei weiterer Abkühlung ständig bis zu einem Maximum zu, das etwa in der Mitte zwischen Curie- und Zimmertemperatur liegt, und fiel dann wieder ab. Eine theoretische Deutung dieses Maximums ist bisher nicht gegeben worden.

An polykristallinen Proben von $(Ba_{0,95}Sr_{0,05})TiO_3$ haben DENNISON und WHIDDINGTON im Rahmen anderer Untersuchungen über Leitfähigkeit, ε und Verlustfaktor auch den BARKHAUSEN-Effekt beobachtet [154].

6. Elektrische Festigkeit und Leitfähigkeit.

a) Elektrische Festigkeit.

Auf die verhältnismäßig geringe Durchschlagsfestigkeit ferroelektrischer Titanate wurde bereits in den ersten Entwicklungsjahren von verschiedenen Seiten hingewiesen, insbesondere in der technischen Literatur. Eine systematische Untersuchung hat diese Tatsache für $BaTiO_3$ weitgehend bestätigt [37].

Das untersuchte Material hatte allerdings eine Curietemperatur von nur 85°, so daß mit Sr- oder anderen Verunreinigungen zu rechnen war. Eine offenbar reinere Probe mit der Curietemperatur 110° zeigte wenig höhere Werte. Ein Einfluß von ε auf die Durchschlagsfeldstärke war nicht erkennbar, selbst wenn das von WUL entdeckte nichtferroelektrische $BaTiO_3$ mit $\varepsilon = 60$ in die Untersuchung einbezogen wurde. Ebenso war

Tabelle 18. *Maximale Durchschlagsfestigkeit E_{max}.*

Werkstoffe	ε	E_{max} [kV/cm]
$BaTiO_3$ (Curietemp. 85°)	6000	49
$BaTiO_3$ (Curietemp. 110°)	nicht angegeben, aber ferroelektrisch	56
$BaTiO_3$ nicht ferroelektrisch	60	49
Titanatgemisch (Curietemp. $-25°$)	960	90
$(Ba_xSr_{1-x})TiO_3$ (Curietemp. $-100°$)	3000	72

Tabelle 19. *Temperatureinfluß auf ε und elektrische Festigkeit.*

Werkstoff		Temperatur						
		$-183°$	$-63°$	$+22°$	$+55°$	$+78°$	$+105°$	$+145°$
Titanatgemisch unbekannter Zusammensetzung	ε	1280	1800	960	760	650	460	390
	E_{max} (kV/cm)	88	72	90	90	85	86	76
$(Ba_ySr_{1-y})TiO_3$	ε	4600		3000				
	E_{max} (kV/cm)	74		72				

die elektrische Festigkeit weitgehend unabhängig von der Dicke der Probe. Die zu den Messungen benutzten Proben hatten zur Vermeidung von Randentladungen die in Abb. 89 aus [37] dargestellte Form, bei der Boden- und Innenfläche versilbert waren.

Tabelle 20. *ε und elektrische Festigkeit von Titanaten.*

Werkstoff	ε (20°)	E_{max} (kV/cm)
$BeTiO_3$	65	175
$MgTiO_3$	14	100
$CaTiO_3$	130	140
$ZnTiO_3$	27	325
$SrTiO_3$	160	150
$CdTiO_3$	200	150
$BaTiO_3$	6000	58

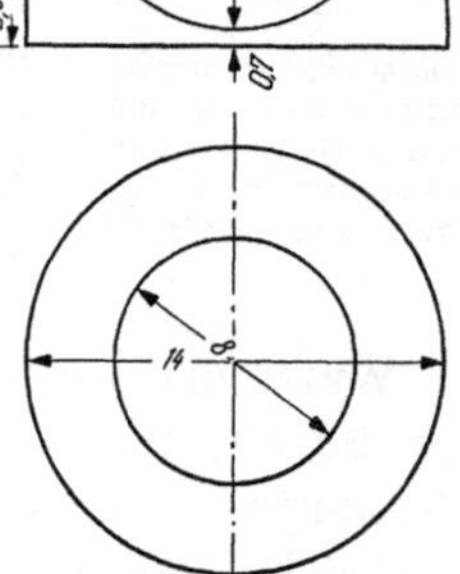

Abb. 89. Grund- und Aufriß des Prüfkörpers zur Bestimmung der elektrischen Festigkeit (aus [37]).

In Tab. 18 sind die mit technischem Wechselstrom von 50 Hz gemessenen Durchschlagsfeldstärken E_{max} für 20° angegeben.

Für beide Mischtitanate wurden ε und die elektrische Festigkeit über ein weites Temperaturgebiet bestimmt (Tab. 19).

Zum Vergleich sind in Tab. 20 die von den gleichen Verfassern bei 20° gemessenen Werte für andere Titanate angegeben.

b) Elektrische Leitfähigkeit.

α) Gleichstromleitfähigkeit.

Bereits SWANSON [156] hatte darauf hingewiesen, daß der Gleichstromwiderstand von $BaTiO_3$ innerhalb weiter Grenzen schwanken kann (10^6–10^{15} Ω/cm), und OGAWA [157] hatte eine Anomalie desselben am Curiepunkt festgestellt.

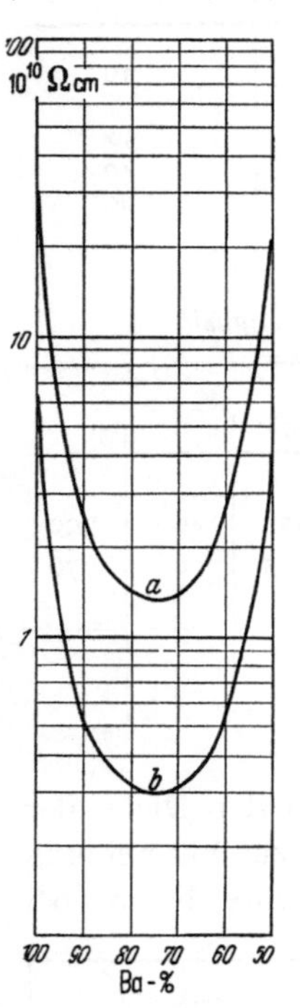

Ausführliche Messungen haben NOMURA und SAWADA [158] mit den Stoffen $BaTiO_3$, $(Ba_{0,9}Sr_{0,1})\,TiO_3$ und $(Ba_{0,9}Pb_{0,1})\,TiO_3$ zwischen Zimmertemperatur und 150° durchgeführt. Die Curiepunkte der erstgenannten Stoffe waren 117 bzw. 85°. Bei diesen Temperaturen wurde in beiden Fällen ein Knick in der Leitfähigkeitskurve beobachtet, während ein solcher für die Pb-haltige Verbindung nicht erkennbar war. Infolge dieses Knicks ist die Aktivierungswärme unterhalb und oberhalb der Curietemperatur verschieden, z. B. wurde für $BaTiO_3$ gefunden:

$$E_o \text{ oberhalb } \Theta \qquad 0{,}89 \text{ eV}$$
$$E_u \text{ unterhalb } \Theta \qquad 0{,}62\text{–}0{,}65 \text{ eV}.$$

Für $(Ba_{0,9}Sr_{0,1})TiO_3$ sind die Zahlenwerte ähnlich. Mit steigendem Sr-Gehalt nimmt der Gleichstromwiderstand erst ab, geht bei 25 Atom-% durch ein Minimum und steigt dann wieder an (Abb. 90 aus [158]).

Dieser Wiederanstieg wird durch das Auftreten einer geordneten Mischphase mit geringerem Platzwechsel der Ionen erklärt. Da für $(BaPb)TiO_3$ die Untersuchung nur bis 20 Atom-% Pb ausgedehnt wurde, konnte bisher nur ein Abfall festgestellt werden.

Abb. 90. Spezifischer Widerstand für polykristallines $(BaSr)TiO_3$ mit abnehmendem Ba-Gehalt. $a\,72°$; – $b\,97°$ (aus [158]).

WEISE und LESK [159] haben den Knick in der Leitfähigkeitskurve für $BaTiO_3$ mit kleinem Sauerstoffdefizit ($<$ 0,1%) bestätigt. Ihre Messungen, die auch auf Mg_2TiO_4, $MgTiO_3$, $MgTi_2O_5$, $CaTiO_3$ und $SrTiO_3$ ausgedehnt wurden, zeigen jedoch einen starken Abfall der Aktivierungswärme mit dem im Bereich von 0–0,2% zunehmenden Sauerstoffdefizit. Während die stöchiometrischen, in O_2 gesinterten Verbindungen Aktivierungswärmen von einigen eV aufweisen, tritt schon für kleine Sauerstoffdefizite von weniger als 1 % ein Abfall in das Gebiet von 0,2–0,8 eV auf. Angaben über Leitfähigkeitswerte von Proben, deren Oxydationsgrad nicht einwandfrei definiert ist, sind also mit Vorsicht zu werten.

Die von BUSCH, FLURY und MERZ [217] untersuchten $BaTiO_3$-Einkristalle, die zwischen Zimmertemperatur und 1000° Aktivierungswärmen von 1,2–1,8 eV besaßen, können demnach keine stöchiometrischen Defizite an Sauerstoff gehabt haben.

Etwas abweichend hiervon haben TRZEBIATOWSKI und PIGON [161] gefunden, daß oberhalb 200° die Aktivierungswärme von $BaTiO_3$ zwischen 1,8 und 2,3 eV liegt, unabhängig von stöchiometrischen Beimengen von Sr oder Pb. Es wird daher Eigenhalbleitung angenommen. Dagegen bestätigen ihre Meßwerte unterhalb 140° weitgehend das Auftreten kleiner Aktivierungswärme in starker Abhängigkeit vom Herstellungsverfahren.

β) Spontane Leitfähigkeitsschwankungen [160].

Beim Anlegen einer gleichmäßig steigenden Spannung treten oberhalb eines bestimmten Schwellenwertes der Spannung in $BaTiO_3$ oszillographisch meßbare Potentialsprünge von 10^{-6}–10^{-5} sek Dauer und 0,1–0,7 V Amplitude auf, deren Zahl mit steigender Feldstärke rasch zunimmt. Diesen Schwankungen sind rechteckige Impulse mit wesentlich größerer Dauer (0,01–1 sek) überlagert. Da ein zeitlicher Abfall dieser Erscheinungen in beiden Fällen nicht beobachtet wird, können sie nicht als Umklappvorgang polarisierter Bezirke (Barkhausensprünge) gedeutet werden. Durch Eintauchen in nichtleitende Flüssigkeiten wie Öl, Kerosin und CCl_4 verschwanden die kurzzeitigen Schwankungen sofort. Sie müssen demnach ein Leitfähigkeitseffekt der Oberfläche sein im Gegensatz zu den längeren Rechteckimpulsen, die hierdurch unbeeinflußt blieben.

γ) Druckeinfluß auf die Leitfähigkeit.

Außer der Temperaturabhängigkeit ist auch die Druckabhängigkeit der Leitfähigkeit von $BaTiO_3$ gemessen worden [138], gleichzeitig mit der ferroelektrischer Salze (KH_2PO_4, $NH_4H_2PO_4$ und Seignettesalz). Die in kurzen Gleichstromimpulsen von einigen Sekunden Dauer beobachtete Leitfähigkeit gepreßter Pulver dieser Stoffe zeigt mit steigendem Druck ein Maximum und fällt darüber wieder ab. Dieses Maximum wird für die primären Phosphate bereits unter 1400 kg/cm² erreicht, liegt für Seignettesalz bei 3000 kg/cm und für $BaTiO_3$ sogar über 21 000 kg/cm². Im Bereich von 7000–15 000 kg/cm² werden die gepreßten Salze klar durchsichtig, was auf das Verschwinden der Grenzflächen hindeutet, während Preßkörper aus $BaTiO_3$ auch bei sehr hohen Drucken opak bleiben. Dieses optische Verhalten läßt vermuten, daß die bei niedrigen Drucken beobachtete Leitfähigkeit in Pulverpreßkörpern vorwiegend ein Grenzflächenphänomen ist, das mit dem Verschwinden dieser Grenzfläche abnehmen muß, in Übereinstimmung mit der Beobachtung.

7. Herstellung von Einkristallen und elektrische Untersuchungen an ihnen.

a) Erste Versuche zur Herstellung von Einkristallen.

Wie bereits auf S. 24 erwähnt wurde, haben BLATTNER, MATTHIAS und MERZ [162] erstmalig $BaTiO_3$-Kristalle von 2 mm Größe aus geschmolzenem $KNaCO_3$ gewonnen, nachdem diese Schmelze im Platintiegel bei 1000° mit der entsprechenden Menge von $BaO + TiO_2$ gesättigt und dann langsam abgekühlt wurde.

Frühere Versuche der Linde Air Products in USA, für die Forschungsgruppe des MIT unter VON HIPPEL Einkristalle zu züchten, waren fehlgeschlagen [163].

b) Untersuchungen in USA und in der Schweiz.

Überraschenderweise fanden die Schweizer Forscher eine neue, bei polykristallinem $BaTiO_3$ bis dahin unbekannte hexagonale Kristallsymmetrie. KAY und RHODES [164] erhielten auf gleiche Weise Kristallindividuen mit tetragonaler Symmetrie und kubischem Habitus, die Zwillingsbildungen nach den Flächen 101 und 011 darstellten. In einer späteren Arbeit bezeichnen die Schweizer Forscher ihre nunmehr erhaltenen Kristalle als kubisch. Schließlich kam MATTHIAS [165] zu der Feststellung, daß drei Modifikationen auftreten können, von denen die pseudokubische und die hexagonale genau stöchiometrisch zusammengesetzt waren, während über die ebenfalls erwähnte monokline nichts gesagt wurde. Nach BLATTNER und MERZ soll diese in Wirklichkeit rhombische Symmetrie besitzen.

Der Tiegelwerkstoff ist von großer Bedeutung für die Reinheit der entsprechenden Kristalle. Anfangs gelang es nur, tiefschwarze oder stark rot oder gelb gefärbte Kristalle mit hohem Pt-Gehalt herzustellen, wenn mit Pt-Tiegeln gearbeitet wurde.

Die Zusammensetzung und den Habitus derartiger Pt-haltiger Kristalle haben BLATTNER, GRÄNICHER, KÄNZIG und MERZ [166] untersucht und folgende Werte gefunden:

Hexagonale Kristalle: $BaTi_xPt_yO_3$ ($x = 0,74$, $y = 0,25$).
Rhombische Kristalle: $Ba_4Ti_2PtO_{10}$.

Durch Tempern wurden die dunklen, hexagonalen Kristalle rot durchscheinend. Sie hatten Umwandlungspunkte bei $-74°$, $-4°$ und $+80°$, wobei die letztgenannten beiden dem mittleren und oberen Umwandlungspunkte polykristallinen reinen Bariumtitanats entsprechen.

In weiteren Versuchen mit Schmelzen von $BaCl_2$ wurden Kristalle von kubischem Habitus erhalten, die sich polarisationsoptisch als tetragonal erwiesen. Während die vorher erwähnte, hexagonale Form stöchiometrisch zusammengesetzt war, besaßen die tetragonalen Kristalle einen TiO_2-

Überschuß und entsprachen etwa der Zusammensetzung $BaO \cdot 1{,}5\,TiO_2$. Titanatkristalle dieser Zusammensetzung hat bereits BOURGEOIS [167]
aus Schmelzen von $BaCl_2$ erhalten, denen äquimolekulare Mengen von $BaCO_3$ und TiO_2 zugesetzt waren.

Die von KAY und RHODES [164] untersuchten Kristalle waren aus Karbonat- und Chlorid-Schmelzen hergestellt. Sie waren hart, optisch klar, jedoch fahlgelb, tetragonal, und erwiesen sich, wie bereits erwähnt, nach 101 und 011 verzwillingt.

Durch Erhitzen über 120°C wurden sie kubisch. Die Anordnung der Zwillinge änderte sich bei

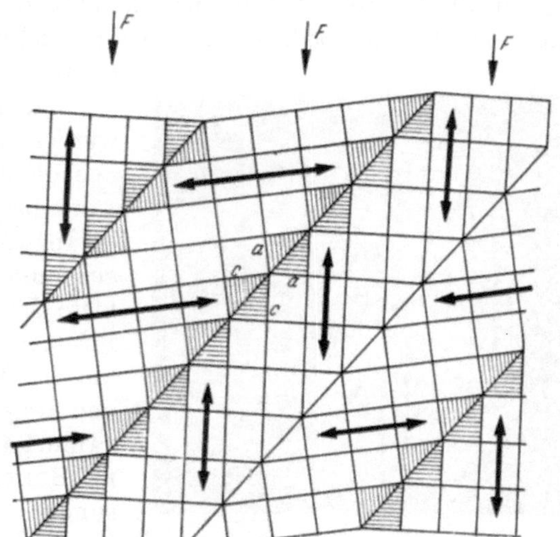

Abb. 91. Gefüge tetragonal verzwillingter Domänen (aus [168]). F gibt Beobachtungsrichtung für Streifenstruktur nach Abb. 93.

mehrmaligem Erhitzen über 120°C von Zyklus zu Zyklus und hing stark von den Abkühlungsbedingungen ab. In einem gewissen Gebiet oberhalb 120°C koexistieren beide Phasen nebeneinander.

Weitere Untersuchungen haben gezeigt [168], daß die tetragonalen, ferroelektrischen $BaTiO_3$-Kristalle unterhalb ihrer Curietemperatur aus spontan polarisierten Bezirken bestehen, die optisch und röntgenographisch nachweisbar sind (Abb. 91 aus [168]).

Phänomenologisch äußert sich die Ausbildung von Bezirken gleichgerichteter, spontaner Polarisation in einer Streifenstruktur auf der Oberfläche der Kristalle, die natürlich oberhalb des Curiepunktes verschwindet (Abb. 92 u. 93 aus [168]).

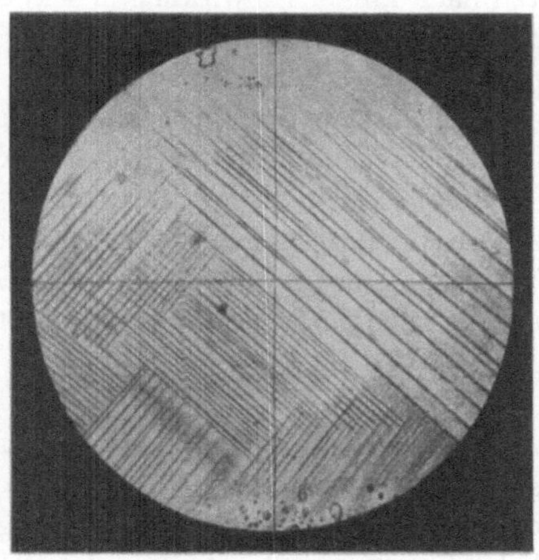

Abb. 92. Streifenstruktur von $BaTiO_3$-Einkristallen im polarisierten Licht, senkrecht zur Bildebene (aus [168]).

Die von FIELD, DE BRETTEVILLE und WILLIAMS [169] hergestellten $BaTiO_3$-Kristalle waren ebenfalls durch gelöstes Pt stark gefärbt (hellgrün bis dunkelrot). Durch Verwendung von Kohletiegeln konnte

7*

MATTHIAS [165] farblose Kristalle erhalten. Ohne Rücksicht auf ihre Färbung bestanden diese Kristalle stets aus einzelnen ferroelektrischen Domänen; die zur polaren Achse parallel liegenden Flächen dieser Kristalle waren mit Streifen bedeckt, die einen Winkel von 45° gegen die Würfelkanten bildeten [170].

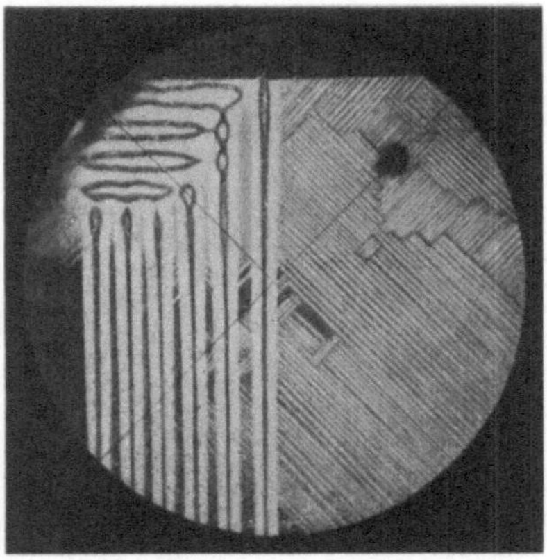

In den bisher zitierten Arbeiten wurden stets Einkristalle beschrieben, die in der Größenordnung von 1 mm bis zu 1 cm lagen.

Inzwischen ist es WILLIAMS gemeinsam mit der auf dem Gebiete der Kristallzucht bekannten Firma Harshaw Chemical Corp. gelungen, Kristallstäbe aus $BaTiO_3$ von 17,5 mm Durchmesser und 23 mm Länge zu gewinnen, an denen DE BRETTEVILLE und KATZ Messungen der Kristallorientierung ausführten. Durch Spalteffekte ergab sich, daß die 100-Fläche um 45° gegen die Längsachse des Stäbchens geneigt war, was auch die Röntgen

Abb. 93. Streifenstruktur von $BaTiO_3$-Einkristallen im polarisierten Licht, parallel zur Bildebene (Auftreten von kantenparallelen und 45°-Streifen) (aus [168]).

reflexion bestätigte. Die ursprünglich verzwillingten Kristallstäbe zeigten nach kurzer Einwirkung (1 sek) eines Feldes von 16,8 kV/cm in der c-Achse eine völlige Ausrichtung längs derselben [171].

Ein solches Verfahren, um $BaTiO_3$ von einheitlichem Kristallhabitus, aber mit innerer Domänenstruktur zu Eindomänenkristallen zu machen, ist bereits weitgehend von früheren Autoren benutzt worden [172].

Bereits DANIELSON und MATTHIAS und RICHARDSON [173] gelangten zu dem Schluß, daß die Aufspaltung der Einkristalle in Domänen durch Verunreinigungen begünstigt wird. Daher schlagen sie zwei Wege vor, um die Eindomänenkristalle zu erhalten:

a) Verwendung sehr reiner Stoffe. — b) Verwendung von Mineralisatoren.

Vom chemischen Standpunkt aus dürften sich diese beiden Vorschläge widersprechen, da durch die Verwendung von Mineralisatoren der Einbau von Verunreinigungen begünstigt werden kann. Der tatsächliche Erfolg widerlegte diese Zweifel. Es wurden Eindomänenkristalle in Blättchen von 0,5 mm Dicke erhalten, deren optische Achse senkrecht zur Fläche lag.

Die Anisotropie der dielektrischen Eigenschaften wurde sehr bald entdeckt, nachdem die ersten Einkristalle hergestellt waren. Nach VON HIPPEL und MATTHIAS [170] betrug an einem offenbar unreinen Einkristall mit der Curietemperatur zwischen 80—90° ε senkrecht zur polaren

Achse für 20° 1600–1800, während es in Richtung derselben nur 150 erreichte. Später hat MERZ [*174*] an reinen, sehr dünnen Eindomänenkristallen einen Anisotropiefaktor $\varepsilon_a/\varepsilon_c$ von 20 gefunden und festgestellt, daß dieser beim Curiepunkt von 120° verschwindet. Aus seinen Meßwerten (vgl. Abb. 94 aus [*174*]) lassen sich folgende Schlüsse ziehen:

a) Die Anisotropie ist relativ am größten im Gebiet der Zimmertemperatur.

b) Es treten zwei weitere Umwandlungspunkte im Gebiet niedriger Temperaturen auf, die besonders im Verlauf von ε_a deutlich werden und die stark hysteresebehaftet sind.

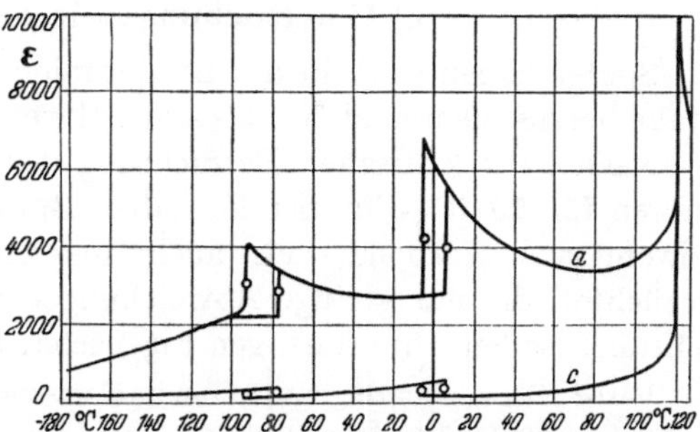

Abb. 94. Anisotropie von ε in BaTiO$_3$-Einkristallen sowie Temperaturgang derselben mit Hystereseeffekten. ε_a gemessen senkrecht zur tetragonalen Achse; — ε_c gemessen parallel zur tetragonalen Achse (aus [*174*]).

Diese unteren Umwandlungspunkte hatten bereits BLATTNER, MATTHIAS, MERZ und SCHERRER [*27*] gefunden, und zwar bei -74 und $-4°$ (vgl. VON HIPPEL und MATTHIAS).

Am mittleren Umwandlungspunkt um 0° spalten die Eindomänenkristalle in mehrere Domänen auf. Dieser Vorgang ist umkehrbar und 'wie der ganze Temperaturgang gut reproduzierbar. MERZ betrachtete seine untersuchten Kristalle als sehr rein und führte folgende Gründe hierfür an:

a) Die Curietemperatur ist hoch (120).

b) Mit 1000 V/cm besteht bereits Sättigungsnähe.

c) ε senkrecht zur polaren Achse zeigt bis 40 MHz noch keinen Abfall.

Aus KF-Schmelzen mit Zusatz von 30% BaTiO$_3$ und 0,2% Fe$_2$O$_3$ hat REMEIKA [*145*] große, ziemlich spannungsfreie Eindomänenkristalle in Plattenform erhalten. Die BaTiO$_3$-Fe$_2$O$_3$-Mischung wird bei 1150 bis 1200° in der Schmelze gelöst und diese dann sehr langsam auf 850–900° abgekühlt. Bei dieser Temperatur ist das Flußmittel KF noch geschmolzen und kann daher weitgehend abgegossen werden. Die zurückbleibenden Kristalle werden anschließend langsam auf Zimmertemperatur abgekühlt.

BaTiO$_3$-Einkristalle haben normalerweise ein gewisses Sauerstoffdefizit und sind daher n-halbleitend. Durch den Zusatz von Fe$_2$O$_3$ wird dieses Defizit kompensiert und die Kristalle zeigen Eigenhalbleitung. Der hierfür erforderliche Schwellenwert des Fe$_2$O$_3$-Zusatzes hängt von den sonstigen Herstellungsbedingungen ab. Durch größere Zusätze ändert sich der Leitungstyp und der Kristall wird p-halbleitend, was durch Vorzeichenänderung der Thermokraft nachgewiesen wird (MORIN, F. J., zitiert durch REMEIKA). Mit dem Fe_2O_3-Zusatz sinkt die Curietemperatur, und zwar für 0,2% auf 105—110°, für 2,5% bis unter die Zimmertemperatur [155].

c) Untersuchungen in der UdSSR.

Später haben auch in der Sowjetunion Versuche begonnen, Einkristalle herzustellen, und zu teils stark abweichenden Ergebnissen geführt.

Nach einer kritischen Betrachtung der bisherigen Herstellungsverfahren für $BaTiO_3$-Einkristalle haben BELYAEW und Mitarbeiter [177] sowohl aus Karbonat- als auch aus Chloridschmelzen Einkristalle gezüchtet, die nur geringe Abweichungen vom stöchiometrischen Verhältnis besaßen. Ihre sonstigen Eigenschaften waren:

Farbe: Bernsteinfarbig und braun in Karbonatschmelze,
      gelb in Chloridschmelze.
Dichte beider Sorten: 5,8 g/cm³.
Brechungsexponent: 2,4.
Äußerer Kristallhabitus: Oktaeder, Prismen oder Würfel aus Chloridschmelze,
Platten aus Karbonatschmelze.

Völlig überraschend ist die Feststellung, daß bereits bei 20°C röntgenographisch kubische Strukturen nachweisbar sein sollen, wie sie gewöhnlich erst oberhalb des Curiepunktes auftreten. Auch die sonstigen Eigenschaften dieser Kristalle, insbesondere die Lage ihrer Curiepunkte, weichen erheblich von dem bisher Bekannten ab.

α) Systematische Untersuchungen über die Phasengleichgewichte von $BaTiO_3$ mit Salzschmelzen.

Um die für die Herstellung mit Einkristallen aus Schmelzen günstigsten Bedingungen systematisch zu erfassen, haben SCHOLOKOWITSCH und BELYAEW [176a] die Löslichkeitsverhältnisse für $BaTiO_3$ in binären Schmelzen von 26 Salzen verschiedenen Typs sowie die möglichen chemischen Umsetzungen von $BaTiO_3$ mit diesen Salzen untersucht. Die Karbonate von Na, K, Ba sowie die Metaphosphate von Na und Pb erwiesen sich als schlechte „Lösungsmittel" mit maximalen Löslichkeiten von 1,5—6%. Dagegen wurden Löslichkeiten von 6—40% in den Sulfaten von Li, Na und K, den Fluoriden, den Vanadaten und Pyrophosphaten von Na und K sowie in dem Borat und Orthophosphat von Blei festgestellt. In einer weiteren Untersuchung kommen diese Verfasser zu dem Schluß [176b], daß für die Herstellung von $BaTiO_3$-Einkristallen bei Temperaturen unter 1100° eine Schmelze von NaF und $Na_4P_2O_7$ mit höchstens 50% der zweiten Komponente optimal ist.

β) Dielektrische Untersuchungen an neuen Kristallarten.

Die vorliegenden Veröffentlichungen betreffen Kristalle aus Karbonat und Chloridschmelzen.

Auf zwei einander gegenüberliegenden Flächen der Kristalle wurden entweder bei 800° Silberelektroden aufgebrannt oder bei Zimmertemperatur Goldelektroden kathodisch aufgestäubt. Die verschiedenen Kontaktierungsverfahren waren ohne Einfluß auf die gemessenen dielektrischen Eigenschaften der Kristalle, die zwischen — 180° und + 200° meist mit einer Frequenz von 10^6 Hz und in einem Falle auch mit technischem Wechselstrom von 50 Hz untersucht wurden.

Abb. 95 (aus [177]) zeigt, daß der Temperaturgang von ε grundsätzlich den gleichen Charakter hat, unabhängig davon, aus welchen Schmelzen bzw. in welchen Tiegeln (meist aus Korund) die Kristalle hergestellt waren. Das Maximum von ε liegt bei den Kurven 1 bis 3 bei — 70°. Dagegen ist bei + 120° keine Andeutung des sonst dort vorhandenen Curiepunktes zu erkennen. Die im Maximum auftretenden ε-Werte lagen bei 5000—6000. Nur die Oktaeder aus der Chloridschmelze machen eine kleine Ausnahme mit einem ε-Maximum von $\varepsilon = 400$ bei 10°. Aber auch sie besitzen bei + 120° keinen Curiepunkt.

Die aus der Karbonatschmelze erhaltenen Kristalle unterscheiden sich von den übrigen Kristallen dadurch, daß sie praktisch im gesamten Bereich zwischen — 180° und + 200° keine ferroelektrischen Eigenschaften aufweisen (Abb. 96 aus [177]). Sie

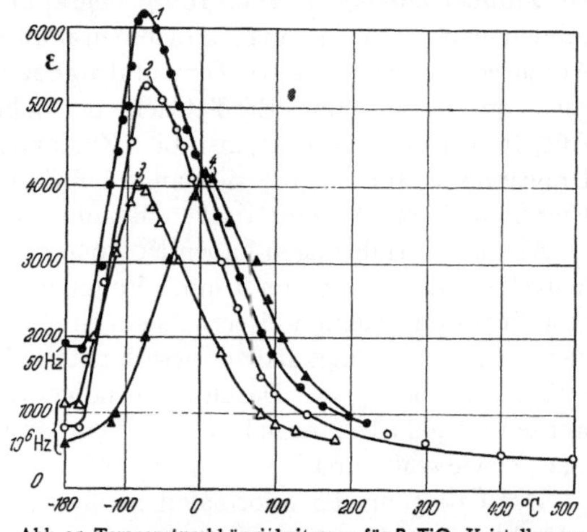

Abb. 95. Temperaturabhängigkeit von ε für BaTiO₃-Kristalle aus: 1 Natrium-Kaliumkarbonatschmelze, gemessen mit 50 Hz; — 2 desgleichen, gemessen mit 10^6 Hz; — 3 aus der Schmelze von BaCl₂ + BaCO₃ + TiO₂, gemessen mit 10^6 Hz; — 4 desgleichen bei anderen Versuchsbedingungen hergestellt (aus [177]).

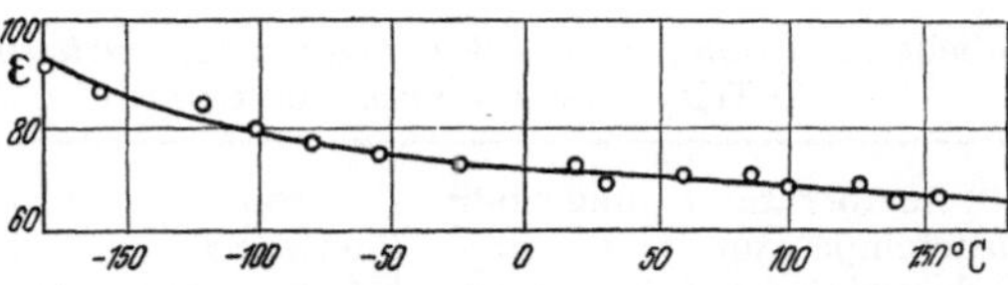

Abb. 96. Temperaturabhängigkeit von ε in Kristallplatten aus Karbonatschmelzen (aus [177]).

sind damit dem nichtferroelektrischen polykristallinen Bariumtitanat analog, das WUL und GOLDMAN [33] beschrieben haben. Ihr ε liegt durchweg unter 100.

Nach 6 Monaten Lagerzeit waren die dielektrischen Eigenschaften unverändert.

Überraschend hoch ist der Verlustwinkel der beschriebenen Kristalle. Bei technischer Wechselfrequenz von 50 Hz und Zimmertemperatur lag er zwischen 800 und $1100 \cdot 10^{-4}$.

γ) Struktur und thermische Stabilität der neuen Kristallarten.

Wenn man versuchen will, die Verschiebung des Curiepunktes nach — 70° zu deuten, so scheidet die triviale Erklärung durch hohe **Sr**-Gehalte aus, da dies im Widerspruch stünde mit den angegebenen Analysenwerten. Es ist überraschend, daß die hier erwähnten neuen Curiepunkte von — 70° und + 10° zufällig an den bereits bekannten unteren Umwandlungspunkten liegen, für die bisher aber keineswegs derartige hohe ε-Anomalien nachgewiesen werden konnten. Auffällig ist die Bemerkung, daß bei Zimmertemperatur auch röntgenographisch kubische Struktur gefunden wurde, so daß man annehmen müßte, daß diese durch rasches Abschrecken bis in dieses Temperaturgebiet eingefroren wurde. Hiergegen spricht allerdings die Tatsache der hohen zeitlichen Konstanz der Effekte. Ein eingefrorener, instabiler Zustand müßte zu einer monotropen Umwandlung führen, die sich auch bei Zimmertemperatur infolge der Empfindlichkeit der elektrischen Messungen bemerkbar machen würde.

Ähnliche Erfahrungen haben NOWOSILZEW und Mitarbeiter [176] mit hellgelben Kristallen von 1 mm³ Volumen gemacht, die bei 850° hergestellt waren. (Keine weiteren Angaben über das Herstellungsverfahren liegen vor.) Allerdings haben diese Kristalle im Anfangszustand nur *ein* ε-Maximum bei — 50°. Durch einstündige Wärmebehandlung bei 1300° werden sie jedoch „normal" und haben dann eine Curietemperatur von 122°, sowie ε-Maxima bei — 95° und 0°.

Der Übergang der anormalen in die normale Form kann durch verschiedene Zwischenglühtemperaturen graduell gestaltet werden. So bedingen Glühtemperaturen 1100—1200° Curietemperaturen von 80 bis 110°. Mit diesen Änderungen parallel geht ein Anstieg des Verlustwinkels (Tab. 21).

Tabelle 21. *Einfluß von Glühtemperatur auf Curietemperatur und Verlustwinkel bei* **BaTiO₃**-*Kristallen nach* NOWOSILZEW *und Mitarbeitern* [176].

Glühtemperatur	ungeglüht	1000°	1100°	1200°	1300°
Curietemperatur	— 50°	unter 80°	80°	111°	122°
Verlustwinkel bei 10^6 Hz	220	250	270	300	$350 \cdot 10^{-4}$

Die Röntgenstrukturanalyse ergibt für 1200—1300° Glühtemperatur eindeutig tetragonale Symmetrie. Ungeglühte oder bei 1000° geglühte Kristalle haben kubische Struktur.

Auf ganz andere Weise sind HARWOOD und KLASENS [187] mit polykristallinem **BaTiO₃** zu ähnlichen Ergebnissen gekommen. Bei Sintertemperaturen bis zu 800° entsteht ein Werkstoff mit kubischer Struktur, die durch nachfolgendes Erhitzen auf Temperaturen über 1000° in die tetragonale Form übergeführt werden kann. Um bei so niedrigen

Sintertemperaturen eine hinreichende hohe Bildungsgeschwindigkeit von $BaTiO_3$ zu erreichen, wird an Stelle von BaO oder $BaCO_3$ das geschmolzene Hydrat $Ba(OH)_2\,8\,H_2O$ verwendet.

Allerdings ist die Teilchengröße der so hergestellten $BaTiO_3$-Präparate außerordentlich gering, so daß sich ein im Abschnitt Struktur, S. 107, erwähnter Kristallgrößeneffekt überlagert. Sie beträgt nach Messungen von ANLIKER, BRUGGER und KÄNZIG [181c] für

950°	875°	800°	700°
10000	600	500	400 Å

d) Einkristalle anderer ferroelektrischer Verbindungen.

Einkristalle von $PbTiO_3$ mit 1 mm Durchmesser sind von NOMURA und SAWADA [178] aus einer Schmelze von 1 PbO, 1 TiO_2 und 3 $PbCl_2$ bei 500—900° hergestellt worden. Die in einem Porzellantiegel befindliche Schmelze verliert $PbCl_2$ allmählich durch Sublimation, wodurch die lösliche Menge $PbTiO_3$ verringert wird. Für die Herstellung von $BaTiO_3$ haben die gleichen Verfasser Ni-Tiegel empfohlen [179].

Kristalle von $PbZrO_3$ wurden aus Schmelzen von $PbCl_2$ [175] und PbF_2 [222] gewonnen, wobei im letzteren Falle die Lösung durch Verdampfung von PbF_2 ständig konzentrierter wurde.

Über die Herstellung von Kristallen des $NaNbO_3$ und der $(KNa)NbO_3$-Mischphasen aus NaF-Schmelzen siehe [222].

8. Strukturuntersuchungen.

a) Titanate, Zirkonate und Stannate.

Verbindungen der allgemeinen Formel ABO_3 können nach ROOKSBY [180] nicht im strengen Sinn als isomorph bezeichnet werden. Die dem idealen Gitter zukommende kubische Symmetrie ist gewöhnlich erheblich gestört, und die tatsächliche Symmetrie kann sowohl tetragonal, orthorhombisch, monoklin oder hexagonal sein.

$MgTiO_3$: Hexagonales Gitter mit vorwiegender Ionenbindung. Der Ionendurchmesser von Mg^{2+} und T^{4+} ist nahezu gleich groß (0,65 und 0,68 Å). Daher verteilen sich die Sauerstoffatome gleichmäßig auf die beiden Metallionen.

$CaTiO_3$: Perowskitstruktur.
Das Mineral $CaTiO_3$ hat ihr seinen Namen gegeben. Es handelt sich um ein pseudokub. Gitter, in dem 1 Mol in der Elementarzelle enthalten ist.

$SrTiO_3$, $SrSnO_3$, $SrZrO_3$, $BaSnO_3$, $BaZrO_3$, $BaThO_3$ und $BaTiO_3$ (letzteres oberhalb des Curiepunktes): Ideales kubisches Perowskitgitter. Jedes 4-wertige Zentralatom (Ti, Sn, Zr, Th) ist von 6 Sauerstoffionen umgeben.

$CaSnO_3$, $CaZrO_3$ sowie $CdTiO_3$ (über 1100° gebrannt) besitzen orthorhombisches Gitter, das durch eine Scherung des kubischen Gitters in der 010-Ebene und eine schwache Kompression längs der *b*-Achse entsteht (vgl. Abb. 97 aus [*181a*]).

Auch $BaTiO_3$ und das analoge Zirkonat gehen beim unteren Umwandlungspunkt in das orthorhombische Gitter über.

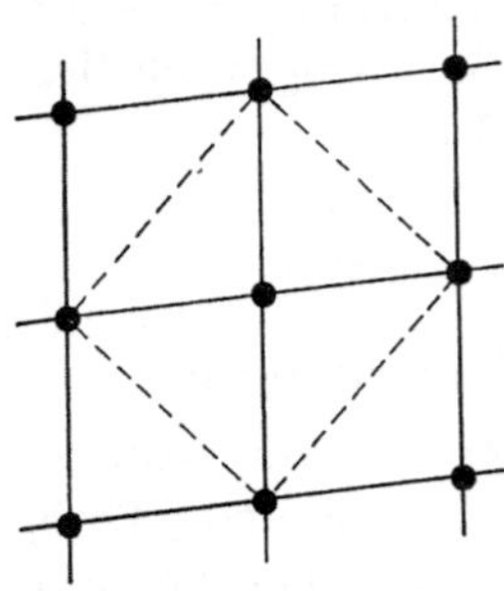

Abb. 97. Projektion der orthorhombischen Elementarzelle auf die 0 10-Ebene (der Achsenwinkel ist stark übertrieben) (aus [*181a*]).

Das Perowskitgitter bleibt sogar erhalten, wenn die 2-wertigen Kationen völlig fehlen, wie bei WO_3 und ReO_3. Das Gitter besteht dann nur aus MO_6-Oktaedern (M = 6-wertiges Zentralatom).

Eine zusammenfassende Darstellung dieser Strukturverhältnisse in Verbindung mit eigenen Präzisionsbestimmungen hat MEGAW [*181a*] gegeben. Vgl. Tab. 22.

Ferner liegen genaue Messungen von LAMINA und BUTUSOW (zitiert durch WUL [*33*]) und von ROOKSBY [*180*] vor.

Die Änderungen des Achsenverhältnisses c/a in $BaTiO_3$ wurden erstmalig von MEGAW im gesamten Temperaturbereich von 5°C bis über die Curietemperatur systematisch untersucht [*181b*]; für c und a ergaben sich die in Abb. 98 (aus [*181b*]) dargestellten Kurven, die im Curiepunkt identisch werden. Die von links nach rechts leicht ansteigende Kurve ist ein Maß für die Volumenänderung der Elementarzelle mit der Temperatur. MEGAW hat in diesem Zusammenhang bereits auf die Möglichkeit hingewiesen, daß

Tabelle 22. *Gitterkonstante für Titanate, Zirkonate, Stannate.*

		Å	
$SrTiO_3$	kubisch	$3,897 \pm 0,001$	
$SrZrO_3$		$4,093 \pm 0,001$	
$SrSnO_3$		$4,025 \pm 0,0005$	
$BaZrO_3$		$4,181 \pm 0,001$	
$BaSnO_3$		$4,108 \pm 0,001$	
$BaTiO_3$	tetragonal	$3,9860 \pm 0,05$	c/a 1,01
$PbTiO_3$	orthorhombisch [*182*]	$3,896$	c/a 1,063
$PbZrO_3$		$4,150$	c/a 0,988
			β
$CaTiO_3$	orthorhombisch	$3,8188 \pm 0,0008$	$90°40'$
$CdTiO_3$		$3,7833 \pm 0,001$	$91°10'$
$CaSnO_3$		$3,9427 \pm 0,001$	$91°30'$
$CaZrO_3$		$4,0015 \pm 0,0015$	$91°43'$

Ti^{4+} als Zentralatom in einem O-Oktaeder des $BaTiO_3$-Gitters mehr Raum zur Verfügung hat, als es seinem Durchmesser nach benötigt. Es hat daher eine gewisse Beweglichkeit innerhalb dieses Oktaeders. Dieser Klappereffekt hat für die theoretische Behandlung des ferroelektrischen Verhaltens Bedeutung erlangt.

Daß im gesamten Temperaturgebiet von Sintertemperaturen über 1300° an bis zum Curiepunkt in $BaTiO_3$ kubische Struktur vorliegt, wurde durch Röntgenstrukturuntersuchungen bis zu 1372° C gezeigt [181d].

Das von der Linde Air Products Co. hergestellte $BaTiO_3$ besaß bis zu 200° nahezu die gleiche Gitterkonstante (4,0037 Å), wie sie von Megaw gefunden wurde (4,004 ± 0,0005 Å). Für 1372 beträgt sie 4,0701 Å.

Mit abnehmender Teilchen- bzw. Kristallgröße wird die tetragonale Verzerrung kleiner, wie röntgenographische und elektronenoptische Untersuchungen mit durch Feinmahlen gewonnenem $BaTiO_3$ von Teilchengrößen zwischen 0,05 — 10 μ gezeigt haben [181c]. Offenbar bilden sich ringartig geschlossene Domänenanordnungen mit geschlossenem dielektrischem Fluß heraus, die der Verzerrung entgegenwirken. Andererseits zeigt eine etwa 100 Å dicke Ober-

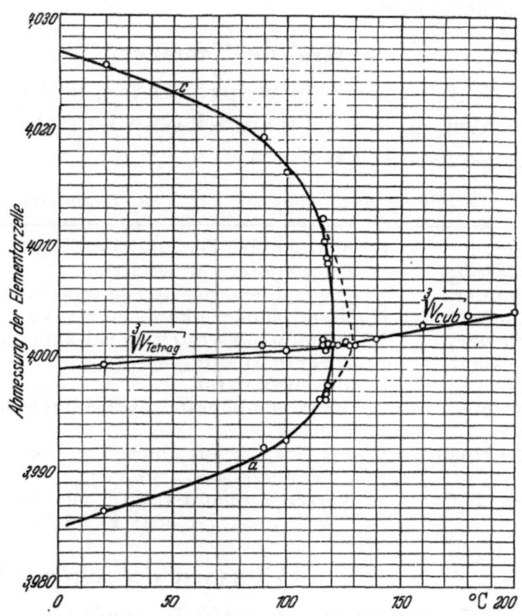

Abb. 98. Einfluß der Temperatur auf die Abmessungen der Elementarzelle von $BaTiO_3$ (aus [181b]).

flächenschicht eine abnorm hohe tetragonale Verzerrung, die bis weit über die Curietemperatur bestehen bleibt. Zwischen der Oberflächenschicht und dem Kristallinnern liegt eine Übergangszone von ebenfalls 100 Å, so daß die Gesamtdicke der gestörten Außenzonen etwa 200 Å beträgt.

Es ist neuerdings gelungen, auch in Sinterkörpern von $BaTiO_3$ den Einfluß der Kristallitgröße nachzuweisen [181e].

Ausgehend von $BaTiO_3$-Pulver mit einer mittleren Teilchengröße von 0,5 μ wurden Sinterkörper hergestellt, in denen das Kernwachstum beim Sintern durch diffusionshemmende Zwischenschichten auf den Kristalliten weitgehend verhindert wurde, zumindest bei Sintertemperaturen unterhalb 1325°. Diese Wachstumsbehinderung konnte elektronenoptisch deutlich sichtbar gemacht werden.

Praktisch unterscheidet sich so hergestelltes, fein kristallines gegenüber grobkristallinem $BaTiO_3$ in folgender Weise:

a) ε ist im Bereich der Zimmertemperatur verdoppelt, — b) die Curiespitze ist um etwa 20% gesenkt, — c) die ε-Spitze am mittleren Umwandlungspunkt ist stark abgeschwächt, — d) die Feldstärkeabhängigkeit und die dielektrischen Verluste sind kleiner.

Röntgenographische Rückstrahlaufnahmen ergaben eine Verminderung der tetragonalen Verzerrung um 5%. Die beobachteten dielektrischen Effekte wurden auf die relative Zunahme der inneren Oberflächenenergie und die damit verbundene Abnahme der spontanen Polarisation zurückgeführt.

b) Niobate, Tantalate, Cerate und Scandate.

Tab. 22 kann für weitere Stoffe mit Perowskittyp (Tab. 23) ergänzt werden, die allerdings nur teilweise Ferroelektrika mit hoher Dielektrizitätskonstante darstellen.

Tabelle 23. *Strukturen von Niobaten, Tantalaten und isotypen Verbindungen.*

$LaScO_3$	deformierter Perowskittyp [183].
$NdScO_3$	deformierter Perowskittyp.
$NdAlO_3$	trigonal deformierter Perowskittyp.
$CaCeO_3$	Fluoritähnliche kubische Struktur.
$NaNbO_3$	orthorhombisch-tetragonal-kubisch [184].
$LiNbO_3$	Ilmenitstruktur [185].[1]
$LiTaO_3$	Ilmenitstruktur.
$KNbO_3$	orthorhombisch-tetragonal-kubisch [186].
$KTaO_3$	kubisch.
$Cd_2Nb_2O_7$	Flächenzentriert kubisch, $a = 5{,}185 \pm 0{,}003$ Å; Abstand o—o: 2,59 Å [79].
$Pb_2Nb_2O_7$	Verzerrte Fluoritstruktur mit rhomboedrischer Symmetrie: $a = 5{,}285 \pm 0{,}003$; $\alpha = 89°15'$ [79].

c) Titanate der seltenen Erden.

$EuTiO_3$, $(LaLi)TiO_3$, $(LaNa)TiO_3$, $(LaRb)TiO_3$ haben die gleiche Struktur wie $SrTiO_3$. Die Gitterkonstanten dieser Systeme wurden bestimmt [188]. Mit zunehmender Größe des Alkaliions nimmt dessen Anteil im Gitter ab. Eine entsprechende Cs-Verbindung existiert nicht.

d) Binäre Systeme.

a) $(PbBa)TiO_3$:

Mit steigendem Pb-Gehalt nimmt c/a zu [189].

b) $BaTiO_3 - BaSnO_3 - SrTiO_3$ [190]:

Bei der Bestimmung der Gitterkonstanten dieser Systeme wurde gefunden, daß diese durch Substitution mit Sn vergrößert, mit Sr verkleinert wird. In beiden Fällen sinkt die Curietemperatur. Überlegungen, die Gitterkonstante mit der Curietemperatur zu verknüpfen, werden hierdurch recht zweifelhaft.

c) $Ba(TiZr)O_3$ mit mehr als 20 Atom-% Zr, $Ba(TiSn)O_3$ mit mehr als 12 Atom-% Sn: sind nicht mehr tetragonal, sondern kubisch [191].

d) $Pb_{0,925} \cdot Ba_{0,075}ZrO_3$:

Zwischen 100–190° rhomboedrisch ($a = 4{,}153$, $\alpha = 89°15'$), oberhalb 190° kubisch [192, 193].

---

[1] Vgl. mit älterer Arbeit von MATTHIAS und REMEIKA, Phys. Rev. **76**, 1886–87 (1949).

e) $Pb(Zr_{0,95}Ti_{0,05})$ rhomboedrisch: Existenzbereich 150—230°
($a = 4{,}143$, $\alpha = 89°51'$) [192, 193].

f) Homogene Systeme von $(Cd_xPb_{2-x})Nb_2O_7$ sind zwischen $x = 2$ und $x = 0{,}2$ kubisch und für noch höhere Pb-Gehalte rhomboedrisch [194].

g) $KNbO_3-NaNbO_3$:

Auf die interessanten Verhältnisse in diesen Stoffen ist bereits auf S. 44 hingewiesen worden [82a].

Reines $NaNbO_3$ ist unterhalb 360° orthorhombisch. Oberhalb dieser Temperatur zeigt die Röntgenstrukturuntersuchung ein schwach tetragonal verzerrtes Gitter mit dem Achsenverhältnis $c/a = 1{,}0023$ bei 375° und keine weiteren Strukturänderungen an den früher berichteten Umwandlungspunkten von 480° und 640°, die nur polarisationsoptisch nachgewiesen werden konnten. Reines $KNbO_3$ ist zwischen Zimmertemperatur und 225° orthorhombisch, von da an bis etwa 430° tetragonal und darüber kubisch. Die tetragonale Verzerrung ist hier stark ausgeprägt ($c/a = 1{,}016$ für 270°). Während sich das Achsenverhältnis an den Umwandlungspunkten des $KNbO_3$ bei 220° und 430° sprunghaft ändert, in dem Zwischengebiet jedoch wenig temperaturabhängig ist, liegt für $NaNbO_3$ eine starke kontinuierliche Temperaturabhängigkeit, jedoch keine Unstetigkeit vor. Überraschenderweise beeinflussen bereits kleine Zusätze von weniger als 5% KNbO, die Struktur des $NaNbO_3$ so, daß eine deutlich tetragonale Phase mit ferroelektrischen Eigenschaften auftritt.

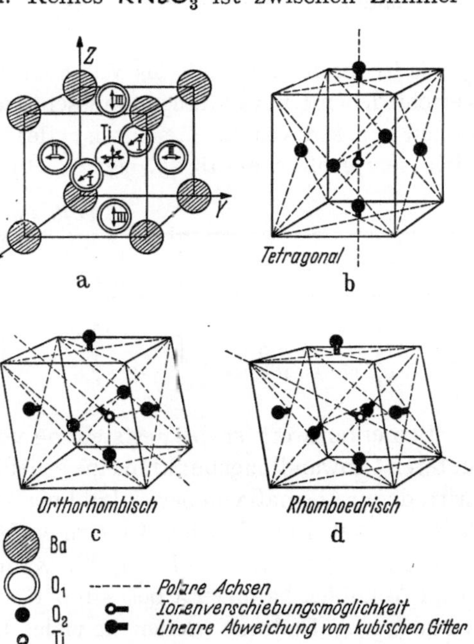

Abb. 99. Elementarzellen der tetragonalen, orthorhombischen und rhomboedrischen Phase von $BaTiO_3$. Die in Abb. 99a eingezeichneten Pfeile geben die Verschiebungsmöglichkeiten der betreffenden Ionen an (Ti und O). Die von den O-Ionen der Abb. 99b—d ausgehenden Vektoren stellen die Abweichungen von den Ruhelagen in der kubischen Elementarzelle dar (aus [213]).

e) Strukturänderungen bei den unteren Umwandlungspunkten.

Abb. 99 aus [213] zeigt die an den drei Umwandlungspunkten auftretenden Änderungen der Elementarzelle von $BaTiO_3$ nach KAY und VOUSDEN [213].

Die unteren Umwandlungspunkte des $BaTiO_3$ sind von RHODES [*195*] sehr genau kristallographisch untersucht worden. Unter Verwendung einer kühlbaren Röntgenkamera wurden einige Kristalle bis zu Temperaturen von $-160°$ untersucht. Dabei wurden $+4°$ und $-99°$ als untere Umwandlungspunkte gefunden. Die Änderungen der Gitterparameter an diesen Punkten sind in Tab. 24 wiedergegeben.

Tabelle 24. *Gitterkonstanten der* 3 $BaTiO_3$-*Phasen.*

	a	b	c
tetragonal oberhalb $+4°$	3,9910	3,9991	4,0357
orthorhombisch unterhalb $+4°$	4,0185	3,9860	4,0162
trigonal[1] unterhalb $-99°$	4,0015	4,0015	4,0020

Es ist interessant, daß das Volumen der Elementarzelle sich bei den verschiedenen Umwandlungen nur sehr wenig ändert. Innerhalb der einzelnen Phasenexistenzbereiche ist der Wärmeausdehnungskoeffizient nicht sehr groß, wie Tab. 25 zeigt.

Tabelle 25.

Temperaturbereich (° C)	$\alpha_a \times 16^6$ (pro ° C)	$\alpha_b \times 10^6$ (pro ° C)	$\alpha_c \times 10^6$ (pro ° C)
$+20$ bis $+\ \ 4$	15,7	15,7	6,2
$+\ \ 4$ bis $-\ \ 99$	4,9	28,4	$-0,9$
-99 bis -160	7,8	7,8	8,2

Bemerkenswert ist die Feststellung von RHODES, daß an den beiden unteren Umwandlungspunkten eine erhebliche thermische Hysterese auftritt, deren Ausmaß von der Abkühlungs- bzw. Erwärmungsgeschwindigkeit abhängt. Bei schnellem Erwärmen fand er eine Erhöhung des einen Umwandlungspunktes auf $+15°C$, während die untere Umwandlung beim Abkühlen häufig erst bei $-100°C$ und beim Erwärmen bei $-80°C$ vor sich ging. Dadurch werden die vielen Diskrepanzen erklärt, die bisher für diese beiden Umwandlungspunkte in der Literatur bestanden haben. Eine weitere Feststellung von RHODES geht dahin, daß es nicht möglich ist, einen Kristall bis unter den Umwandlungspunkt von $+4°C$ abzukühlen, ohne daß gleichzeitig Zwillingsbildung eintritt. Das gleiche gilt erst recht für den unteren Umwandlungspunkt bei $-99°$. RHODES konnte zeigen, wie sich die verzwillingten Bezirke im Rahmen eines äußerlich kubischen Kristalls einbauen.

Für die orthorhombische Phase liefert die nachfolgende Abb. 100 aus [*195*] ein Beispiel für die von ihm gedachte Zwillingsanordnung.

---

[1] Offenbar rhomboedrisch.

Ähnliche Verhältnisse wie bei $BaTiO_3$ liegen für die unteren Umwandlungspunkte des $KNbO_3$ vor. Außer den bereits bekannten Phasen (kubisch $>435°$, tetragonal $435-225°$ und orthorhombisch $<225°$) ist neuerdings noch eine rhomboedrische Struktur entdeckt worden, die beim Abkühlen auf $-55°$ entsteht [196]. Die Temperaturhysterese an diesem tiefsten Umwandlungspunkt ist wesentlich größer als bei den anderen Phasenänderungen. Zwischen -50 und $+450°$ werden die in Tab. 26 aufgeführten Umwandlungstemperaturen dielektrisch beobachtet.

Die relative Lage dieser Umwandlungspunkte zueinander ist ähnlich wie in $BaTiO_3$. Be

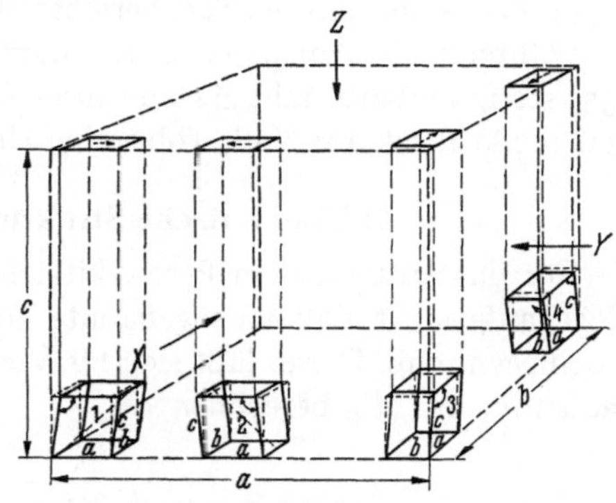

Abb. 100. Auftreten innerer Zwillinge beim Übergang eines äußerlich kubischen Kristalls in die orthorhombische Phase (aus [195]).

zogen auf die Curietemperatur $= 1$ ergeben sich die in Tab. 27 angegebenen reduzierten Werte der Umwandlungstemperatur, die gleichzeitig mit den ähnlich verlaufenden, kalorimetrisch bestimmten Entropieänderungen in Tabelle 27 angegeben worden sind.

Tabelle 26. *Umwandlungshysterese in Kaliumniobat.*

	rhomboedrisch	orthorhombisch	tetragonal-kubisch
Beim Erwärmen 1°/min	$-10°$	$220°$	$420°$
Beim Abkühlen 1°/min	$-55°$	$200°$	$410°$

Tabelle 27.

Reduzierte Umwandlungstemperaturen und Entropieänderungen für $BaTiO_3$ *und* $KNbO_3$.

Umwandlungstemperatur	rhomboedrisch - orthorhombisch - tetragonal - kubisch		
$BaTiO_3$	$0,49$	$0,69$	1
$KNbO_3$	$0,38$	$0,71$	1
Entropieänderungen			
$BaTiO_3$	$0,04-0,07$	$0,06-0,09$	$0,12-0,13$
$KNbO_3$	$0,12$	$0,17$	$0,21$

Gitterparameter für die beiden Tieftemperaturphasen von $KNbO_3$ waren:

orthorhombisch: $a = 5{,}721 \quad b = 3{,}973 \quad c = 5{,}965$

rhomboedrisch: $a = 4{,}016 \quad \alpha = 89°50'$.

Die dielektrisch und röntgenographisch gefundenen drei Umwandlungspunkte des $KNbO_3$ äußern sich sogar in der magnetischen Kernresonanz des Nb, über die COTT und KNIGHT auf der Dezembertagung (1953) der Amer. physic. Soc. berichtet haben [197].

Während die Aufspaltung der Larmorfrequenz zwischen 220° und 435° stetig verläuft, fällt Δv im Curiegebiet innerhalb von 2° sprunghaft von 100 kcal/sek auf Null, wobei eine Umwandlung 1. Ordnung vorliegt.

f) Theoretische Strukturbetrachtungen.

Für das Auftreten der Perowskitstruktur hat V. M. GOLDSCHMIDT die Regel aufgestellt, daß der sogenannte Toleranzfaktor t zwischen 0,80 und 1,00 liegen muß. Dieser läßt sich für Verbindungen ABO_3 aus den Ionenradien R_A, R_B, R_O berechnen:

$$t = \frac{R_A + R_O}{\sqrt{2} \cdot (R_B + R_O)} . \tag{40}$$

Unter Benutzung der GOLDSCHMIDTschen Ionenradien, die jeweils unter den Ionen der nachfolgenden Tabelle angegeben sind, kommt man zu den t-Werten der Tab. 28.

Tabelle 28. *Werte des Toleranzfaktors t für Perowskitgitter.*

	R_A (Å) 6-coord.	R_B (Å) 12-coord.	Ti^{4+} 0,64	Sn^{4+} 0,74	Zr^{4+} 0,77	Th^{4+} 1,10
Ca^{2+}	1,06	1,16	0,89 ortho-rhombisch	0,85	0,84 ortho-rhombisch	0,72 ortho-rhombisch
Sr^{2+}	1,27	1,37	0,97 kubisch	0,92	0,91 kubisch	0,78
Ba^{2+}	1,43	1,52	1,02 tetragonal	0,97	0,96 kubisch	0,83 kubisch
Pb^{2+}	1,32	1,40	0,98 tetragonal	0,92	0,93 tetragonal	0,79
Cd^{2+}	1,03	1,11	0,88 ortho-rhombisch	0,83	0,82	0,71

Es zeigt sich, daß nur die Thorate von Ca, Sr, Cd und Pb, letzteres sehr knapp, aus dem geforderten t-Bereich herausfallen. Die tatsächlich beobachteten Strukturen sind gleichzeitig in der Tabelle eingetragen. Man erkennt, daß das Existenzgebiet der tetragonalen und kubischen Struktur sich auf den Bereich $t = 0,90$ bis $1,02$ zusammenzieht. Unterhalb $t = 0,89$ liegt orthorhombische Struktur vor.

Megaw machte außerdem den Versuch, das Auftreten der verschiedenen Strukturen aus den vorliegenden Abständen der 2- und 4wertigen Kationen zu den nächsten O-Ionen zu verstehen.

In der kubischen Struktur ist der Abstand B^{4+} und O^{2-} etwas kleiner als die Summe der Radien der einzelnen Ionen. Soweit dies nicht stimmt, wie bei $BaThO_3$, ist wahrscheinlich mit einem falschen Ionenradius von Th^{4+} gerechnet worden.

Beim Übergang zu orthorhombischer Struktur mittels einfacher Scherung, wobei die O-Atome die kubische Symmetrie beibehalten, werden die Abstände B^{4+}—O^{2-} zu klein, verglichen mit der Summe der Ionenradien. Nur durch Aufgabe der kubischen Symmetrie und Verringerung des Abstandes A^{2+}—O^{2-} läßt sich der ursprüngliche Abstand zwischen B^{4+}—O^{2-} erhalten.

Im tetragonalen $BaTiO_3$ ist der Abstand B^{4+}—O^{2-} größer als die Summe der Radien. Das Ti-Ion kann dann bereits den an anderer Stelle erwähnten Verschiebungseffekt zeigen. Das gleiche gilt für $PbTiO_3$. Allerdings ist dies hier in der Hauptsache auf die stärkere Deformierbarkeit des Pb im Vergleich zu den Alkalierdionen zurückzuführen.

Die Kristallstruktur des hexagonalen $BaTiO_3$ haben Evans und Burbank untersucht [*198, 199*]. Es ist identisch mit der rhomboedrischen Form von Megaw und hat folgende Gitterkonstanten.

$$a_0 = 5{,}735 \text{ Å},$$
$$c_0 = 14{,}05 \text{ Å}.$$

In der Elementarzelle sind 6 Mol $BaTiO_3$ enthalten. Zwischen den Gitterkonstanten der kubischen und der hexagonalen Form bestehen folgende Beziehungen:

$$a_\text{hex} = a_\text{kub} \sqrt{2}$$
$$c_\text{hex} = 2\sqrt{3} \cdot a_\text{kub}.$$

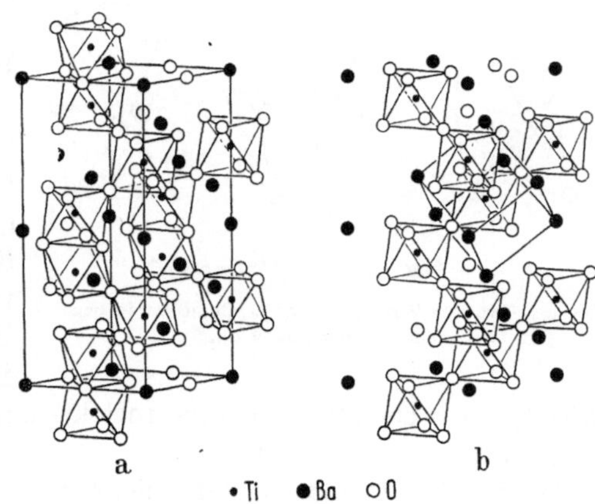

Abb. 101a u. b. Kristallgitter von $BaTiO_3$.
a hexagonal; — b kubisch (aus [*198*]).

Die hexagonale Struktur läßt sich demnach ziemlich genau in das kubische Gitter einpassen. Der wesentliche Unterschied beider Strukturen besteht darin (vgl. Abb. 101a u. b), daß in der kubischen Form die TiO_6-Oktaeder nur an den Ecken zusammenhängen, während sie in der tetragonalen Form eine Fläche gemeinsam haben, wobei sich eine Ti_2O_9-Gruppe bildet. Das dritte Ti-Ion liegt in Oktaedern, die über Eckpunkte mit diesen Ti_2O_9-Komplexen verknüpft sind. Die beiden anderen Ti-Ionen in diesem Komplex stoßen sich gegenseitig stark ab und haben einen Abstand von 2,96 Å (Abb. 101a u. b aus [*199*]).

Für diese Struktur hat TESSMAN [*200*] das innere Feld berechnet, wobei einige Vereinfachungen gemacht wurden. So wurde angenommen, daß die O_6-Oktaeder ebensogroß wie im kubischen $BaTiO_3$ sind und jeweils das Ti im Mittelpunkt enthalten ist. Ihre Verkettung erfolgt in zueinander senkrechten Richtungen. Die so idealisierte Struktur hat die Parameter $a' = 5{,}68$ Å (gegen $5{,}73$ gemessen) und $13{,}9$ Å (gegen $14{,}05$ gemessen).

Unter der weiteren Annahme, daß nur Ti^{4+} Ionenpolarisation zeigt, und für die Ba-Ionen lediglich das normale LORENTZ-Glied $\frac{4\pi}{3} P_{Ba}$ hinzuzufügen ist, ergibt sich für Ti^{4+}-Ionen ein erforderlicher Mindestwert der Ionenpolarisation von $1{,}6 \cdot 10^{-24}$ cm³, damit ferroelektrische Eigenschaften auftreten. Dieser ist wesentlich größer als der von SLATER für die kubische Form berechnete Wert $0{,}9 \cdot 10^{-24}$ cm³. Hieraus zieht TESSMAN den Schluß, daß hexagonales

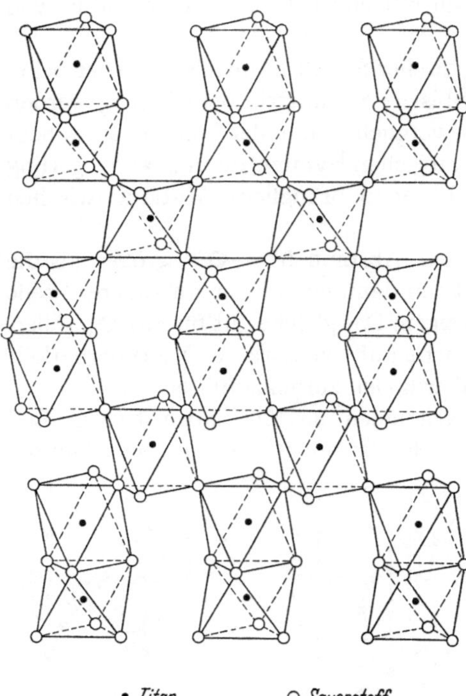

Abb. 102. Typische Verkettung von O_6-Oktaedern in hexagonal $BaTiO_3$ (aus [*200*]).

$BaTiO_3$ wahrscheinlich kein Ferroelektrikum sein kann, was mit den Erfahrungen übereinstimmt.

Die Strukturkennzeichen des nichtferroelektrischen $BaTiO_3$ sind demnach (Abb. 102 aus [*200*]):

a) keine endlosen $Ti\!-\!O$-Ketten wie in der kubischen Form,

b) keine stark polarisierbaren O-Ionen zwischen $2\,Ti^{4+}$-Ionen an den Verbindungsgliedern zweier Ketten,

c) wesentlich größerer Abstand $Ti\!-\!Ti$ gegenüber $Ti\!-\!O$,

d) geknickte statt gerader $Ti\!-\!O$-Ketten.

Die für die Theorie des ferroelektrischen Zustandes wichtigen Angaben über die Verschiebung des Ti-Ions bzw. anderer Gitterionen sind zum Teil stark widersprechend. Während DANIELSON, MATTHIAS und

Richardson [201] für die Verschiebung des Ti-Ions aus der Oktaedermitte 0,16 Å angeben, kommen Danielson und Rundle [202] später auf einen Wert <0,1 Å. Völlig neue Vorstellungen entwickeln Kay, Wellard und Vousden [203]. Nach ihrer Ansicht verschieben sich die

Ti-Ionen und O_1-Ionen[1] entsprechend Abb. 103 (aus [24]) gegeneinander, und zwar um maximal 0,05 Å für die Ti^{4+} und maximal 0,13 Å für O_1; bei den letztgenannten Zahlen handelt es sich nur um obere Grenzwerte. Eine genaue Bestimmung hat Känzig versucht, indem er die Temperaturabhängigkeit des integralen Reflexionsvermögens für die Interferenzen 001—0010 und 010—080 zwischen 15 und 300° gemessen hat [204].

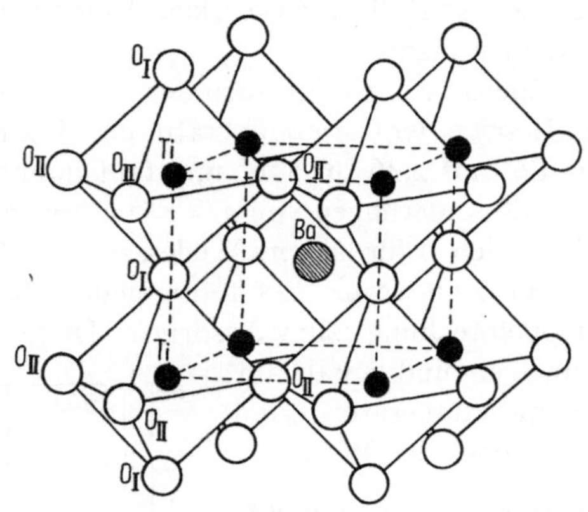

Abb. 103. Strukturbild von $BaTiO_3$ (nach Megaw), die O_I-Ionen liegen auf Geraden parallel zur polaren Achse (aus [24]).

Auf die Einzelheiten seiner experimentellen Anordnung kann hier nicht eingegangen werden, es sollen nur die wesentlichen Ergebnisse seiner Untersuchung mitgeteilt werden.

Am oberen Curiepunkt, beim Eintreten der spontanen Polarisation, springen das Ti-Ion und das O_1-Ion einander entgegen bzw. voneinander weg. Die Verschiebung des letzteren ist größer als die des Ti-Ions. Dies bestätigen sowohl die experimentellen Ergebnisse von Kay, Wellard und Vousden als auch die theoretischen Überlegungen von Devonshire [205] und Jaynes [206].

Die thermische Schwingungsamplitude des Ti-Ions nimmt beim Abkühlen über den Umwandlungspunkt bei 120° sprunghaft in 001-Richtung ab. Die weiteren Änderungen mit sinkender Temperatur sind nunmehr stetig. Zwischen den thermischen Schwingungen des Ba-Ions und der spontanen Polarisation besteht praktisch keine Wechselwirkung.

9. Optische Eigenschaften.

a) Experimentelle Ergebnisse.

α) Lichtbrechung und Domäneneffekte in ferroelektrischen Kristallen.

Nach den mehr qualitativen Untersuchungen an den in der Schweiz erhaltenen ersten $BaTiO_3$-Einkristallen haben sich später sowohl amerikanische [207, 208], englische [209] und holländische Forscher [210] damit

---

[1] Die O_1-Ionen liegen jeweils zwischen 2 Ti-Ionen.

beschäftigt, zu klären, inwieweit sich die besonderen dielektrischen Eigenschaften auch im optischen Verhalten des $BaTiO_3$ äußern.

Besonders eindrucksvoll waren die ersten Untersuchungen von VON HIPPEL und MATTHIAS im polarisierten Licht, die sehr deutlich den Aufbau der Kristalle aus Bezirken (Domänen) gleichgerichteter Polarisation erkennen lassen.

Ebenso wie ε zeigt auch der Brechungsexponent für sichtbares Licht im Bereich der Curietemperatur ein Maximum. n steigt dabei von 2,4 für 20–80° auf 2,46 für 120° und fällt dann wieder bis 140° steil auf 2,415 ab. Die Änderungen von $\varepsilon = n^2$ im optischen Gebiet bleiben jedoch weit hinter denen für längere Wellen zurück. (Vgl. S. 125.)

Die Anisotropie des tetragonalen $BaTiO_3$ kommt optisch in seiner Doppelbrechung zum Ausdruck. Diese wurde zuerst von FORSBERGH gemessen und ergab für Zimmertemperatur und NaD-Licht den Wert

$$\varDelta_n = n_c - n_a = -0{,}055\,.$$

Sie ist demnach negativ und proportional der Größe $(c/a - 1)$, muß daher den gleichen qualitativen Verlauf haben wie die Größe c/a. Die Messungen von FORSBERGH sind in Abb. 104 (aus [207]) wiedergegeben und bestätigen dies.

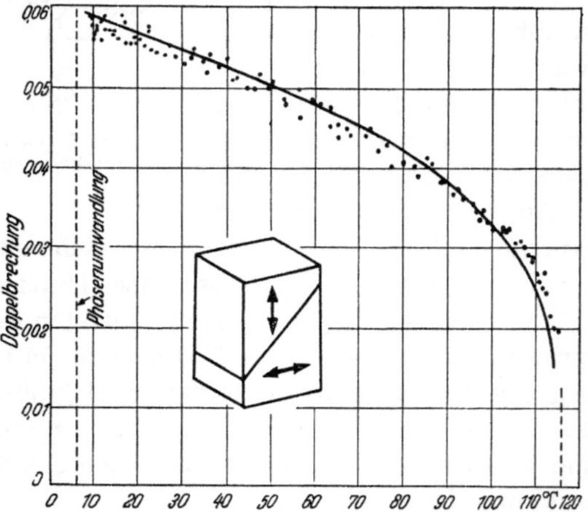

Abb. 104. Temperaturverlauf der Doppelbrechung und der Größe $(c/a - 1)$ in der tetragonalen Phase von $BaTiO_3$. Punkte: Doppelbrechungswerte; — durchgezogene Kurve: $(c/a - 1)$ mit geeignetem Normierungsfaktor; — Kurve gibt Achsenverhältnis c/a nach MEGAW abzüglich 1 wieder (aus [207]).

Daß die Doppelbrechung negativ ist, kann in folgender Weise klargemacht werden: Beim Übergang in das tetragonale Gitter wird der Kristall bekanntlich in c-Richtung gedehnt und in a-Richtung kontrahiert. Dadurch wird das innere Feld in a-Richtung größer als in c-Richtung und damit zugleich auch der Brechungsexponent, d.h. das optische Ellipsoid des Kristalls ist einachsig negativ.

Hexagonales nichtferroelektrisches $BaTiO_3$ [199] hingegen ist einachsig positiv mit $n = 2{,}2\text{–}2{,}3$ und $\varDelta_n = n_c - n_a = +\,0{,}07\text{–}0{,}08$.

Die Dispersion der Doppelbrechung von $BaTiO_3$ ist bisher zwischen 4000 und 7000 Å an Kristallplatten von $0{,}5 \cdot 0{,}5 \cdot 0{,}1$ mm gemessen worden, die eine einzige Zwillingsebene parallel zur Plattenkante besaßen. $\varDelta n$ nimmt in diesem Spektralbereich von 0,13 auf 0,048 ab. Für 3800 Å muß mit einer starken Absorption gerechnet werden [215]. Die bisher erwähnten Messungen der Doppelbrechung beziehen sich auf Kristalle, auf die weder äußere Spannungen noch äußere Feldstärken einwirken.

Die optischen Beobachtungen bringen die Zwillingsbildung in den Kristallen deutlich zum Ausdruck. Sie erfolgt im wesentlichen an den Flächen 101 und 011 infolge der Symmetrie der kubischen Struktur und tritt nicht mehr oberhalb der Curietemperatur auf. Beim Anlegen eines starken elektrischen Feldes verschwinden die Zwillinge und es entsteht durch Richtwirkung ein Eindomänenkristall. Mit Hilfe des Polarisationsmikroskops hat FORSBERGH [207] eine ausführliche Phänomenologie der Zwillingserscheinungen in $BaTiO_3$-Einkristallen entwickelt und seine Beobachtungen modellmäßig erklärt.

Es wird oft beobachtet, daß die um 45° gegen die Kristallkante verlaufenden Streifen mitten im Kristall aufhören (Abb.105 aus [207]). Dies erklärt FORSBERGH in überzeugender Weise so, daß es sich bei diesen Linien in Wirklichkeit um keilförmige Domänen handelt, die durch zwei konvergierende Zwillingsebenen gebildet werden. Infolge des sehr kleinen Konvergenzwinkels verschieben sich die „Spitzen" dieser Linien bei dem Wachstum eines Zwillings sehr stark auf Kosten des anderen. Dieses Wachstum kann sowohl unter dem Einfluß elektrischer Felder oder mechanischer Spannungen erfolgen.

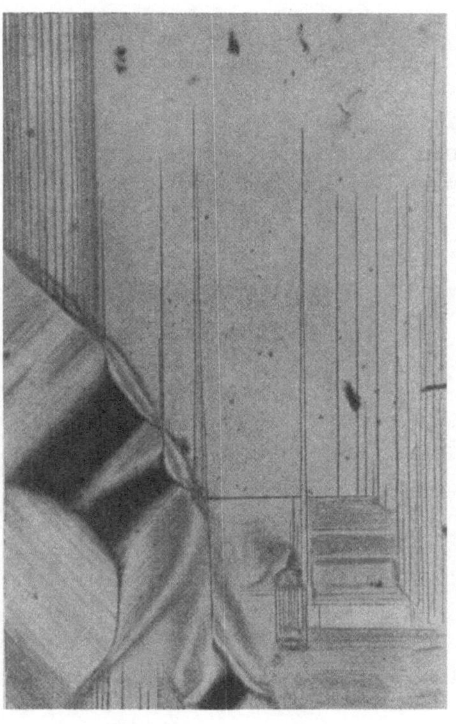

Abb. 105. Keilförmige Domänenlamellen im $BaTiO_3$-Einkristall (aus [207]).

Der beobachtete Wandverschiebungseffekt folgt der Einwirkung eines 60-Hz-Wechselfeldes und läßt sich stroboskopisch sichtbar machen.

Die Polarisationsfarben lassen erkennen, daß die polaren Achsen inner- und außerhalb des Keils senkrecht aufeinanderstehen. Hierbei sind nach dem Modell der laminaren Zwillingsbildung in Abb. 106 (aus [207]) zwei Möglichkeiten denkbar, über die weder röntgenographisch noch optisch entschieden werden kann: die polaren Achsen können entweder gleich oder gegenläufig sein. Im letzteren Fall entsteht in der Grenzfläche eine Oberflächenladung gleich dem 2fachen der spontanen Polarisation und ein entsprechendes depolarisierendes Feld. Das trägheitsarme Ansprechen der Wandverschiebung auf elektrischen Feldern deutet auf die erste Möglichkeit, wo diese Depolarisation fehlt.

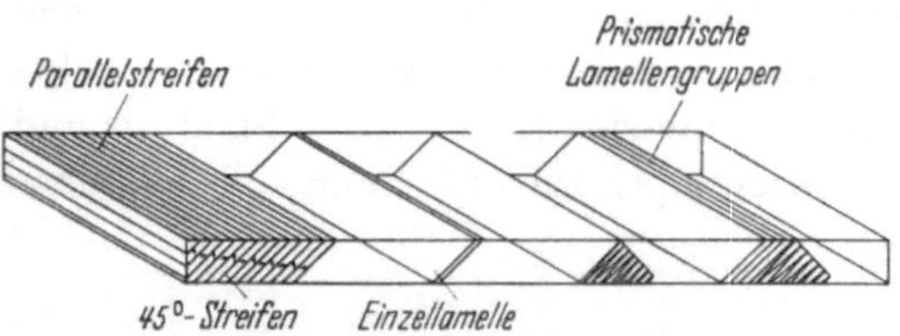

Abb. 106. Modell der laminaren Zwillingsbildung (aus [207]).

Bei der Betrachtung eines $BaTiO_3$-Einkristalls ergibt sich meistens das in Abb. 107 (aus [207]) dargestellte quadratische Muster. Es entsteht, wie man aus Abb. 108 (aus [207]) erkennen kann, wenn zwei laminare Gruppen sich senkrecht schneiden, wobei eine quadratische Pyramide gebildet wird. Das allmähliche Auftreten dieses Musters bei langsamer Abkühlung

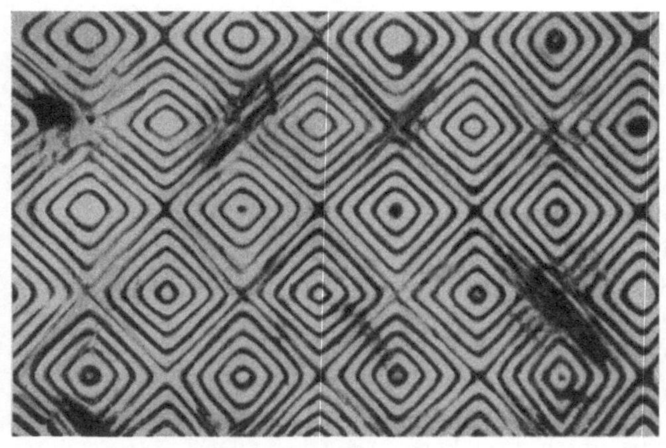

Abb. 107. Quadratische Auslöschungsmuster in $BaTiO_3$-Einkristallen bei Beobachtung im polarisierten Licht (aus [207]).

unter den Curiepunkt beschreibt FORSBERGH als ein eindrucksvolles Phänomen.

Bei der Bildung der laminaren Gruppen klappen die polaren c-Achsen der Elementarzellen auf der Basisseite der Lamellen in eine Richtung

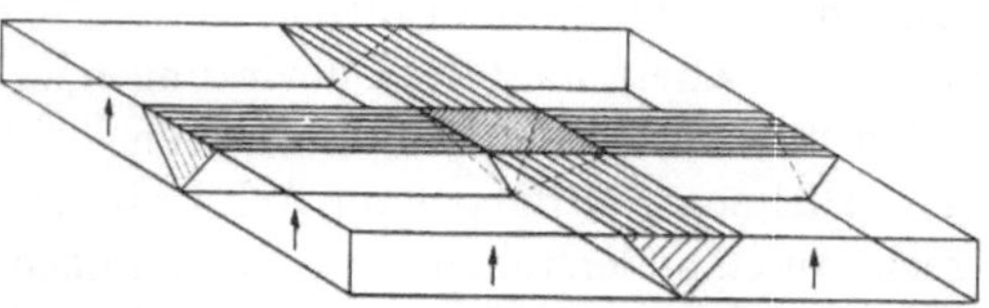

Abb. 108. Modelle der gegenseitigen Durchdringung von Zwillingslamellen zur Erklärung der quadratischen Interferenzmuster (aus [207]).

parallel zur Kristalloberfläche um. Dadurch wird diese Seite des Kristalls um den Faktor c/a verlängert, was eine konvexe Biegung zur Folge hat. Einkristalle mit sich senkrecht schneidenden laminaren Gruppen müssen uhrglasähnliche Formen annehmen, deren Krümmungsmaß in erster Näherung durch den Wert $c/a - 1$ gegeben ist.

Es ist nun besonders bemerkenswert, daß ein beobachtetes Interferenzmuster gegenüber häufigen Temperaturwechseln durch den Curiebereich sich als außerordentlich beständig erweist. Die ihm zugrunde liegende Laminarstruktur wird nicht geändert, wenn der Kristall beim Erwärmen in verschiedenen Lagen auf die Heizplatte gebracht wird. Ferner wird an Kristallen mit quadratischem Interferenzmuster auch eine bis 30° oberhalb der Curietemperatur bestehende Restkrümmung beobachtet, obwohl bei dieser Temperatur alle Domänen zu einem isotropen Kristall „verschmolzen" sein sollten. Kristalle ohne Interferenzmuster weisen auch keine Restkrümmung auf.

FORSBERGH schließt hieraus, daß durch innere Spannungen die Domänenmuster auch oberhalb der Curietemperatur latent vorhanden sind. Die permanente Lage der Basisflächen laminarer Gruppen und der damit verbundene Krümmungssinn wird durch eine unsymmetrische Verteilung der beim Wachsen der Kristalle aufgenommenen Verunreinigungen erklärt. Die Regelmäßigkeit der Interferenzmuster ist ein Ausdruck dafür, daß das Konzentrationsgefälle der Verunreinigungen einen Gradienten in Richtung der Kristalldicke hat. Mit dem Auftreten der Lamellen vermindert sich die potentielle Energie der elastischen Spannungen des Kristalls. Normalerweise ist der Energieinhalt des nicht verzwillingten Eindomänenkristalls geringer als der des Mehrdomänenkristalls. Dies ist gerade umgekehrt als im Falle ferromagnetischer Domänen. Infolge der Nichtexistenz freier Magnetpole stellt hier der Mehrdomänenkristall, in dem die Domänen sich zu einem magnetischen Kreis schließen, das Minimum der potentiellen Energie dar.

Die Vorstellungen FORSBERGHs werden durch Beobachtungen japanischer Autoren weitgehend bestätigt [212]. Diese haben festgestellt, daß die thermische Vorgeschichte die Domänenanordnung empfindlich beeinflußt. Letztere ist jedoch für einen Kristall bestimmter Vorgeschichte sehr konstant. Nur durch Erhitzen auf über 1200° wird die Domänenanordnung bleibend verändert.

Einen wesentlichen Beitrag zum Verständnis der Kinetik der Domänenbildung und des Domänenwachstums haben Untersuchungen von MERZ geliefert [211]. Die stroboskopische Beobachtung eines spontan in c-Richtung polarisierten Einkristalls in einem Wechselfeld von nahezu gleicher Frequenz wie die Wechsellichtquelle des Stroboskops zeigt, daß gleichzeitig viele neue Domänen von der Grenzfläche her in den Kristall hineinwachsen oder sich an Kristallfehlern auszubilden beginnen. Ein seitliches Wachstum dieser Domänen findet praktisch nicht statt. Auch in dieser Beziehung tritt der Unterschied zum Ferromagnetikum in Erscheinung. Der Grund hierfür liegt vermutlich in der schwächeren seitlichen Kopplung im Ferroelektrikum, während die Kopplung in Richtung der Polarisation stark ist und zur bevorzugten Ausbildung nadelartiger Domänen führt. Energetische Betrachtungen zeigen, daß zur seitlichen Verschiebung einer Domänenwand durch eine Elementarzelle ein Energieaufwand von der Größenordnung von 10 Erg/cm² erforderlich ist. Die gleiche Verschiebung der ferromagnetischen Wand erfordert nur einige Prozente dieser Energie, da in diesem Falle die Wand 100 oder mehr Gitterkonstanten dick ist, während für die ferroelektrische, wie bereits in Abschnitt Frequenzabhängigkeit erwähnt wurde, eine Dicke von einer oder mehreren Gitterkonstanten vorliegt.

Weiteren Aufschluß über die Geschwindigkeit des Domänenwachstums in Abhängigkeit von der angelegten Feldstärke und der Temperatur geben Impulsversuche mit Rechteckimpulsen von 1—10 μs Dauer, steiler Front (0,02 μs Einschwingzeit) und einer Amplitude bis zu 14 kV/cm. Die hierfür benutzten winzigen $BaTiO_3$-Einkristalle von nur $5 \cdot 10^{-3}$ cm Dicke und 10^{-4} cm² Querschnitt hatten eine Polarisation von $26 \cdot 10^{-6}$ Coul/cm² und eine Koerzitivfeldstärke von 500 V/cm.

Aufeinanderfolgende Impulse eines Vorzeichens erzeugen einen nur sehr schwachen Stromimpuls durch den Kristall, da dieser sich weitgehend im Sättigungsast befindet. Hingegen führen Pulsserien mit wechselndem Vorzeichen zu stärkeren Stromimpulsen infolge der erheblichen damit verbundenen Schwankungen der Polarisation. Die Amplitude dieser Stromimpulse wächst mit der angelegten Feldstärke und fällt mit der Umklappzeit der Domänen, die ihrerseits mit steigender Temperatur und Feldstärke stark abnimmt. Da die Stromimpulse durch Umklappvorgänge bedingt sind, muß geschlossen werden, daß sowohl die Bildung als auch das Wachstum neuer Domänen durch Feldstärke und Temperatur stark begünstigt werden. Die Geschwindigkeit der Wandverschiebung in starken Feldern ist bei Zimmertemperatur von der Größenordnung 10^4 cm/sek und demnach vergleichbar zu ferromagnetischen Stoffen, jedoch zehnmal kleiner als die Schallgeschwindigkeit.

Ähnliche Schlußfolgerungen können aus optischen Untersuchungen von LITTLE [225] gezogen werden. Diese zeigen außerdem, daß die Verschiebung von 90°-Wänden oberhalb 1 MHz wegen der einsetzenden piezoelektrischen Resonanzen in den untersuchten $BaTiO_3$-Kristallen aufhört.

MERZ hat darauf hingewiesen [142], daß die Messungen des Brechungsexponenten und der Doppelbrechung ohne ein äußeres Feld und in Abwesenheit äußerer mechanischer Spannungen erfolgte. Die beobachtete Doppelbrechung ist eine Folge der spontanen Polarisation P_s in c-Richtung und als spontaner KERR-Effekt aufzufassen. Nach der Theorie der elektro-optischen und elasto-optischen Effekte ist die Doppelbrechung proportional P_s^2, was zumindest für Temperaturen bis etwa 30° unter der Curietemperatur erfüllt ist. Für tiefere Temperaturen neigen die Kristalle in zunehmendem Maße zur Aufspaltung in antiparallele Domänen, was eine Verringerung von P_s zur Folge hat. Tatsächlich hat diese Nichtlinearität zwischen Δn und P_s^2 erst zu der Annahme antiparalleler Domänen geführt.

Die Doppelbrechung der antiferroelektrischen Kristalle von $PbCrO_3$ und $NaNbO_3$ ist von JONA, SHIRANE und PEPINSKY [222] innerhalb eines weiten Temperaturbereichs bis zu den Umwandlungspunkten untersucht und negativ gefunden worden. Sie war in Richtung der antiparallelen Ionenverschiebung am kleinsten. Die beobachteten Doppelbrechungswerte lassen sich nicht mit der auftretenden spontanen Deformation des Gitters vereinbaren, offensichtlich deshalb, weil die makroskopisch abgeleiteten elektrooptischen Beziehungen sich nicht einfach auf ein Antiferroelektrikum übertragen lassen, in dem submikroskopische Verzerrungen auftreten, die makroskopisch nicht in Erscheinung treten, da sie sich gegenseitig kompensieren.

β) Optisches Verhalten bei Phasenumwandlungen.

Für die Beobachtung des Symmetriewechsels am Curiepunkt und den unteren Umwandlungspunkten stellen optische Messungen ein bequemes und empfindlicheres Kriterium dar als die elektrischen Messungen.

Der Einfluß elektrischer Felder von der Größenordnung 20–40 kV/cm wurde optisch elegant nachgewiesen und ergab für die Curietemperatur Erhöhungen bis zu 12° [209].

Die Symmetrieänderungen im $BaTiO_3$ von 120° bis −90° haben KAY und Mitarbeiter [203, 213] optisch und röntgenographisch untersucht. Sie kamen dabei zu dem Ergebnis, daß die Achse der spontanen Polarisation beim Umwandlungspunkt −5°C von 100 nach 110 und beim unteren Umwandlungspunkt von −90°C nach 111 umklappt. Für die optische Untersuchung wurde eine besonders hierfür gebaute Apparatur benutzt, die Messungen bis −130° gestattete (Abb. 109 aus [213]). Der zu untersuchende Kristall befand sich zwischen zwei Glasplatten F, die ihrerseits auf einen zylindrischen Kupferblock H montiert waren. Die

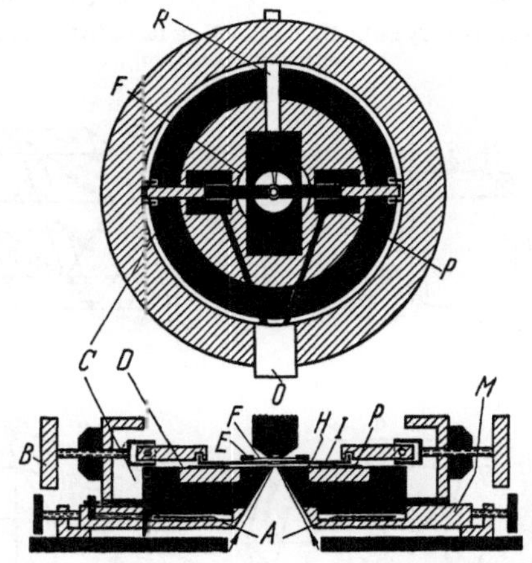

Abb. 109. Einrichtung zur optischen Untersuchung von $BaTiO_3$-Einkristallen unter angelegtem Feld. A Heizspirale; − B Elektrodenjustierung; − C Bohrung; − D Scheibe aus Isolierstoff; − E Halterung für Glasplatte; − F Glasplatte; − M Asbestscheibe; − O Hochspannungsanschluß ± 2000V; − R Thermoelement (aus [213]).

Elektroden I waren in Führungen P verschiebbar. Die zu untersuchenden Kristalle stellten Plättchen dar mit stark ausgeprägter Würfelfläche 100 von etwa 10^{-3} cm² Fläche und einer Dicke von $\approx 10^{-3}$ cm. Bei dieser Dicke war eine gute Messung der Doppelbrechung möglich. Die übliche Verzwillingung der $BaTiO_3$-Kristalle längs den Flächen 101 und 011 konnte in diesen Kristallen gut sichtbar gemacht werden. Die c-Achsen lagen nahezu parallel zu zwei oder drei kubischen Achsen des gesamten Kristalls. In einzelnen Fällen waren die Kristalle unverzwillingt. Die nachfolgende Abb. 110 (aus [213]) gibt eine Anschauung über die Zwillingsanordnung in einem Kristall mit den Abmessungen $x = 0{,}01$, $y = 0{,}1$ und $z = 0{,}33$ mm. Man kann in diesem Kristall 14 Zwillingszonen unterscheiden, von denen die dünnen Zwillingslamellen in der 011-Ebene besonders interessant sind, deren Grenzflächen $\approx 2\,\mu$ auseinander liegen. Dieser Abstand ist praktisch konstant und unabhängig von der Kristallgröße. Derartige dünne Zwillinge werden häufig beobachtet und können sich über den ganzen Kristall erstrecken oder plötzlich in einem schiefen Winkel aufhören. In Abb. 111 (aus [213]) sind die drei möglichen Richtungskomponenten der Zwillinge innerhalb des Kristalls besonders gekennzeichnet. Die Interferenzfarbe dieser Lamellen unterscheidet sich von der der Nachbarzonen, offenbar infolge der vorliegenden Spannungseffekte, die zu einer Verringerung von c/a führen.

xyz sind die äußeren kubischen Achsen, a ist eine tetragonale Elementarzelle, b die gescherte Zelle und c die orthorhombische Elementarzelle. d und e stellen Beispiele für die möglichen Verzwillingungen der orthorhombischen Elementarzelle dar, wobei der Pfeil jeweils der Extinktionsrichtung entspricht.

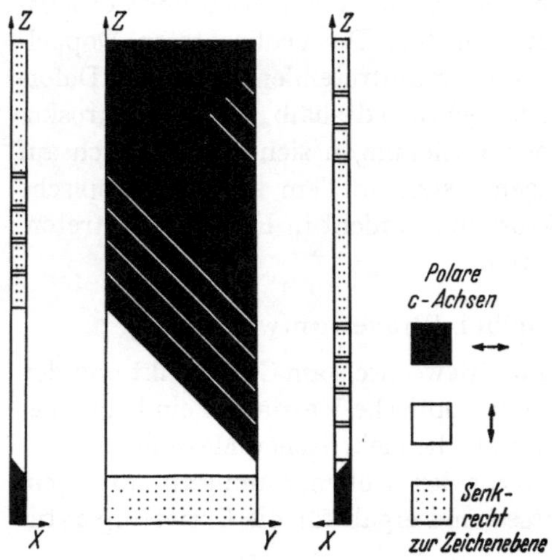

Abb. 110. Typische Zwillingsbildung in $BaTiO_3$ bei Zimmertemperatur (aus [213]).

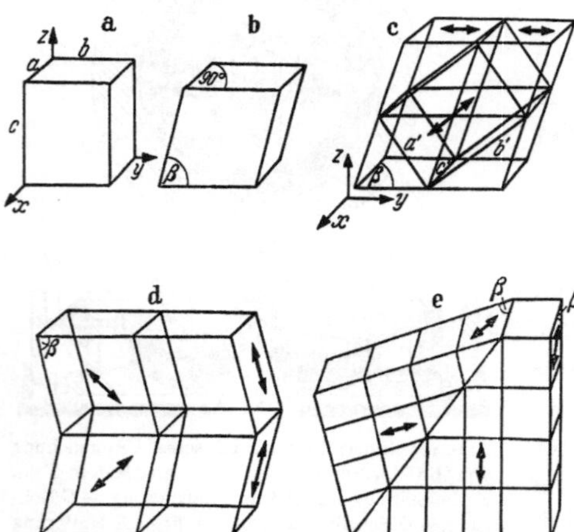

Abb. 111. Die Umwandlung tetragonal-orthorhombisch in $BaTiO_3$-Elementarzellen und die auftretenden Zwillingsbildungen, x, y, z sind die äußeren kubischen Achsen. a tetragonale Elementarzelle; — b tetragonale Elementarzelle nach Scherung; — c orthorhombische Elementarzelle; — d und e Zwillingsanordnung in orthorhombischen Kristallen. (Pfeile geben die Auslöschungsrichtung an) (aus [213].)

KAY und VOUSDEN haben auch die Temperaturabhängigkeit der Doppelbrechung in dem Gesamttemperaturbereich der drei Umwandlungen gemessen (Abb. 112 aus [213]). Dabei wurden die bisherigen Schlußfolgerungen bestätigt, nach denen bei $-5°$ eine Umwandlung tetragonal–orthorhombisch vor sich geht, indem eine kleine Scherung in der 100- oder 010-Ebene eintritt. Die zwei Achsen in der Scherungsebene werden gleich und nehmen einen Wert an, der zwischen dem der a- und c-Achse liegt, während die dritte Achse nahezu konstant bleibt. In den Abb. 111 d und 111 e sind die Möglichkeiten der Verzwillingung für orthorhombische Elementarzellen deutlich erkennbar.

Die Zwillingsebene ist 100. Sie kann in zwei um $90°$ verschiedenen Richtungen auftreten. In Abb. 111 e ist die Zwillingsebene 111, und die Verzwillingung entspricht etwa der des tetragonalen Systems mit dem Unterschied, daß infolge der Scherung die Ebenen der zwei Zwillingskomponenten nicht in der Papierebene liegen, sondern in einem kleinen Winkel aus ihr herausragen.

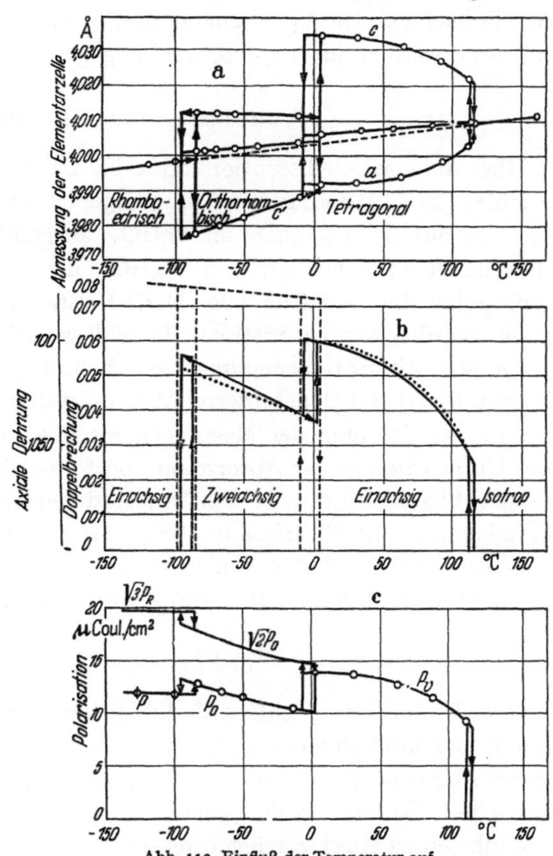

Abb. 112. Einfluß der Temperatur auf a die Abmessung der Elementarzelle; — b die Änderung der Doppelbrechung; — c die Änderung der spontanen Polarisation in $BaTiO_3$-Kristallen (aus [213]).

Die Ergebnisse der Röntgenuntersuchungen bestätigen die optischen Messungen völlig und stimmen auch mit den Pulveraufnahmen älterer Arbeiten gut überein. Die Intensitätszunahme der 001-Reflexion gegenüber der 400-Reflexion, die MEGAW bei sinkender Temperatur beobachtet hat, läßt sich in einfacher Weise dadurch erklären, daß die orthorhombische Symmetrie für größeren Abstand doppelt soviel Ebenen hat als für kürzeren. Damit kehren sich die relativen Intensitäten gegenüber denen für Zimmertemperatur um. Die Abnahme der Punktschärfe mit der Temperatur ist verhältnismäßig klein und Verschiebungen der Reflexion um $1/_{2000}$ sind bei $-100°$ noch gut nachweisbar.

Daraus muß der Schluß gezogen werden, daß die Unschärfe in den Pulveraufnahmen im wesentlichen auf inhomogene Spannungen und unregelmäßige Verzwillingung zurückzuführen ist. Es ist bemerkenswert, daß KAY und VOUSDEN alle drei Phasenumwandlungen als solche 1. Ordnung bezeichnen. Die Volumenänderungen für die Umwandlung bei $-5°$ und $-90°$ werden mit $0{,}1 \pm 0{,}04$ Å^3 angegeben.

γ) Absorptionsspektrum.

Über die starke Absorptionskante im UV bei 3800 Å wurde bereits berichtet [215]. Messungen im Infrarotgebiet zwischen 2—33 μ sind sowohl an $BaTiO_3$ als auch an $SrTiO_3$ ausgeführt worden [214]. An polykristallinen Schichten von $BaTiO_3$, die aus einer Suspension in Isopropylalkohol auf KBr oder $NaCl$-Kristallplatten niedergeschlagen waren, wurden charakteristische Durchlässigkeitsgebiete bei 2,15 und 1,18 μ und Absorptionsmaxima bei 1,8 und 3 μ festgestellt. Die von JAYNES ([233] S. 69) geforderte Absorptionsbande bei 10 μ trat nicht auf. Bei Ausdehnung der Messungen bis über den Curiepunkt konnte kein Unterschied in der Absorption von ferroelektrischer und paraelektrischer Phase festgestellt werden. Andererseits hat FELDMAN [243] gefunden, daß auf Pt aufgedampfte 1—2 μ dicke Filme von $BaTiO_3$ eine normale Curietemperatur von 120° besitzen und unterhalb derselben ferroelektrische Eigenschaften von kompaktem $BaTiO_3$ zeigen.

δ) Phototropie.

Ein Einfluß des Lichts auf die dielektrischen Eigenschaften von reinem polykristallinen $BaTiO_3$ wurde bereits im Rahmen anderer Untersuchungen über die Wirkung verschieden reiner Ausgangsstoffe [36] beobachtet. Sowohl längere Sonnen- als auch dreistündige UV-Bestrahlung führten zu einer Verringerung der dielektrischen Polarisation. Eine systematische Untersuchung über den Einfluß von UV-Bestrahlung hat allerdings gezeigt [244], daß nur bei Gegenwart kleiner Verunreinigungen von Fe^{3+}, Zn^{2+}, Sb^{5+} und V^{5+} eine Verfärbung nach Grau oder Violett eintritt, und zwar sowohl bei $BaTiO_3$ wie auch bei $CaTiO_3$. Diese Feststellung könnte für die Reinheitsbewertung nützlich sein. Ganz allgemein gilt die Regel, daß UV-Phototropie in Titanaten dann auftritt, wenn sie durch ein Fremdion hervorgerufen ist, daß erstens einen Ionendurchmesser von etwa der Größe des Ti^{4+}-Ions, jedoch eine davon abweichende Wertigkeit hat, um einen Elektronensprung anregen zu können. Die phototropen Verfärbungen verschwinden beim Erhitzen, z.B. für $BaTiO_3$ bei 220—270°, für $CaTiO_3$ bei 360—400°. Durch Erhitzen während der Bestrahlung tritt keine Verfärbung ein.

b) Theoretische Betrachtungen über das optische Verhalten.

Alle Verbindungen, in denen ein Ti^{4+}-Ion von 6 O-Ionen umgeben ist, besitzen einen hohen Brechungsindex und damit auch eine hohe Elektronenpolarisation. Allerdings reicht die LORENTZsche Formel nicht aus, den richtigen Wert der Elektronenpolarisation zu berechnen, da die Voraussetzung einer kubischen Symmetrie nicht erfüllt ist, zumindest nicht für $BaTiO_3$ unterhalb des Curiepunktes. Für das kubische $BaTiO_3$ haben VAN SANTEN und OPECHOWSKI [216] eine modifizierte LORENTZ-Formel abgeleitet, die auf 5% mit der Erfahrung übereinstimmt und mit dem von BUSCH, FLURY und MERZ gemessenen Brechungsindex [217] von 2,42 bei 140°C eine molare Polarisation von $9{,}44 \cdot 10^{-24}$ cm³ für $BaTiO_3$ liefert. Benutzt man die aus anderen Verbindungen ermittelten Elektronenpolarisationen von Ba^{2+} und Ti^{4+} ($1{,}56$ und $0{,}18 \cdot 10^{-24}$ cm³), die weitgehend unabhängig vom Gitter sind, in dem sie sich befinden (vgl. VAN VLECK: Theory of Electric and Magnetic Susceptibilities), so verbleibt für Sauerstoff die verhältnismäßig hohe Elektronenpolarisation von $2{,}6 \cdot 10^{-24}$ cm³. In MgO und Al_2O_3 hat der Sauerstoff eine wesentlich niedrigere Polarisation ($1{,}7$ bzw. $1{,}4 \cdot 10^{-24}$ cm³). VAN SANTEN und OPECHOWSKI stützen sich bei der Ableitung ihrer Formel weitgehend auf die vorausgehenden Überlegungen von SKANAWI [218]. Die von SKANAWI erhaltene Formel stellt einen Sonderfall der allgemeineren Formel von VAN SANTEN und OPECHOWSKI dar, die nach Ansicht ihrer Verfasser für jedes Kristallgitter der kubischen Raumgruppe Gültigkeit hat, während die eigentliche LORENTZ-LORENZsche Formel nur für eine hohe kubische Symmetrie gilt. Ihre Ableitung geht den gleichen Weg wie LORENTZ.

Es wird innerhalb des Kristalls eine Kugel betrachtet, die das i-te Atom im Mittelpunkt hat. Der Halbmesser dieser Kugel soll groß sein im Vergleich zu den molekularen Abmessungen, jedoch noch submikroskopisch klein. Nach LORENTZ beträgt das auf dieses Atom wirkende innere Feld:

$$E_i = E + \frac{4}{3}\,P + F_i. \qquad (41)$$

Darin ist E wie üblich das äußere Feld, P die Polarisation und F der Beitrag aller Atome innerhalb der Kugel aus den Beziehungen:

$$P = \frac{\varepsilon - 1}{4\,\pi}\,E, \qquad (42)$$

$$P = \sum_i N_i \alpha_i E_i. \qquad (43)$$

Es ergibt sich demnach

$$\frac{\varepsilon - 1}{\varepsilon + 2}\,E = \frac{4\,\pi}{3}\sum_i N_i \alpha_i \left(E + \frac{3}{\varepsilon + 2}\,F_i \right). \qquad (44)$$

Für kubische Symmetrie aller Atome verschwindet F_i praktisch ganz. Für die Perowskitstruktur des $BaTiO_3$ ist dies jedoch nicht der Fall.

F_i wird nunmehr in zwei Teilvektoren $F_i\|$ und $F_i\bot$ zum äußeren Feld zerlegt. Allgemein verschwindet die senkrechte Komponente nicht, sondern nur in Gittern mit kubischer Raumgruppe. Für diesen Fall genügt es also, sich auf die Berechnung der $F_i\|$ zu beschränken. Demnach werden alle inneren Felder und die dadurch hervorgerufenen induzierten Momente als parallel gerichtet zum äußeren Feld angesehen. Statt $F_i\|$ ist demnach nur zu schreiben F_i. Zwischen den Atomen und den durch sie induzierten elektrischen Momenten gelten nunmehr folgende Gleichungen:

$$F_i = \sum{}' P_k K_{ik} \tag{45}$$

$$P_k = \alpha_k \left(\frac{\varepsilon + 2}{3} E + F_k \right) \tag{46}$$

$$K_{ik} = \frac{1}{r_{ik}^3} \left(-1 + 3 \cos^2 \Theta_{ik} \right). \tag{47}$$

Darin bedeuten r_{ik} den Abstand zwischen dem i-ten und dem k-ten Atom und Θ ist der Winkel zwischen ihrer geraden Verbindungslinie und der Feldrichtung. In Gl. (45) bedeutet das Komma oben am Summenzeichen, daß der Fall $k = i$ weggelassen werden muß. Der physikalische Sinn von K_{ik} läßt sich folgendermaßen deuten: Ein Einheitsdipol am Atom k, der in die Richtung von E fällt, liefert am Atom i eine elektrische Feldkomponente parallel zu E von der Größe K_{ik}.

Infolge der Periodizität des Kristallgitters können nicht mehr verschiedene Werte für F_i existieren als Atome in der Elementarzelle vorhanden sind. Das gleiche gilt auch für die Zahl der verschiedenen induzierten Momente P_k, so daß die Gl. (45) auch in folgender Weise geschrieben werden kann:

$$F_\mu = \sum_{\lambda=1}^{n} P_\lambda \sum_{j=1}^{M} K_{\mu j \lambda} \, (\mu = 1, 2 \ldots n). \tag{45a}$$

Durch die Indizes i, j werden die Elementarzellen und durch μ bzw. λ Atome in einer Elementarzelle bezeichnet. n ist die Zahl der Atome in einer Elementarzelle und M die Zahl der Atome innerhalb der LORENTZ-Kugel. VAN SANTEN und OPECHOWSKI weisen darauf hin, daß die LORENTZ-Kugeln für die verschiedenen Atomarten durch den gleichen Index μ bezeichnet sind. Ihre Beiträge sind zahlenmäßig gleich.

Für Elementarzellen mit identischen Atomen und gleichem F_μ läßt sich Gl. (45) noch weiter umwandeln. Eine Gruppe gleichwertiger Atome wird durch griechische Indizes gekennzeichnet, die zwischen 1 und m laufen. In der Formel

$$n = \sum_{\beta=1}^{m} n_\beta \tag{48}$$

ist n die Zahl der Atome in der Gruppe B. Gl. (45 a) läßt sich dann umwandeln in

$$F_\gamma = \sum_{\beta=1}^{m} P_\beta n_\beta \sum_{j=1}^{M} K_{\gamma j \beta} + P_\gamma (n_\gamma - 1) \sum_{j=1}^{M} K_\gamma j_\gamma \quad (\gamma = 1, 2 \ldots m). \qquad (49)$$

Durch Einführung der neuen Beziehungen

$$\Omega_{\gamma,\beta} = n_\beta \sum_{j=1}^{M} K_{\gamma j \beta} \quad j_\beta \text{ für } \gamma \neq \beta \qquad \Omega_{\gamma\gamma} = (n_\gamma - 1) \sum_{j=1}^{M} k_\gamma j_\gamma \qquad (50)$$

und Berücksichtigung der Gl. (46) erhält man die Gleichungen

$$P_\beta = \alpha_\beta \left(\frac{\varepsilon + 2}{3} E + F_\beta \right) \qquad (51\,\text{a})$$

$$F_\gamma = \sum_{\beta=1}^{m} \left(\frac{\varepsilon + 2}{3} E + F_\beta \right) \Omega_{\gamma,\beta} \alpha_\beta \qquad (\gamma = 1, 2 \ldots m). \qquad (51\,\text{b})$$

Es liegt demnach schließlich ein System von m linearen Gleichungen für m unbekannte Werte von F_γ vor. Die Lösung dieses Systems ist

$$\frac{3}{\varepsilon + 2} \cdot \frac{F_\gamma}{E} = \frac{D\gamma}{D} \quad (\gamma = 1, 2 \ldots m). \qquad (52)$$

Darin bedeutet D die Determinante:

$$\left. \begin{array}{l} D = \| \Omega_{\beta\gamma} \alpha_\gamma - \delta_{\beta\gamma} \| \\[2mm] \delta_{\beta,\gamma} = \begin{vmatrix} 0 & \text{für} & \beta \neq \gamma \\ 1 & \text{für} & \beta = \gamma \end{vmatrix} \end{array} \right\} \qquad (53)$$

D_γ ist die Determinante, die aus D erhalten wird, wenn man ihre γ-Spalte setzt:

$$\left. \begin{array}{l} -\sum_{\beta=1}^{m} \Omega_{1\beta} \alpha_\beta \\[4mm] -\sum_{\beta=1}^{m} \Omega_{2\beta} \alpha_\beta . \end{array} \right\} \qquad (54)$$

Aus Gl. (44) ergibt sich ferner:

$$\frac{\varepsilon - 1}{\varepsilon + 2} = \frac{4\pi}{3} N \sum_{\beta=1}^{m} n_\beta \alpha_\beta \left(1 + \frac{D_\beta}{D} \right), \qquad (55)$$

so daß schließlich unter Berücksichtigung der Gl. (52) sich die Schlußformel für ε ergibt. Eine nochmalige Umformung unter Einführung der Polarisierbarkeiten von **Ba**, **Ti** und **O** führt zu Gl. (56)

$$\frac{\varepsilon - 1}{\varepsilon + 2} = \frac{4\pi}{3} N \left(\alpha_1 + \alpha_2 + 3 \alpha_3 + \frac{6 \alpha_3 A^2}{D^3} \right), \qquad (56)$$

in der die Größen A und D sich aus der Struktur und den Abmessungen des Perowskitgitters ergeben[1].

---

[1] Erläuterung des Übergangs von Gl. (55) zu Gl. (56) siehe [216], S. 550/51.

Van Santen und de Boer haben versucht, die oben erwähnte abnorm hohe Polarisierbarkeit des O in Titanaten auf den nichtedelgasähnlichen Aufbau des Ti^{4+} zurückzuführen, der sich in einer abnorm hohen Ionisierungsspannung der 4. Ionisierungsstufe äußert. In dieser Stufe fällt Ti völlig aus dem normalen Verlauf zwischen C und Zr heraus.

Nach der Dispersionstheorie gilt:

$$\frac{n^2-1}{n^2+2} \approx \frac{4\pi}{3} N \alpha_\nu = \sum_i \frac{C_i}{\nu_i^2 - \nu^2} , \tag{57}$$

wobei C_i die Stärke des Oszillators für die Frequenz ν_i und n der mit der Frequenz ν gemessene Brechungsexponent ist. Beschränkt man sich auf die für die Elektronenpolarisation im wesentlichen maßgeblichen O-Ionen, so geht die Beziehung unter Verwendung der für O gültigen Parameter N_0, α_0 und ν_e über in:

$$\frac{4\pi}{3} N_{(0)} \alpha_{(0)\,(\nu)} \approx \frac{c}{\left(\nu_e^2 - \nu^2\right)} , \tag{58}$$

so daß sich für $\alpha_{(0)}$ ergibt:

$$\alpha_{(0)} = \frac{3\,c}{4\,\pi\,N_{(0)}\,\nu_e^2} . \tag{59}$$

Eine hohe Elektronenpolarisation des Sauerstoffs wird daher sowohl durch große c-Werte, entsprechend starken Oszillatorbindungen, oder niedrige charakteristische Frequenzen ν_e hervorgerufen.

Fajans und Joos [219] haben wahrscheinlich gemacht, daß der Quotient

$$\frac{c}{N_{(0)}\,\nu_e} \tag{60}$$

für heteropolare Oxyde konstant ist, so daß also hohen $\alpha_{(0)}$-Werten niedrige charakteristische Frequenzen ν_e entsprechen. Für den Polarisationsvorgang ist nach älteren Überlegungen von van Santen und Jonker [220] der Übergang eines Elektrons vom Sauerstoff auf ein Kation verantwortlich, wobei sich also niederwertige Ionen bilden, ganz im Gegensatz zu dem Verhalten von Si und Zr. Die Energiebilanz dieses Vorgangs ist dann

$$h \cdot \nu_e = A_0 \cdot e^2/a + (-A_m) \cdot e^2/a - I_m + E_0 - \varphi_0 - \varphi_m . \tag{61}$$

A_0 und A_m sind Madelung-Konstanten, I_m ist die n-te Ionisationsenergie für das n-wertige Ion, dem das Elektron angelagert wird, E_0 ist die zweite Elektronenaffinität des Sauerstoffs, φ_0 und φ_m sind die Polarisationsterme auf Grund der durch den Platzwechsel des Elektrons bedingten Gitterpolarisation.

Nach der Bornschen Rechnung ergibt sich

$$A_0 = 6{,}456; \quad -A_{Ti} = 12{,}378; \quad \text{und} \quad -A_{Ba} = 5{,}387 .$$

φ läßt sich in erster Näherung als Energie einer in das Kontinuum mit der Dielektrizitätskonstante $\varepsilon = n^2$ eingebetteten Kugel vom Radius r des betrachteten Ions und der Ladung e ansetzen.

$$\varphi = \frac{e^2}{2\,r}\left(1 - \frac{1}{n^2}\right). \qquad (62)$$

Setzt man für $E_0 = 8{,}9$ eV, so ergeben sich folgende $h\nu$-Werte:

$$h\nu\,(O \to Ti) = 2\,eV, \quad h\nu\,(O \to Ba) = 40{,}2\,eV. \qquad (63)$$

Diese Zahlen lassen erkennen, daß die Wechselwirkung zwischen O und Ti den Hauptanteil der Elektronenpolarisation im Titanatgitter liefert.

Eine ausführlichere quantitative Theorie für TiO_2 und Titanate geht auf SKANAVI [221] zurück, wobei dieser allerdings besonders die Verhältnisse für längere Wellen behandelt.

10. Allgemeine Theorie.

a) Übersicht.

Theoretische Betrachtungen sind bereits in verschiedene Kapitel eingestreut worden, wo sie zum besseren Verständnis der experimentellen Tatsachen angebracht erschienen. Die grundsätzliche Frage, warum und unter welchen Bedingungen in Feststoffen ferroelektrische Erscheinungen zu erwarten sind, wurde jedoch kaum angeschnitten.

Die Beantwortung dieser Frage ist von verschiedenen Forschern auf teilweise recht verschiedene Weise versucht worden. Manche der entwikkelten Theorien sind bereits starker ablehnender Kritik ausgesetzt gewesen, andere konnten sich behaupten und wurden weiterentwickelt. Beachtenswert ist die Tatsache, daß die Ansichten über den Anteil, den die verschiedenen Ionen des $BaTiO_3$ an der Entstehung ferroelektrischer Erscheinungen haben, stark voneinander abweichen. Zuerst hat MEGAW auf Grund der Struktur die Vorstellung entwickelt, daß im $BaTiO_3$ die O_6-Oktaeder für das zentrale Ti^{4+}-Ion etwas zu groß sind. Dadurch ergibt sich eine gewisse Verschiebbarkeit des letzteren um die Zentrallage, die sich in einer entsprechenden zusätzlichen Polarisierbarkeit der Elementarzelle äußert.

Dieses Modell war mehrere Jahre lang als allein gültig anerkannt und wurde zur Grundlage einer quantitativen Theorie gemacht [223]. Auf die Kritik dieser Theorie wird auf S. 133 eingegangen. Die Verschiebbarkeit des Ti^{4+}-Ions spielt auch in einer späteren Theorie von SLATER [224], die sonst auf ganz anderen Grundlagen aufgebaut ist, eine wichtige Rolle.

Andere theoretische Betrachtungen von DEVONSHIRE [205] und JAYNES [206], die eine Verschiebbarkeit der O-Ionen an Stelle des zentralen Ti^{4+}-Ions annehmen, haben durch neuere experimentelle Befunde, die Existenz und Größe der O-Verschiebung nachweisen, eine starke Stütze erhalten [*227, 228*].

Das Auftreten von Ferroelektrizität in einer großen Anzahl anorganischer Verbindungen, deren Elementarzellen O_6-Oktaeder enthalten, läßt erkennen, daß dieser Strukturgruppe eine besondere Bedeutung zukommt. Hierauf wurde sowohl von MATTHIAS als auch von SMOLENSKI hingewiesen [*229, 230*].

Unabhängig von einem bestimmten atomistischen Modell sind thermodynamische Überlegungen von mehreren Forschern angestellt worden. Dabei wurden wichtige Aufschlüsse über die Stabilitätsgebiete des ferroelektrischen Zustandes und die am Curiepunkt auftretenden Energieänderungen erhalten. Es war längere Zeit umstritten, ob am Curiepunkt eine Umwandlung 1. oder 2. Ordnung erfolgt. Erst kürzlich ist diese Frage, nunmehr anscheinend endgültig, entschieden worden im Sinne der erstgenannten Möglichkeit.

Wichtig hierfür war die Feststellung von MERZ [*226*], daß besonders gute Einkristalle von $BaTiO_3$ mit einer spontanen Polarisation von 26 μ Coul/cm^2 (gegen 16 μ Coul/cm^2, wie früher berichtet) einen extrem steilen Anstieg von ε am Curiepunkt nachweisen, der, zusammen mit einer aufwärts (statt abwärts) gerichteten Kurve für die Feldabhängigkeit der dielektrischen Verschiebung auf eine Umwandlung erster Art hinweist. Dieses Ergebnis wird durch andere Messungen ergänzt [*241*], nach denen Kristalle von $BaTiO_3$ bei 122° einen ε-Sprung von 2000 auf 16000 und eine Temperaturhysterese von 2° zeigen können.

Schließlich seien Versuche erwähnt, das Auftreten hoher ε-Werte und ihren Temperaturgang entweder allein aus der Additivität und der Temperaturabhängigkeit der Elektronenpolarisation [*231*] oder aus der Wärmeausdehnung des Gitters abzuleiten [*232*]. Es hat sich jedoch gezeigt, daß sich diese verhältnismäßig einfachen Theorien nicht hinreichend mit den experimentellen Tatsachen vereinigen lassen. So ist z. B. ε von TiO_2 wesentlich niedriger als von $BaTiO_3$ (80 gegen 1500), obwohl die Elektronenpolarisation erheblich höher ist (2,9 gegen 2,4).

Auf den nachfolgenden Seiten wird der Versuch gemacht, die wesentlichen Gedankengänge der verschiedenen Theorien kurz zu skizzieren, und ihre Vor- und Nachteile hervorgehoben. Eine ausführliche Behandlung der Theorien über Ferroelektrizität ist neuerdings in einem Buch von JAYNES erfolgt, das auch wegen seiner allgemeinen Abschnitte über innere Felder in Kristallen und der speziellen zur Ermittlung von LORENTZ-Faktoren sehr empfohlen sei [*233*].

b) Theorie von MASON und MATTHIAS.

Die Platzwechselmöglichkeit eines Kations zwischen zwei Gleichgewichtslagen einer linearen Wasserstoffbrücke, wie sie im Seignettesalz angenommen wurde, wird im $BaTiO_3$ auf das Dreidimensionale übertragen. Hier ist es nicht ein Proton, das durch thermische oder Feldenergie in eine andere Gleichgewichtslage überspringen kann, sondern das zentrale Ti^{4+}-Ion, das durch kovalente Bindungen an ein O-Atom des umgebenden O_6-Oktaeders um 0,16 Å aus seiner Mitte verschoben ist. Oberhalb der Curietemperatur sind alle 6 asymmetrischen Stellungen des Ti^{4+} infolge der thermischen Energie gleich wahrscheinlich. Unterhalb derselben richten sich innerhalb eines Kristallbezirks (Domäne) die Ti^{4+}-Ionen vorzugsweise in eine der möglichen 6 Richtungen ein, so daß sich ein Dipolmoment $4e\delta$ in dieser Richtung ausbildet und der Kristall ferroelektrisch wird ($\delta =$ Verschiebung des Ti^{4+}-Ions aus der Mittellage). Gleichzeitig verlängert er sich in dieser Richtung relativ zu den beiden anderen Richtungen und wird dadurch tetragonal. Der Potentialberg zwischen zwei Gleichgewichtslagen ist höher, wenn eine Verschiebung zwischen zwei benachbarten zueinander senkrechten Richtungen erfolgt als für spiegelbildlich symmetrische Stellungen.

MASON und MATTHIAS nehmen an, daß die Gesamtpolarisation sich aus zwei Teilen zusammensetzt: der Elektronenpolarisation Pe und dem durch die Verschiebung des Ti^{4+}-Ions entstehenden Dipolmoment. Daher ergibt sich für das innere Feld:

$$F = E + \beta\,(Pe + Pd)\,. \tag{64}$$

Da das lokale Feld F die auftretende Elektronen- und Atompolarisation bestimmt, gilt:

$$Pe = F\gamma \quad (\gamma = \text{Polarisierbarkeit ohne Dipolterm})$$

und entsprechend

$$F = E + \beta\,(F\gamma + Pd), \tag{65}$$

woraus folgt

$$F = \frac{E + \beta Pd}{1 - \beta\gamma}\,. \tag{66}$$

Es wird ferner angenommen, daß die Polarisierbarkeit γ sich aus ε-Messungen bei sehr tiefen oder sehr hohen Temperaturen ermitteln läßt, bei denen die Dipole entweder einfrieren oder verschwinden. Für γ gilt demnach:

$$\gamma = \frac{\varepsilon_0 - 1}{4\,\pi + \beta\,(\varepsilon_0 - 1)}\,. \tag{67}$$

Der für die numerische Auswertung benutzte Wert $\varepsilon_0 = 350$ ist nach Messungen von BLUNT und LOVE [234] viel zu hoch. Diese Autoren fanden bei Temperaturen von 2—30° K ε-Werte zwischen 95 und 140. Damit werden die Berechnungen der Theorie gegenstandslos, die sich auf den obengenannten ε_0-Wert aufbauen.

Nach Messungen von ROBERTS (vgl. S. 23) oberhalb der Curietemperatur läßt sich ε sehr gut durch eine CURIE-WEISSsche Gerade ohne additives Glied ε_0 darstellen, allerdings liegt die kritische Temperatur Θ der

9*

Curie-Weissschen Formel etwas niedriger als die normalerweise experimentell beobachtete Curietemperatur (106° statt 120°C). Jaynes führt diese Abweichung auf Wechselwirkungseffekte zwischen den Dipolen zurück in Analogie zu ferromagnetischen Effekten, die Becker und Döring als Schwarmbildung bezeichneten.

Der weitere Gedankengang der Theorie ist, den Dipolanteil der Polarisation zu berechnen. Mittels statistischer Betrachtungen wird die Zahl der in z-Richtung verschobenen Ti^{4+}-Ionen abgeschätzt, wenn ein Feld in dieser Richtung angelegt wird und damit die erzeugte Dipolarisation ermittelt.

$$P_z = (N_1 - N_2)\,\mu = \frac{N\mu\,\mathfrak{Sin}\,[(E_z + \beta P_z)/(1 - \beta\gamma)]\,\mu/kT}{2 + \mathfrak{Cof}\,[(E_z + \beta P_z)/(1 - \beta\gamma)]\,\mu/kT}\,. \tag{68}$$

Für $Ez = 0$ wird $Pd = Ps$ ($Ps =$ spontane Polarisation). Die Theorie liefert unter Verwendung einer Curiekonstanten von $4 \cdot 10^4$ für das Dipolmoment folgenden Zahlenwert:

$$\mu = 4{,}34 \cdot 10^{-18}\ \text{cgs}$$

in recht guter Übereinstimmung mit dem aus der röntgenographisch gemessenen Ti^{4+}-Verschiebung sich ergebenden Wert

$$\mu = 4{,}6 \cdot 10^{-18}\ \text{cgs}\,.$$

Wenn alle Dipole gleichzeitig ausgerichtet sind, ergibt sich eine Gesamtpolarisation je Kubikzentimeter
$N\mu = 1{,}56 \cdot 10^{22} \cdot 4{,}34 \cdot 10^{18} = 67{,}500$ elektrostatische Einheiten oder

$$22{,}5 \cdot 10^{-6}\ \text{Coulomb/cm}^2.$$

Gemessen wurden Werte von 12 [235] bzw. $16 \cdot 10^{-6}$ Coulomb/cm^2 [236] in guter Übereinstimmung mit dem aus der Elektrostriktionskonstanten und der Änderung der Gitterabmessungen errechenbaren Wert von $11{,}7 \cdot 10^{-6}$ Coulomb/cm^2, der nur 53% der Gesamtpolarisation entspricht. Diese Diskrepanz wird darauf zurückgeführt, daß entweder ε_0 oder β als zu groß angenommen wird. Wie bereits oben erwähnt wurde, trifft diese Annahme für ε_0 sicher zu. Was β betrifft, so erhalten Mason und Matthias den niedrigen Wert $0{,}124$.

Aus der empirischen Beziehung zwischen der Umwandlungswärme am Curiepunkt und der bei der Umwandlung verschwindenden spontanen Polarisation

$$1/2\ \beta\,P_s^2 = Q$$

ergibt sich $\beta = 0{,}044$. Die Curie-Weisssche Gerade gibt einen ähnlichen Wert, nämlich $\beta = 0{,}049$.

Hierdurch wird ein geringer Wert für β sehr wahrscheinlich gemacht, der jedoch sehr stark von dem für ein isotropes Medium sich ergebenden Wert von $4\pi/3$ abweicht.

Ein wesentlicher Einwand gegen die MASON-MATTHIASsche Theorie ist thermodynamischer Natur. Da am Curiepunkt sich die Zahl der möglichen Stellungen des Ti^{4+} versechsfacht, muß dieser Vorgang mit einer Entropiezunahme je Elementarzelle von $k \ln 6 = 1,79\,k$ verbunden sein ($k =$ BOLTZMANNsche Konstante). Der wahrscheinlichste experimentelle Wert, der sich aus der Anomalie der spezifischen Wärme am Curiepunkt ergibt, ist wesentlich niedriger und von der Größenordnung $0,02\,k$. Auch unter der Annahme, daß unterhalb der Curietemperatur stets zwei mögliche energiegleiche Stellungen des Ti^{4+} existieren, würde sich diese Diskrepanz nicht entscheidend verringern ($1,55\,k$).

Zwischen den verschiedenen Unzulänglichkeiten der MASON-MATTHIASschen Theorie besteht nach JAYNES eine natürliche innere Beziehung, die in der Gleichung

$$1/2\,P_s^2 = C\,\varDelta S$$

($C =$ Curiekonstante, $\varDelta S =$ Entropiezunahme am Curiepunkt beim Verschwinden der spontanen Polarisation P_s) ihren Ausdruck findet.

Von einer Theorie, die eine der Größen dieser Gleichung, z.B. die Entropieänderung, nicht richtig wiedergibt, kann nicht erwartet werden, daß sie für die anderen Größen befriedigende Werte liefert.

MASON hat später versucht, durch Einführung von zwei LORENTZ-Faktoren seine Theorie zu verbessern [237].

c) Theorie von DEVONSHIRE.

Der Grundgedanke DEVONSHIRES ist [205], das Verhalten des $BaTiO_3$ oberhalb und unterhalb der Curietemperatur aus ein und derselben Funktion der freien Energie des nicht eingespannten, frei dilatierbaren Kristalls abzuleiten. Praktisch läuft dies darauf hinaus, das CURIE-WEISSsche Gesetz auf das Gebiet unterhalb der Curietemperatur zu extrapolieren. In diesem Zusammenhang sei daran erinnert, daß BAUMGARTNER das ferroelektrische Verhalten von KH_2PO_4 oberhalb und unterhalb der Curietemperatur ebenfalls durch ein und dieselbe Funktion erklärt. (Vgl. S. 5.) Für die freie Energie je cm^3 eines undeformierten $BaTiO_3$-Kristalls als Funktion der Polarisationskomponenten P_x, P_y und P_z ($\chi =$ Suszeptibilität) verwendet DEVONSHIRE den phänomenologischen Ansatz:

$$\left.\begin{aligned}
A = {}&\frac{1}{2\,\chi}\,(P_x^2 + P_y^2 + P_z^2) + {}^1/_4\,\xi'_{11}\,(P_x^4 + P_y^4 + P_z^4) \\
&+ {}^1/_2\,\xi'_{12}\,(P_y^2 P_z^2 + P_z^2 P_x^2 + P_x^2 P_y^2) + {}^1/_6\,\zeta'\,(P_x^6 + P_y^6 + P_z^6)\ldots
\end{aligned}\right\} \quad (70)$$

An den experimentell beobachteten Änderungen von Wert und Richtung der Polarisationsvektoren werden folgende Zahlenwerte der Konstanten ξ'_{11}, ξ'_{12}, ζ' abgeschätzt.

$$\xi'_{11} = -\,4{,}4\cdot 10^{-12}\ cm^3\,erg^{-1}, \quad \xi'_{12} = 5{,}3\cdot 10^{-12}\ cm^3\,erg^{-1},$$

$$\zeta' = 3{,}7\cdot 10^{-21}\ cm^5\,erg^{-2}.$$

Der Temperaturgang von ε und Polarisation wird durch die Devonshiresche Theorie quantitativ nicht befriedigend wiedergegeben, dagegen werden die verschiedenen Umwandlungen bei 120°, etwa 10° und −70° zwanglos erklärt. Es kann gezeigt werden, daß das Vorzeichen von ξ'_{11} ein Kriterium dafür ist, welche Ordnung der Umwandlung zuzuschreiben ist, die für den freien, nicht deformierten Kristall bei 120°, für den elastisch deformierten Kristall jedoch 10° tiefer erfolgt. Im ersten Fall, mit $\xi'_{11} = -4{,}4 \cdot 10^{-12}$ cm³ erg⁻¹, ist die Umwandlung von 1. Ordnung, im zweiten Fall, mit $\xi'_{11} = 65{,}6 \cdot 10^{-12}$ cm³ erg⁻¹, von 2. Ordnung.

Dies folgt aus folgender Betrachtung: Infolge der tetragonalen Verzerrung kann man für die freie Energie einsetzen:

$$A = \frac{1}{2\chi}\,P^2 + {}^1\!/_4\,\xi'_{11}\,P^4 + {}^1\!/_6\,\zeta'\,P^6. \tag{71}$$

Für die Feldstärke o gilt:

$$E = \frac{\partial A}{\partial P} = 0. \tag{72}$$

Wenn die Koeffizienten ξ'_{11} und ζ' beide positiv sind, kann diese Bedingung für positive Werte von $\frac{1}{2\chi}$ nur erfüllt werden, wenn $P = 0$ ist. Für sinkende Temperaturen wird jedoch $\frac{1}{\chi}$ negativ (gemäß der Gleichung der Curie-Weissschen Gerade), so daß die Gleichung auch für endliche Werte von P erfüllt wird. Dies entspricht einer Umwandlung 2. Ordnung.

Heywang [238] hat die sich aus der Devonshireschen Theorie ergebende Beziehung graphisch erläutert. Der Zusammenhang der freien Energie F und Polarisation P_z sieht für $\xi'_{11} > 0$ und für $\xi'_{11} < 0$ sehr verschieden aus. Er ist für verschiedene Werte von $\chi' = \frac{1}{\chi}$ in Abb. 113 wiedergegeben, wobei χ' gemäß der Beziehung

$$\chi' = \frac{1}{\chi} = \frac{T - \Theta}{C} \tag{73}$$

ein Temperaturmaß darstellt. Bei der Curietemperatur wird $\chi' = 0$, unterhalb derselben negativ. Die Kurven der

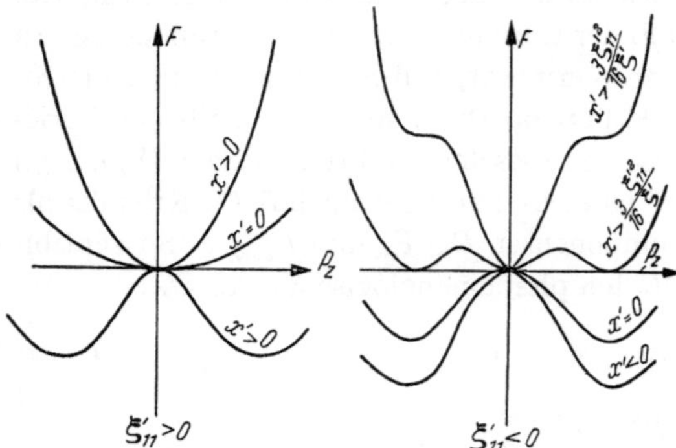

Abb. 113. Freie Energie (F) und Polarisation (P_z) im BaTiO₃-Kristall (aus [238]).

Abb. 113 stellen demnach Isothermen der freien Energie dar, die sich mit steigender Temperatur nach oben verschieben.

Die Umwandlungstemperatur kubisch–tetragonal ist für $\xi'_{11} > 0$ durch $\chi' = 0$, für $\xi'_{11} < 0$ durch $\chi' = 3/16\ \xi'^2_{11}/\zeta = 127{,}8°C$ bestimmt. Im letz-

teren Fall treten zwei Minima der freien Energie auf: der Übergang von
Pz (endlich) zu $Pz = 0$ ist diskontinuierlich. Die Umwandlung ist demnach 1. Ordnung, jedoch von sehr geringer Wärmetönung. Infolge
Schwankungserscheinungen ist die Koexistenz von kubischer und tetragonaler Form in der Nähe der Curietemperatur möglich.

Hingegen ist für $\xi'_{11} > 0$ der Übergang von $P_z = 0$ zu P_z (endlich)
kontinuierlich, was einer Umwandlung zweiter Ordnung entspricht. In
einer eingehenden Arbeit zu dieser Frage kommen Känzig und Maikoff [239] auf Grund röntgenographischer Untersuchungen und entsprechender potentialtheoretischer Überlegungen zum Schluß, daß es
sich um eine „adiabatische Umwandlung 1. Ordnung" handelt.

Heywang hat für beide Vorzeichen von ξ'_{11} die ideale Koerzitivkraft
berechnet, die das jeweils bestehende Gitter an einen Wendepunkt der
$F-Pz$-Kurve von Abb. 113 (aus [238]) bringt und somit einen Umklappvorgang durch Feldeinwirkung ermöglicht. Die sich für die ideale Koerzitivkraft ergebenden Verhältnisse sind in Abb. 114 (aus [238]) wiedergegeben, in der die Abszisse durch den temperaturabhängigen Parameter
$\dfrac{\chi'\zeta'}{(\xi'_{11})^2}$ gegeben ist. Der Abszissenpunkt 0 entspricht der Curietemperatur,
während die Abszissen 3/16, 3/4 und 9/20 dann 10, 13 bzw. 24° über der

mit 118°C angenommenen Curietemperatur liegen, wenn die Werte
Devonshires für ξ'_{11} und ζ' zugrunde
gelegt werden.

Normalerweise ist die Koerzitivkraft der vorliegenden Polarisation
entgegen gerichtet. Dies ist in dem
negativen Vorzeichen von Kz zum
Ausdruck gebracht. Aus Abb. 114 geht
hervor, daß für positives ξ'_{11} die Koerzitivkraft oberhalb der Umwandlungstemperatur verschwindet. Für negatives ξ'_{11} hingegen treten zwei Kurvenäste
auf, von denen der obere der kubischen,
der untere der tetragonalen Form
entspricht.

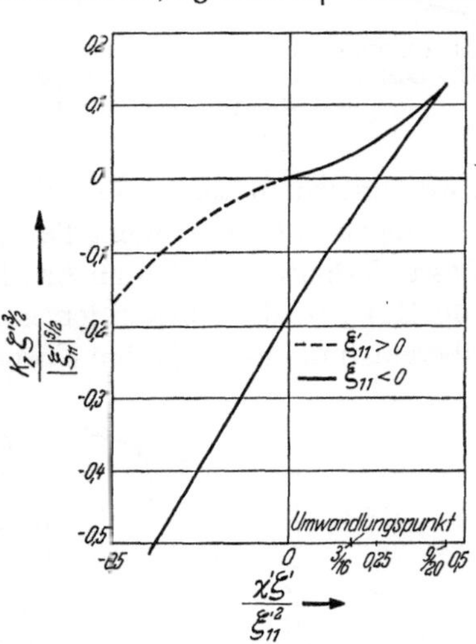

Abb. 114. Theoretische Koerzitivkraft für BaTiO₃ (aus [238]).

Ferner läßt Abb. 114 erkennen, daß
unter dem Einfluß eines äußeren Feldes
die tetragonale Form auch für höhere Temperaturen als 128° stabil sein
kann, im Einklang mit experimentellen Ergebnissen von Cross und Mitarbeitern [209].

Hingegen kann oberhalb von 142° durch ein äußeres Feld keine Umwandlung mehr erzwungen werden. Die für diese Temperatur gültige
Koerzitivfeldstärke berechnet Heywang zu 7 kV/cm.

Für einen Eindomänenkristall würde sich ferner theoretisch ein Feldstärkeeinfluß von $2{,}2 \frac{\text{grad} \cdot \text{cm}}{\text{kV}}$ ergeben in leidlicher Übereinstimmung mit dem experimentellen Wert von $1 \cdot \frac{\text{grad} \cdot \text{cm}}{\text{kV}}$, der jedoch an einem Vieldomänenkristall ermittelt wurde [226], [240].

HEYWANG wies ferner außerdem darauf hin, daß sich die theoretisch errechenbare Hystereseschleife mit steigender Temperatur in der Mitte zusammenzieht, ein Verhalten, das auch schon experimentell gefunden wurde, jedoch schon einige Grade unterhalb der Umwandlungstemperatur [142] (Abb. 115 aus [238] u. 116 aus [142]). Dies zeigt, daß der Polarisationssprung infolge der geringen Höhe der Potentialschwelle schon etwas unterhalb der idealen Koerzitivkraft erfolgt.

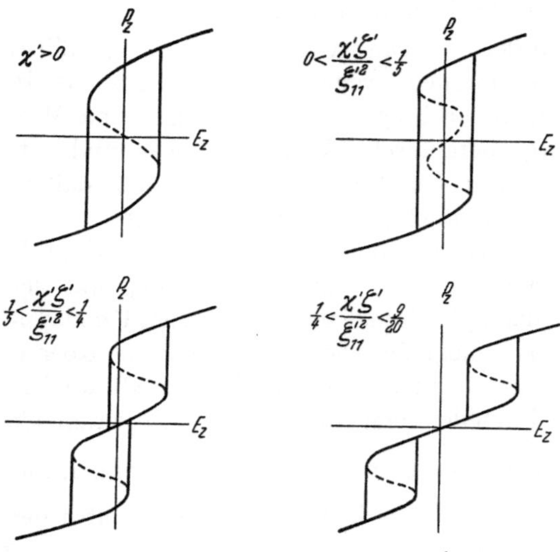

Abb. 115. Theoretische Hystereseschleifen für BaTiO$_3$-Einkristalle bei verschiedenen Temperaturen (als Temperaturmaß gelten die oben erläuterten Parameter) (aus [238]).

Eingehende experimentelle und theoretische Untersuchungen über dieses Verhalten wurden im Anschluß an seine früheren Untersuchungen von MERZ in der oben zitierten Arbeit [226] angestellt und dabei gute Übereinstimmung zwischen Theorie und Experiment gefunden.

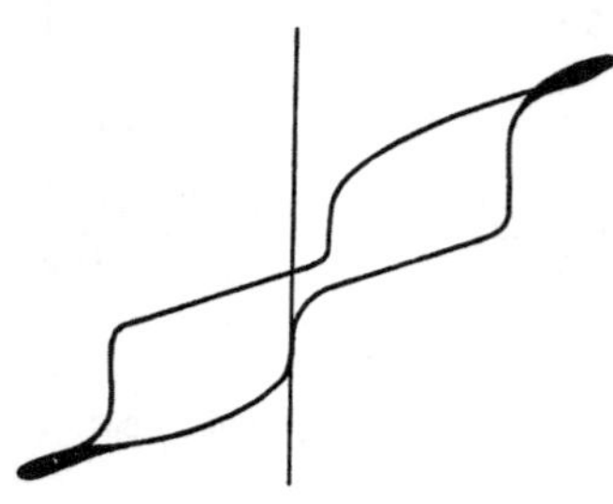

Abb. 116. Hysterese bei BaTiO$_3$-Einkristallen einige Grad unterhalb der Umwandlungstemperatur (aus [142]).

Zusammenfassend kann also gesagt werden, daß sich die Theorie von DEVONSHIRE in ihrer Anwendung auf experimentelle Tatsachen als sehr fruchtbar erwiesen hat. DEVONSHIRE [242] hat sie später noch wesentlich ergänzt durch Berechnung der piezoelektrischen Konstanten und der ε-Werte der elastisch deformierten Kristalle aller existierenden Phasen des BaTiO$_3$ sowie ihrer elastischen Konstanten unter konstanter Feldstärke, jedoch nicht konstanter Polarisation. Ferner hat er eine kritische Betrachtung der möglichen Verfahren der Mittelwertsbildung zur Berechnung der physikalischen Konstanten der Keramik aus den an Einkristallen ermittelten Werten gegeben.

d) Sauerstoffverschiebungstheorie von JAYNES.

Auf Grund der Strukturbestimmung von MEGAW an $BaTiO_3$ entwickelte JAYNES [206] die Vorstellung, daß die ferroelektrische Polarisation und ihre Vorzugsrichtungen in den verschiedenen Modifikationen unterhalb der Curietemperatur sich leicht durch O-Verschiebungen innerhalb des Gitters erklären lassen. In der tetragonalen Phase befinden sich die O-Atome in dichter Packung zwischen $4 Ba^{2+}$-Ionen und haben nur Bewegungsfreiheit senkrecht zu dieser Ebene, wobei nach DEVONSHIRE bereits schwache Kräfte eine Verschiebung aus dieser Ebene heraus bewirken können. Hierdurch können die Ba^{2+}-Ionen enger zusammenrücken und es erfolgt eine Kontraktion senkrecht zur Richtung des Polarisationsvektors, die sich quantitativ gut mit experimentellen Beobachtungen deckt. Wie bereits in der allgemeinen Einführung zum Abschn. Theorie erwähnt wurde, sind die röntgenographisch direkt nachgewiesenen Verschiebungen des Sauerstoffs größer als für Titan.

e) Theorie von SLATER.

DEVONSHIRE führte im modellmäßigen Teil seiner Arbeit das ferroelektrische Verhalten von Kristallen im wesentlichen auf Polarisationseffekte durch Ionenverschiebung und mechanische Deformationseffekte zurück und ließ die gegenseitige elektrische Beeinflussung der Ionen, wie sie durch die spezielle Anordnung im Perowskitgitter bedingt ist, außer Betracht. Er rechnete also mit einem LORENTZ-Faktor $4\pi/3$. Im Gegensatz hierzu hat SLATER [224] die Polarisierbarkeit aller Ionen des $BaTiO_3$-Gitters berücksichtigt. Er zeigte, in starker Annäherung an VAN SANTEN und JONKER [220], daß die Elektronenpolarisation dieser Ionen einen wesentlichen Beitrag zur Gesamtpolarisation liefert. Für die restliche Ionenverschiebungspolarisation übernimmt er jedoch den Mechanismus nach MEGAW bzw. MASON und MATTHIAS, die Verschiebbarkeit des Ti^{4+}-Ions im O_6-Oktaeder, läßt jedoch, im Gegensatz zu DEVONSHIRE, die der anderen Ionen ganz außer Betracht.

SLATER kommt zu dem bedeutsamen Ergebnis, daß die Polarisation der anderen Ionen die Wirkung der Verschiebungspolarisation des Ti^{4+}-Ions wesentlich verstärkt. Zahlenmäßig wirkt sich dies so aus, daß diese 6mal kleiner sein kann, als früher angenommen wurde, ohne das Auftreten ferroelektrischer Eigenschaften in Frage zu stellen. Entscheidend hierfür ist die elektrische Wechselwirkung der Ti^{4+}-Ionen mit derjenigen Sorte von O-Atomen, die mit ihnen in einer Geraden liegen. SLATER unterscheidet demnach zwei Arten von Sauerstoffatomen O_a und O_b, von denen die ersteren außerordentlich stark, die letzteren fast nicht zum ferroelektrischen Verhalten beitragen[1]. Eine genauere zahlenmäßige Durchrechnung ergibt folgende Anteile an der Gesamtpolarisation:

Ionenverschiebung des Ti^{4+}	31%	Elektronenpolarisation des O_a-Atoms	59%
Elektronenpolarisation des Ti^{4+}	6%	Elektronenpolarisation des O_b-Atoms	6%

---

[1] Vgl. KAY, WELLARD und VOUSDEN [203].

Die Diskrepanz gegen 100% erklärt sich dadurch, daß die Elektronenpolarisation des Ba entgegengesetzt gerichtet ist und demnach die Gesamtpolarisation um 2% verringert.

Vor kurzer Zeit hat HAGEDORN [245] auf Grund der Wechselwirkung von O und Ti ein statisches Modell des $BaTiO_3$ entwickelt.

f) LORENTZ-Faktor und $4\pi/3$-Katastrophe.

Entsprechend dem Titel der SLATERschen Arbeit nehmen die Betrachtungen über den wirksamen LORENTZ-Faktor darin einen breiten Raum ein. Durch die starke Wechselwirkung zwischen demjenigen Drittel der O-Atome, das in starker Kopplung mit den Ti^{4+}-Ionen steht, errechnet sich ein LORENTZ-Faktor in Richtung der Ti—O-Gittergeraden, der 16,4mal größer ist als der Wert $4\pi/3$, der sich durch das klassische LORENTZsche Modell einer kubischen Anordnung von Dipolen ergeben würde. Nach MOSOTTI [246] kann man das lokale Feld in einem Dielektrikum berechnen, wenn man sich ein Molekül, Atom oder Ion desselben als Mittelpunkt eines sphärischen Hohlraums vorstellt, der groß genug ist, um das umgebende Dielektrikum als ein durch das äußere Feld E polarisiertes Kontinuum zu betrachten. Das örtliche Feld an dieser Stelle ist dann:

$$F = E + 4\pi/3\,P. \tag{74}$$

Der zweite Term, das LORENTZ-Feld, $4\pi/3P$, wird durch die im Dielektrikum erzeugte Polarisation P hervorgerufen, wenn dessen Dipole sämtlich parallel ausgerichtet sind. Durch thermische Bewegung oder gegenseitige Beeinflussung benachbarter Dipole wird das örtliche Feld verringert.

ONSAGER [247] hat diese Einflüsse berechnet, wobei er ebenfalls das Hohlraummodell benutzt, jedoch annimmt, daß der betrachtete Dipol unter zwei Feldeinflüssen steht: dem des stationären äußeren Feldes und dem einer rotationsfähigen Feldkomponenten, der die thermischen und Wechselwirkungseffekte der Dipole formal zum Ausdruck bringt.

Das örtliche Feld ist nach ONSAGER

$$F = E + \frac{4\pi}{2\varepsilon + 1}\,P. \tag{75}$$

Der LORENTZ-Faktor ist in diesem Falle also abhängig von ε und für $\varepsilon > 1$ stets kleiner als $4\pi/3$. Daß dieser korrigierte LORENTZ-Faktor im Falle frei drehbarer Dipole wichtig ist, um den physikalischen Tatsachen gerecht zu werden, haben VAN VLECK, VON HIPPEL und andere Autoren betont [248, 249]. Dies geht auch aus folgender Überlegung hervor: Unter dem Einfluß des örtlichen Feldes F nimmt ein Atom mit der Polarisierbarkeit α ein elektrisches Moment $p = \alpha \cdot F$ an. Die Polarisation P als das elektrische Moment der Volumeneinheit mit n-Atomen ergibt sich dann zu $P = n\alpha F$. Unter Benutzung der LORENTZschen Formel ist die Polarisation

$$P = n_\alpha \left(E + \frac{4\pi}{3} P \right) \tag{76}$$

und die elektrische Suszeptibilität:

$$\chi = \frac{P}{E} = \frac{n_\alpha}{1 - 4\pi/3\, n_\alpha} \cdot \tag{77}$$

χ, und damit $\varepsilon = 1 + 4\pi\chi$, müssen demnach für alle Stoffe unendlich werden, sobald $4\pi n_\alpha/3 \geqq 1$. VAN VLECK hat dies die $4\pi/3$-Katastrophe genannt, die durch VON HIPPEL in folgender Weise anschaulich gemacht wurde:

Das örtliche Feld erhöht die Polarisation des Dielektrikums, diese andererseits wieder das örtliche Feld, so daß beim Fehlen einer bremsenden Gegenwirkung ein Aufschaukeln zu völliger spontaner Polarisation stattfindet. Praktisch würde dies bedeuten, daß eine Dipolverbindung wie Wasser bis zu verhältnismäßig hohen Temperaturen ein festes Ferroelektrikum darstellt oder zumindest völlig andere physikalische Eigenschaften hätte, als wir sie normalerweise an Wasser beobachten. VON HIPPEL vergleicht dieses Geschehen humorvoll mit der Münchhausengeschichte, in der sich ein Soldat an seinen eigenen Schnürsenkeln in die Luft zieht.

Die Erklärung, daß die $4\pi/3$-Katastrophe normalerweise nicht eintritt, liegt darin, daß erstens die freie Drehbarkeit der Dipole in kondensierten Phasen begrenzt ist durch Wechselwirkungseffekte mit benachbarten Dipolen, und zweitens die Polarisation nicht unbegrenzt mit dem örtlichen Feld ansteigt.

Demgegenüber bemerkt HEYWANG, daß für das Entstehen dieser Katastrophe unter Verwendung des Wertes $\beta = 4\pi/3$ eine Polarisierbarkeit der einzelnen Ionen gefordert werden müßte, die oberhalb der von gleich großen Kugeln und frei beweglichen Elektronen liegt [252]. Hieraus folgt, daß für das ferroelektrische Verhalten, eine besonders geeignete Ionenanordnung erforderlich ist, die eine Erhöhung des LORENTZ-Faktors bedingt. Eine solche ist für die Geraden Ti—O-Ketten im PEROWSKITgitter gegeben.

Diese Betrachtungen zeigen die große Bedeutung des LORENTZ-Faktors für das Auftreten spontaner Polarisation und ferroelektrischer Effekte, die durch eine mehr oder weniger drastische $4\pi/3$-Katastrophe verursacht sind.

Auf Grund der Tatsache, daß die Bedingungen für eine $4\pi/3$-Katastrophe verhältnismäßig leicht realisierbar sind, haben sowohl SLATER als auch ANDERSON [250] darauf hingewiesen, daß Ferroelektrizität ein leicht erklärbares Phänomen ist und man sich eher wundern sollte, warum nicht mehr ferroelektrische Stoffe existieren. In der Tat sind in den letzten

Jahren ja viele neue Ferroelektrika entdeckt worden. Im Zusammenhang damit erscheint der folgende Abschnitt über die strukturchemischen Kennzeichen ferroelektrischer Kristalle nunmehr sehr am Platze.

g) Strukturchemische Vorstellungen.

Nachdem schon MATTHIAS [251] das ferroelektrische Verhalten verschiedener Alkaliniobate und -tantalate erkannt und auf mögliche weitere ferroelektrische Stoffe hingewiesen hat, haben SMOLENSKI und KOSHEWNIKOWA [230] qualitative Ansichten über die strukturchemischen Bedingungen der Ferroelektrizität entwickelt. Sie gehen dabei ausschließlich von Strukturüberlegungen aus, die auch dem MASONschen Modell zugrunde gelegt sind. Kristalle, deren Sauerstoffoktaeder ganz oder teilweise Kationen enthalten, die Atomen mit nicht abgeschlossenen Schalen der langen bzw. Übergangsperiode entsprechen, werden durch exzentrische Verschiebung des Zentralkations ferroelektrisch. Je größer die Ladung und je kleiner der Radius des letzteren ist, um so größer ist bei sonst angenähert gleichen Verhältnissen das Dipolmoment der Elementarzelle. Die gegenseitige Lage der Sauerstoffoktaeder bestimmt die Größe des inneren Feldes im Ferroelektrikum. Der Koeffizient desselben (LORENTZ-Faktor) ist nach TESSMAN [200] um so kleiner, je größer die für benachbarte Oktaeder gemeinsamen geometrischen Elemente sind, d.h. ob es sich dabei um gemeinsame Punkte, Kanten oder Flächen handelt. Der LORENTZ-Faktor ist am größten, wenn nur eine Ecke gemeinsam ist (kubisches $BaTiO_3$), verringert sich aber bei gemeinsamen Kanten und noch mehr bei gemeinsamen Flächen.

Diese Betrachtung deckt sich mit der Auffassung von SLATER, daß den Geraden $Ti-O$-Ketten für das ferroelektrische Verhalten eine besondere Bedeutung zukommt.

Nach SMOLENSKI und KOSHEWNIKOWA kommen alle in dem eingerahmten Feld der Tab. 29 enthaltenen Atome als Zentralion für die Sauerstoffoktaeder ferroelektrischer Kristalle in Frage. Realisiert sind letztere schon für die nicht eingeklammerten Elemente dieses Feldes.

Es ist erkennbar, daß die Ionen V^{5+}, Re^{7+}, Cr^{6+}, Mo^{6+}, Mn^{7+}, Tc^{7+} kleine Radien und große Ladungen besitzen. Man könnte daher den Schluß ziehen, daß bei ihrem Auftreten als Zentralion die entsprechenden Kristalle stets ferroelektrisch sind. Unberücksichtigt bleibt dabei jedoch die Tatsache, daß eine Änderung des Bindungscharakters beim Übergang zu Ionen von kleinem Radius wahrscheinlich ist. In Tab. 30 haben die Verfasser Verbindungen zusammengestellt, in denen nach den vorausgegangenen Betrachtungen das Auftreten ferroelektrischer Eigenschaften zu erwarten ist; soweit bekannt, sind die gemessenen Curietemperaturen eingetragen.

In diesem Zusammenhang sei auf die ausführliche Berechnung der Strukturkoeffizienten des inneren Feldes für Perowskitgitter durch SKANAVI [253] hingewiesen.

Ausgehend von der Tatsache, daß für Stoffe mit hohem ε das Feld im Innern des MOSOTTI-Hohlraums nicht gleich o gesetzt werden kann, bemüht sich SKANAVI, den tatsächlichen Beitrag der einzelnen Ionen zum inneren Feld zu ermitteln. Für jedes der Ionen existiert ein zum LORENTZ-Feld zusätzliches inneres Feld.

Tabelle 29.

Periode	I	II	III	IV	V	VI	VII
				Valenz			
	$+1$	$+2$	$+3$	$+4$	$+5$	$+6$	$+7$
1	(H)						
2	Li 0,78	Be 0,20					
3	Na 0,98	Mg 0,76	Al 0,57	Si 0,39			
4	K 1,33	Ca 1,06	(Sc) 0,83	Ti 0,64	V 0,4	(Cr) 0,3 + 0,4	(Mn) 0,46
5	Rb 1,49	Sr 1,27	(Y) 1,06	Zr 0,77	Nb 0,69	(Mo) 0,62	(Tc) 0,56
6	Cs 1,65	Ba 1,43	(La) 1,22	(Hf) 0,84	Ta 0,68	W 0,62	(Re)
7	Fr	Ra 1,52	(Ac)	(Th) 1,20	(Pa)	(U)	

Die Zahl der hierfür erforderlichen Strukturkoeffizienten für ein Gitter mit m-Ionen verschiedener geometrischer Lage ist m^2. Für Perowskitgitter gilt $m = 4$, da darin zwei Arten von O-Atomen mit nicht identischen Lagen vorkommen. SKANAVI hat für die Perowskitgitter nach der Formel ABO_3, in denen $A = Be$, Ca, Sr, Ba und $B = Ti$, Zr ist, die Strukturkoeffizienten angegeben. Mit dem Strukturfaktor o geht seine ε-Formel in die CLAUSIUS-MOSOTTIsche Formel über. Ähnliche Betrachtungen finden sich bei JAYNES [254].

Einen wichtigen Schritt zur quantitativen Behandlung der Wechselwirkung zwischen den O_6-Oktaedern des $BaTiO_3$ haben JAYNES und WIGNER [255] getan. Die Grundlage ihrer Betrachtung besteht darin, $BaTiO_3$ nicht streng als Ionenkristall zu betrachten, sondern den O_6-Oktaedern ebenfalls eine gewisse Sonderstellung als Gitterelement einzuräumen. Ihre Theorie gibt den Gang von ε bei hohen Temperaturen, die Polarisation bei tiefen Temperaturen und die Entropieänderung beim Übergang in den polarisierten Zustand quantitativ gut wieder. Eine ausführliche Darstellung ihrer Rechnungen überschreitet den Rahmen dieses Buches.

Tab. 30 mit Verbindungen, in denen nach SMOLENSKI und KOSHEWNIKOWA ferroelektrisches Verhalten zu erwarten ist, enthält außer den Curietemperaturen auch Angaben über Strukturtyp und Gitterkonstanten.

Tabelle 30. *Verbindungen, in denen ferroelektrisches Verhalten zu erwarten ist.*

Verbindung	Strukturtyp	Gitterkonstante A für 20 bzw. 25° C in Å	Curie-temperatur
$SrTiO_3$	Perowskit (kubisches Gitter)	$a = 3{,}397$	10
$BaTiO_3$	Perowskit (tetragonales Gitter)	$a = 3{,}9860$ $b = 4{,}0259$	393
$CdTiO_3$	Perowskitgitter mit monokliner Verschiebung der Achsen)	$a = c = 3{,}784$ $b = 3{,}800$ $\beta = 9{,}110$	~ 50
$HgTiO_3$	wird als Perowskitstruktur angenommen		
$PbTiO_3$	Perowskit (tetragonales Gitter) C/A 1,0635	$a = 3{,}896$ $c = 4{,}144$	~ 780
$PbZrO_3$	Perowskit (tetragonales Gitter) C/A 0,988	$c = 4{,}150$ $c = 4{,}100$	510
$NaTaO_3$	Perowskit, leicht deformiertes kubisch. Gitter	$a = 3{,}88$	748
$KTaO_3$	Perowskit (kubisches Gitter)	$a = 3{,}99$	548
$RbTaO_3$	Perowskit (tetragonales Gitter)	$a = 3{,}92$ $c = 4{,}51$	520
$CuTaO_3$ $AgTaO_3$ $AuTaO_3$	wird als Perowskitstruktur angenommen		
$NaNbO_3$	Perowskit (leichtdeformiertes kubisch. Gitter)	$a = 3{,}90$	698
$KNbO_3$	Perowskit (kubisches Gitter)	$a = 4{,}015$	598
$RbNbO_3$ $CuNbO_3$ $AgNbO_3$ $AuNbO_3$	wird als Perowskitstruktur angenommen		
CrO_3	ReO_3, deformiertes Gitter $a : b : c = 1{,}774 : 1 : 1{,}196$	$a = 8{,}46$ $b = 4{,}77$ $c = 5{,}70$	
WO_3	ReO_3, leicht deformiertes Gitter $a : b : c = 0{,}978 : 1 : 0{,}510$	$a = 7{,}28$ $b = 7{,}48$ $c = 3{,}82$	685
MoO_3	Anatas-Struktur, bei der längs der vierzähligen Achse der kubisch dichtesten Packung jede dritte Oktaederschicht unbesetzt ist. MoO_3 besitzt daher Schichtstruktur	$a = 3{,}90$ $b = 13{,}94$ $c = 3{,}66$	800
$FeTa_2O_6$	Rutil		
$FeNbO_6$	Rutil[1]		
$LiTiO_3$	Ilmenit		
$LiNbO_3$	Ilmenit		
$LiTiO_3$	NaCl	$a = 4{,}10$	

---

[1] Es ist auch die Bildung analoger Strukturen beim Ersatz des Fe_2^+-Ions durch andere 2wertige Ionen des gleichen Durchmessers möglich (Mg^{2+}, Co^{2+}, Ni^{2+} u.a.).

h) Antiferroelektrizität.

Dem Phänomen der Antiferroelektrizität sind wir bereits im Abschn. Zirkonate begegnet. Seine theoretische Begründung erfolgte früher als die Entdeckung ferroelektrischer Stoffe. Schon 1940 haben SAUER und TEMPERLEY [256], vgl. auch [257], berechnet, daß für kubische Kristalle die antiparallele Anordnung benachbarter Dipolketten einem Minimum der potentiellen Energie entspricht.

KITTEL [258] hat die örtlichen Felder Fa und Fb der sich durchdringenden Teilgitter des Antiferroelektrikums unter Verwendung zweier stets positiver LORENTZ-Faktoren β_1 und β_2 dargestellt.

$$\left.\begin{aligned} Fa &= E + \beta_1 Pa - \beta_2 Pb \\ Fb &= E + \beta_1 Pb - \beta_2 Pa \end{aligned}\right\} \tag{78}$$

In Analogie zum ferroelektrischen Fall kann man für die Polarisation der Teilgitter unter Berücksichtigung der Beziehungen $Fa = Pa/\varepsilon n\alpha$ und $Fb = Pb/\varepsilon n\alpha$ ($\alpha =$ Atompolarisation) schreiben:

$$\left.\begin{aligned} Pa &= n\alpha(E + \beta_1 Pa - \beta_2 Pb) \\ Pb &= n\alpha(E + \beta_1 Pb - \beta_2 Pa) \end{aligned}\right\} \tag{79}$$

Die gesamte Polarisation als Summe der Teilpolarisationen ergibt sich zu:

$$Pa + Pb = [(Pa + Pb)(\beta_1 - \beta_2) + 2E]\, n\alpha \tag{80}$$

$$\chi = \frac{Pa + Pb}{E} = \frac{2}{\dfrac{1}{n\alpha} - (\beta_1 - \beta_2)}. \tag{81}$$

Da χ für $n\alpha = \dfrac{1}{\beta_1 - \beta_2}$ unendlich wird, tritt eine antiferroelektrische MOSOTTI-Katastrophe auf.

Auf Grund seiner theoretischen Überlegungen hat KITTEL einige Vorhersagen über die Eigenschaften, die ein Antiferroelektrikum auszeichnen, gemacht. Die zu erwartende Anomalie der spezifischen Wärme am antiferroelektrischen Curiepunkt ist von der gleichen Größenordnung wie im Ferroelektrikum. Die dort auftretende Umwandlung ist von einer Diskontinuität von ε begleitet, falls sie 1. Ordnung ist, doch wird sie, unabhängig von der Ordnung der Umwandlung, relativ klein bleiben.

COHEN [259] hat an $BaTiO_3$ die für das Auftreten antiparalleler Dipolausrichtung erforderliche Ionenpolarisation für Ti- und die mit ihm in Wechselwirkung stehenden O_a-Atome gemäß der SLATERschen Vorstellung berechnet und mit der ferroelektrischen Anwendung verglichen. Dabei kommt er zu der überraschenden Feststellung, daß in diesem Kristall die antiferroelektrische Ordnung gegenüber der ferroelektrischen energetisch begünstigt sein sollte, was nicht mit der Beobachtung übereinstimmt.

11. Anwendungen.

a) Ferroelektrika als dielektrische Werkstoffe.

Die naheliegendste und früheste Anwendung $BaTiO_3$-haltiger Keramiken ist die als Kondensatorwerkstoff. Derartige Kondensatoren wurden in USA bereits während des zweiten Weltkrieges hergestellt und hatten nach einigen, schon 1944 nach Deutschland gelangten Mustern folgende Eigenschaften:

$$\varepsilon \approx 1000 \qquad \mathrm{tg}\,\delta = 200 \cdot 10^{-4}.$$

Der Temperaturbeiwert der Kapazität bei Zimmertemperatur war negativ, jedoch nach höheren Temperaturen stark positiv werdend. Inzwischen ist durch Veröffentlichungen und Firmenanzeigen reichliches Material über diese Kondensatoren bekanntgeworden.

Nach dem Kriege hat man, angeregt durch die amerikanischen Veröffentlichungen, auch in Europa angefangen, ferroelektrische Werkstoffe für Kondensatoren zu entwickeln und zu fertigen. Eine historische Beschreibung der Entwicklung dieser Technik liegt nicht im Rahmen dieser Darstellung. Ich will mich daher darauf beschränken, über den jetzigen Stand dieses Gebietes zu berichten:

Die Pionierarbeit der Tamco auf dem Gebiet ferroelektrischer Stoffe hat dazu geführt, daß diese Firma als Lieferant des Ausgangsmaterials für die Hersteller von Kondensatoren auftritt. Hierauf wurde bereits bei der Behandlung der technischen Prüfvorschriften für diese Ausgangsstoffe hingewiesen.

Bei der Herstellung keramischer Kondensatoren spielt außer ε und $\mathrm{tg}\,\delta$ noch der Temperaturbeiwert (Tb) eine wichtige Rolle. Extrem hohe ε-Werte, wie sie in der Curiespitze vorliegen, können daher nur durch Verzicht auf kleinen Tb erkauft werden. In vielen Fällen stellen die auf dem Markt befindlichen Werkstoffe bzw. Kondensatoren Kompromisse zwischen ε, $\mathrm{tg}\,\delta$ und Tb dar.

Nachfolgend sind Angaben über die durch Anzeigen und Druckschriften bekanntgewordenen Hersteller im In- und Ausland sowie über die lieferbaren Höchst- und Bestwerte ohne Bezugnahme auf bestimmte Hersteller gemacht. Da durch die große Aktivität auf diesem Gebiete die Dinge ständig im Fluß sind und sich manche Gütewerte infolge der verschiedenen Prüfbedingungen nicht vergleichen lassen und dadurch stark überschneiden, muß bezüglich spezieller Angaben auf die Vertriebsangaben der genannten Hersteller verwiesen werden, über die Tab. 31 einige Angaben enthält.

Hersteller in Deutschland:

Siemens (Karlsruhe).
Stemag (Berlin).
Hescho (Hermsdorf/Thür.).
Rosenthal.
Stettner.

Hersteller in Holland:
Philips (Eindhoven).

Hersteller in England:
Bullers Ltd. (Stoke-on-Trent, Staffs.).
Doulton and Co. Ltd. (London, S. E. 1).
Plessey Company, (Towcester, Warwickshire).
Steatite and Porcelain Products Ltd. (Stourport-on-Severn, Worcs.).
Taylor, Tunnicliff and Co. Ltd. (London, W. C. 1).
United Insulator Company Ltd., (London, W. C. 1).

Hersteller in USA:
Allen Bradley Company (Milwaukee, Wis.).
Brush Development Company (Cleveland, Ohio).
Cornell-Dubilier Corp. (New Bedford, Mass.).
Erie Resistor Corp. (Erie, Pa.).
General Ceramics and Steatite Corp. (Keasby, N. J.).
Glenco Corporation (Metuchen, N. J.).
Centralab (Milwaukee, Wis.).
Jeffries Electronics, Inc. (Du Bois, Pa.).
Shakespeare Ceramics (Newton Lower Falls, Mass.).
Sprague Electric Company (N. Adams, Mass.).
D. M. Steward Manufacturing Co. (Chattanooga, Tenn.).
Stupakoff Ceramic and Manufacturing Co. (Latrobe, Pa.).

Tabelle 31. *Eigenschaften technisch herstellbarer Kondensatoren mit hohem ε.*

Lieferbare Kapazitätswerte bis zu 0,02 μF:

ε: 1000—6000, je nach Temperaturbeiwert und Verlustwinkel. Auch höhere Werte möglich, allerdings nur mit größerem Temperaturbeiwert.

Temperaturbeiwert:

—6000 bis + 700 · 10^{-6} je Grad je nach Kapazitätsbeiwert und Zusammensetzung.
tgδ: 30 bis 150 · 10^{-4} je nach ε-Wert und Frequenz.

Spannungsfestigkeit:

Betriebsgleichspannung: 250—500 Volt.
Betriebswechselspannung: 250—500 Volt.

Isolationswiderstand für Gleichspannung:

größer als 7500 MΩ gemessen mit 100 Volt.
Nach Feuchtraumprüfungen Abfall bis 1000 MΩ möglich.

Die Anwendung von Titanatkondensatoren liegt nicht nur auf dem Gebiet der Miniaturisation auf Grund des hohen ε, sondern auch auf dem der Temperaturkompensation, wo die zum Teil großen Temperaturbeiwerte technisch ausgenutzt werden. T.C.-Hi-caps von Centralab Milwaukee können· mit Tb-Werten von +100 bis −5600 (10^{-6}) geliefert werden und eröffnen damit breite Möglichkeiten für temperaturkompensierte Schaltungen, vor allem für FM- und Fernsehschwingkreise.

Keramische Röhrchen- und Plattenkondensatoren haben aus Stabilitätsgründen immer noch Wanddicken von 0,2–1 mm, so daß die Herstellung hoher Kapazitätswerte aus geometrischen Gründen begrenzt ist. Die von HOWATT im US-Patent 2486410 beschriebenen dünnen Filme von Titanatkeramik haben für Kondensatoren technische Bedeutung erlangt und sind im Handel zu haben (Narrow Loop Dielectrics, NLD 4, NLD 5 und NLD 8 der Gulton Mfg-Corporation, Metuchen, New Jersey).

Induktionsarme Durchführungskondensatoren können mit Keramik bis zu 3000 pF hergestellt werden, wobei allerdings mit steigender Kapazität die Verluste bis auf das 20fache ansteigen (maximal 2%).

Besonderes Interesse verdient eine Kondensatorkeramik der Erie-Resistor Corporation mit dem Handelsnamen „K-Lok". In dieser ist die im Abschnitt Einkristalle erwähnte kubische Form von $BaTiO_3$ durch geringe Zusätze stabilisiert. Da eine Phasenumwandlung beim Abkühlen und Erwärmen dieser bei Zimmertemperaturen kubischen Keramik nicht auftritt, fällt die für das Curiegebiet charakteristische Spitze für ε bzw. Anomalie für tg δ weg. ε ist etwa so groß wie im normalen $BaTiO_3$, ändert sich jedoch im Temperaturgebiet — 55 bis + 105° um weniger als ± 5%. Zwischen 105 und 125° (dem virtuellen Curiepunkt) fällt es um etwa 5%. Erst oberhalb 125° kommt ein dem normalen $BaTiO_3$ ähnliches Verhalten durch einen starken Abfall nach dem CURIE-WEIS-schen Gesetz zum Ausdruck.

Durch den Wegfall einer Phasenumwandlung beim Abkühlen des Sinterprodukts sind die damit verbundenen inneren Spannungen wesentlich geringer. Da diese Spannungen teilweise für die Instabilität der Keramik verantwortlich sind, ist der Einfluß der zeitlichen Alterung in der stabilisierten „K-Lok"-Keramik wesentlich geringer ($\approx$ 1/3). Auch die Spannungsabhängigkeit ist kleiner ($\approx$1/5—1/6) [260].

b) Dielektrische Verstärker.

Die hohe Spannungsabhängigkeit von ε, wie sie in ferroelektrischen Werkstoffen beobachtet wird, kann zum Bau nichtlinearer Kondensatoren benutzt werden. Diese eröffnen wenigstens im Prinzip die gleichen Möglichkeiten wie nichtlineare Widerstände und Induktivitäten, z. B. Frequenzvervielfachung und Modulation, sowie dielektrische Verstärkung. In zwei US-Patenten (2191315, 2470893) ist bereits vor einigen Jahren der Gedanke, mittels nichtlinearer Kondensatoren elektrische Signale zu verstärken oder zu modulieren, ausgesprochen worden. Dielektrische Verstärker auf der Grundlage von

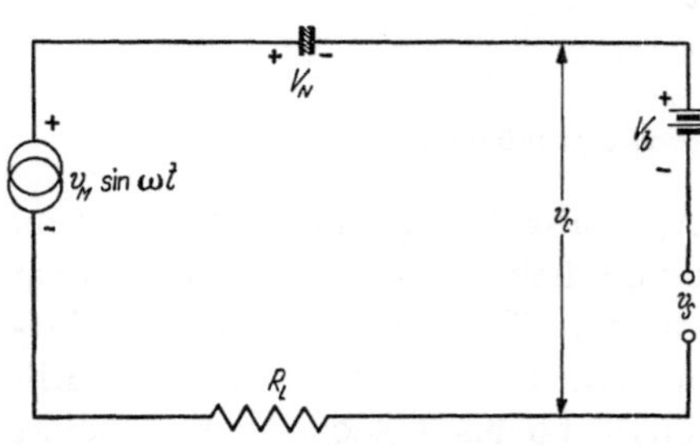

Abb. 117. v_s zu verstärkende Eingangsspannung (Niederfrequenz); — V_b Vorspannung; — $v_c + V_b$ = Momentanwert der Steuerspannung; — V_N Spannung am nichtlinearen Kondensator; — v_M sin $\omega \tau$ Trägerfrequenzspannung; — R_L Belastungswiderstand (aus [261]).

Ba/Sr-Titanatkeramik sind von PENNEY, HORSCH und SACK [261] ausführlich theoretisch und experimentell behandelt worden. Das Ersatzschaltbild eines solchen Verstärkers ist in Abb. 117 (aus [261]) wiedergegeben.

Die Wirkungsweise des dielektrischen Verstärkers ist in den Abb. 118a u. b (aus [262]) anschaulich gemacht. Abb. 118a zeigt einen Resonanzkreis mit zwei spannungsabhängigen Kondensatoren, dem die zu verstärkende Tonfrequenz von links zugeführt wird. Diese moduliert die Trägerfrequenz des Resonanzkreises und wird am Ausgang des Verstärkers (rechts) nach Demodulation mit verstärkter Amplitude wieder erhalten. Aus Abb. 118b geht hervor, daß der Arbeitspunkt des Verstärkers auf der rechten Flanke der Resonanzkurve liegt. Die niederfrequenten Schwankungen der Spannungsamplitude werden infolge der Nichtlinearität der Kondensatoren C_1 und C_2 in Kapazitätsschwankungen umgesetzt, die die Hochfrequenzamplitude entsprechend der fallenden Kennlinie der Resonanzkurve aussteuern. Wesentlich für das Verstärkungsmaß ist die Steilheit der Spannungskennlinie der ferroelektrischen Kondensatoren. Diese läßt sich nach SHAW und JENKINS

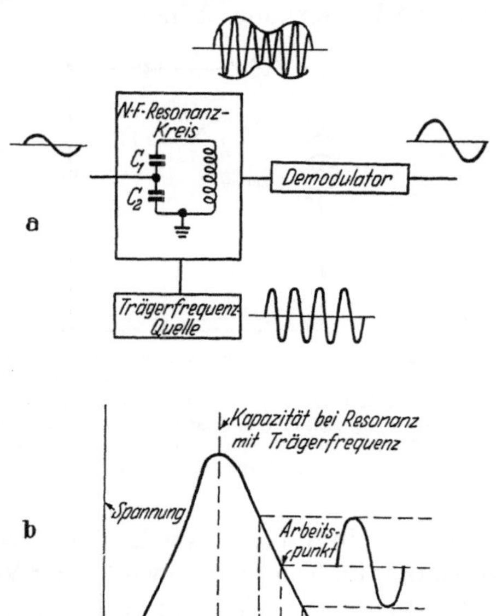

Abb. 118. Erläuterung der Wirkungsweise des dielektrischen Verstärkers (aus [262]).

[262] durch die Größe $\delta = \dfrac{2\,(C_1 - C_2)}{(E_1 - E_2)\,(C_1 + C_2)}$ ausdrücken, die die relative Spannungsänderung darstellt und praktisch Werte zwischen 0,08—0,10 erreicht. Ein gleichzeitig vorhandener großer Temperaturbeiwert der Kapazität ist natürlich störend und macht den Verstärker sehr temperaturanfällig, so daß Thermostatenbetrieb erforderlich ist. Dieser Umstand hat mit dazu beigetragen, die Entwicklung ferroelektrischer Massen mit kleinem Temperaturbeiwert anzuregen.

In der praktischen Ausführung ist die gegenseitige Beeinflussung von Eingangs- und Ausgangskreis des Verstärkers durch induktive und kapazitive Blockierungen zu unterdrücken, wie dies die Abb. 119 (aus [261]) zeigt.

Das Titanat wird in Form feiner Platten von nur 0,15 mm Dicke verwendet, die beiderseits feuerversilbert sind.

Gegenüber magnetischen Verstärkern hat der dielektrische den Vorteil kleinster Abmessungen, kleinerer Verluste und des Wegfalls von Rückkopplung. Infolge der viel schwächeren Nichtlinearität (5 : 1 gegen 25 : 1

für Hochfrequenzkerne und 6000:1 für magnetische Werkstoffe mit rechteckiger Hystereseschleife wie Permenorm 5000 Z oder Deltamax) ist zwar auch der Gehalt höherer Harmonischer wesentlich geringer, aber damit auch die Verstärkung kleiner.

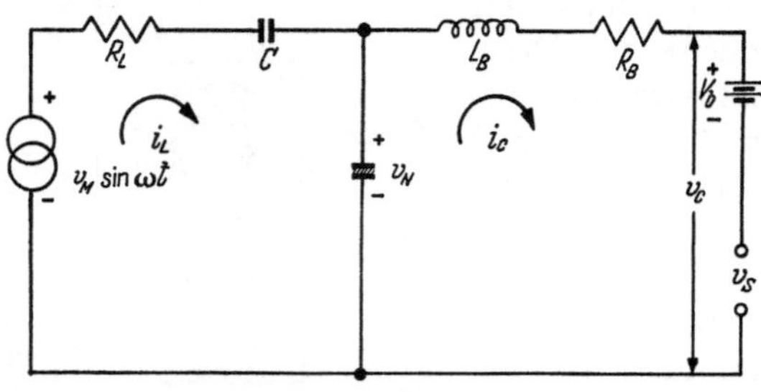

Abb. 119. Einstufiger dielektrischer Verstärker mit Blockierungselementen (L_B und C) zur Trennung von Steuer- und Trägerfrequenzkreis (aus [261]).
$V_M \sin \omega t$ Trägerfrequenz; — v_c Steuerspannung; — v_s zu verstärkende Eingangsspannung; — V_b Vorspannung; — R_L Belastungswiderstand; — L_B Steuerkreis; — C linearer Blockierungskondensator; — L_B Sperrdrossel; — i_L Momentanwert des Stromes; — i_c in Trägerfrequenz- und Steuerkreis. Alle v-Werte, mit Ausnahme von V_b, stellen Momentanwerte dar.

Für den in Abb.120 (aus [261]) dargestellten dielektrischen Leistungsverstärker für Tonfrequenz wird unter Verwendung einer Trägerfrequenz von 50 kHz eine Beziehung zwischen Eingangsleistung und der Ausgangsleistung in Abhängigkeit von der Eingangsfrequenz gemäß Abb. 121 (aus [261]) beobachtet. Da der Verlustfaktor des Steuerkondensators nur 2% beträgt, ist die Eingangsleistung nur 1/50 der Volt-Ampere-Scheinleistung. Mit höherer Trägerfrequenz und Unterkühlung kann der Verstärkungsfaktor erhöht werden. Allerdings ist die Ausgangsspannung kleiner als die Eingangsspannung.

Für Spannungsverstärkung ist die Schaltung nach Abb. 122 (aus [261]) zu benutzen, die einen Demodulator enthält. Für die Spannungsverstärkung ergibt sich der Wert:

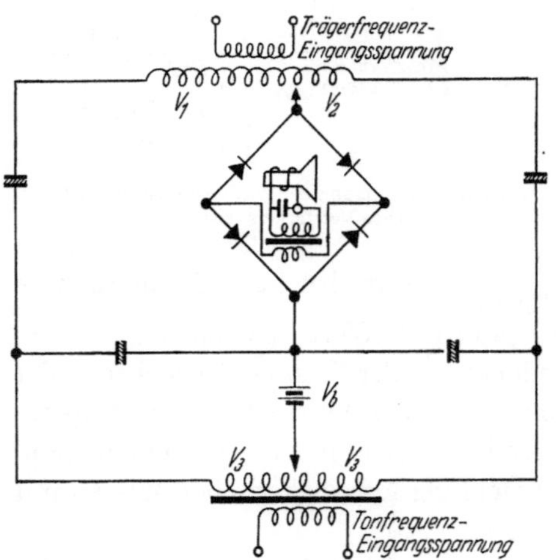

Abb. 120. Dielektrischer Leistungsverstärker mit niederfrequent modulierter Trägerfrequenz (aus [261]).

$$V = 1{,}414 \cdot G \cdot V_{\mathrm{Tr}},$$

wobei V_{Tr} der Effektivwert der bei Resonanz an den linearen Abstimmgliedern auftretenden Trägerspannung und G die Neigung der Kurve der differenziellen Kapazität ist. Bei geeigneter Wahl der linearen Abstimmglieder kann mit einer Spannungsverstärkung gerechnet werden. Der Frequenzgang eines solchen Verstärkers für Tonfrequenz bei einer Trägerfrequenz von 630 kHz ist in Abb. 123 (aus [261]) wiedergegeben.

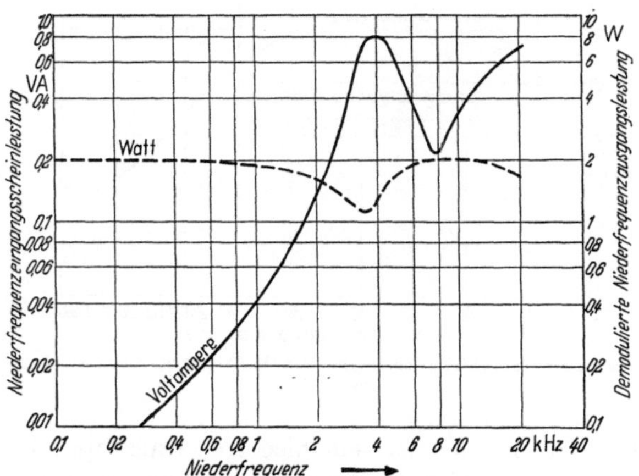

Abb. 121. Eingangs- und Ausgangsleistung eines dielektrischen Verstärkers in Abhängigkeit von der Modulationsfrequenz (aus [261]).

In einer späteren Arbeit haben die Verfasser [263] die Bedingungen für ein konstantes Verstärkungsmaß eines dielektrischen Resonanzverstärkers untersucht, dessen Prinzip in dem Schaltbild (Abb.124 aus [263]) wiedergegeben ist. Es ergab sich, daß die benutzte Trägerfrequenz meh-

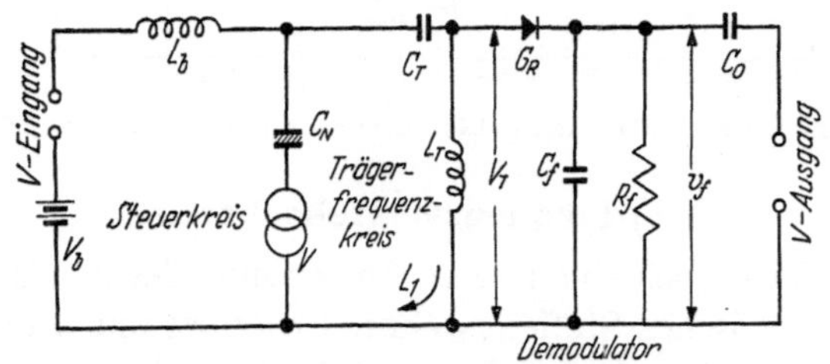

Abb. 122. Dielektrischer Spannungsverstärker (aus [261]).
V_b Vorspannung; — V Effektivwert der Eingangswechselspannung; — C_N nichtlinearer Kondensator; — C_T linearer Abstimmungskondensator; — G_R Germaniumdiode; — C_0 Blockierungskondensator; — V_T Wechselspannung am linearen Abstinentkreis; — C_f und R_f Bauelemente des Filters für die Trägerfrequenz; — v_f Momentanklemmspannung am Trägerfrequenzfilter.

rere 100mal größer sein muß als die zu verstärkende Signalfrequenz, z.B. mindestens 7 MHz für ein konstantes Verstärkungsmaß bis zu 10 kHz. Dies steht im Einklang mit anderen Beobachtungen [264]. SILVERSTEIN hat mit **BaSr**-Titanatplättchen von 62μ Dicke (Typ 87–12 der Gulton Manufacturg. Company, New Jersey), die auf einen Schraubenkopf aufgelötet waren, eine Leistungsverstärkung von 10000 für eine Tonfrequenz von 100 Hz erzielt, wenn damit eine Trägerfrequenz von 2,7 MHz moduliert war. Mit sinkender Modulationsfrequenz nimmt die Leistungsverstärkung stetig zu. Ein wesentlicher Vorteil des dielektrischen Verstär-

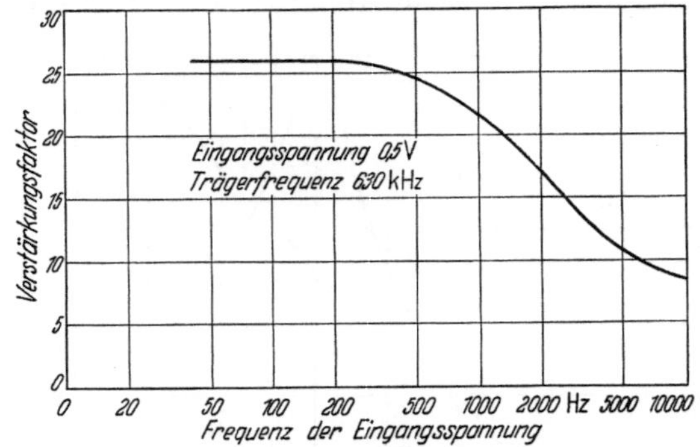

Abb. 123. Verstärkungsfaktor eines dielektrischen Verstärkers in Abhängigkeit von der Modulationsfrequenz (aus [261]).

kers gegenüber Transistoren ist sein niedriger Rauschpegel. Wie beim Transistor, müssen auch hier die Anpassungsglieder sinngemäß gewählt werden. Mit einem vierstufigen Verstärker war es möglich, einen Lautsprecher auszusteuern.

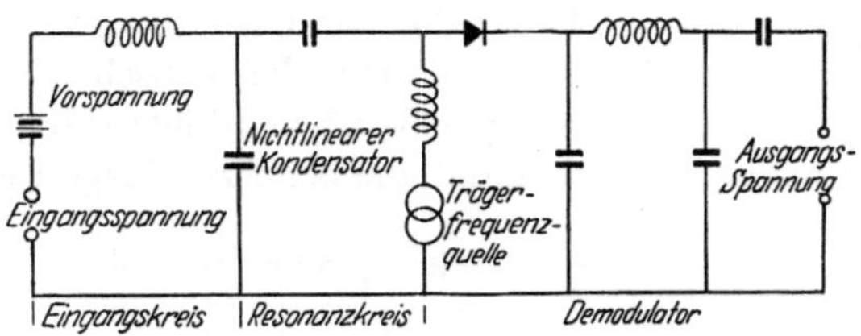

Abb. 124. Ersatzschaltbild eines dielektrischen Resonanzverstärkers (aus [263]).

c) Frequenzvervielfacher.

Zum Schluß sei noch eine andere Anwendung des nichtlinearen Verhaltens ferroelektrischer Stoffe erwähnt. PASCUCCI und STAWICKI [265] haben einen Vierelektrodenkondensator, bestehend aus einem Titanatparallelepiped mit zwei senkrecht zueinander stehenden Elektrodenpaaren, zur aperiodischen Frequenzverdoppelung benutzt.

An das eine Elektrodenpaar wird eine Wechselspannung und an das andere eine polarisierende Gleichspannung gelegt. Hat die Wechselspannung eine hinreichende Amplitude, so entsteht am anderen Elektrodenpaar eine Spannung, die höhere Harmonische enthält. Durch die gleichzeitig vorhandene Gleichspannung kann die Grundfrequenz fast ganz unterdrückt werden.

Auch ohne überlagerte Gleichspannung ist Frequenzverdopplung möglich. Beim Anlegen einer sinusförmigen Spannung einer bestimmten

Frequenz an ein nichtlineares Dielektrikum entstehen Kapazitätsschwankungen von der doppelten Frequenz.

d) Ferroelektrika als elektromechanische Wandler.

Nach der Entdeckung des piezoelektrischen Verhaltens durch ROBERTS und den Versuchen von CHERRY und ADLER, durch Gleichstromvorpolarisation piezoelektrische Körper aus Titanatkeramik herzustellen, setzte eine intensive wissenschaftliche und industrielle Forschungsarbeit ein mit dem Ziel, sowohl die teuren und in Krisenzeiten sehr knappen Quarzkristalle, wie auch die thermisch begrenzt stabilen seignetteelektrischen Salzkristalle zu ersetzen. Als Hauptanwendungen kommen in Frage:

α) Schallschwinger, vor allem für Ultraschall; – β) Tonabnehmer; – γ) Beschleunigungs-, Schwingungs- und Stoßmesser.

Neben Preis und mechanischer und thermischer Stabilität fällt noch ein anderer Vorteil ins Gewicht: Piezoelektrische Wandler können nahezu in beliebigen Größen und Formen nach den in der Keramik üblichen Verfahren hergestellt werden. Vor allem aber ist der elektromechanische Kopplungsfaktor sehr groß, allerdings bei gleichzeitig steigenden Verlusten.

α) Schallschwinger.

MASON hat 1949 mit einer Titanatscheibe von 2 cm^2 Strahlungsfläche eine Ultraschalleistung von 100 W/cm^2 bei 2,5 MHz erzeugt bei nur 60 V angelegter Elektrodenspannung. Die Brush Development Company, Cleveland (Ohio) bringt seit 1949 Ultraschallerzeuger für 100—1000 kHz mit 50-Watt-Leistung auf den Markt. (Siehe spezielle Angaben weiter unten.)

Andere amerikanische Autoren [266] haben über einen piezoelektrischen Werkstoff berichtet, dessen Curietemperatur etwas über 20° liegt und der ein ε von 3000° hat. Seine Piezokonstante in Coulomb/Dyn beträgt für einseitige Kompression $63 \cdot 10^{-16}$, für hydrostatischen Druck $3,3 \cdot 10^{-16}$.

In einer späteren Veröffentlichung geben die Verfasser [267] einen Vergleich der elastischen und piezoelektrischen Eigenschaften der bekannten, natürlichen und künstlichen Werkstoffe (Tab. 32).

Aus dieser Zusammenstellung sowie nach Angaben von JAFFE [268] ergeben sich folgende Tatsachen:

a) Für gleiche Feldstärke ist die abgestrahlte Leistung eines mit Resonanz angeregten $BaTiO_3$-Keramikschwingers infolge der größeren Piezokonstanten etwa 2 Zehnerpotenzen größer als bei Schwingquarzen. Damit kann die gleiche Leistung mit entsprechend niedrigeren Feldstärken erzielt werden. Allerdings ist zu berücksichtigen, daß die Piezokonstante von ferroelektrischer Keramik mit zunehmender Feldstärke abnimmt. Seignettesalz wird zwar noch etwas über $BaTiO_3$-Keramik liegen, jedoch

Tabelle 32. *Elektromechanische Eigenschaften verschiedener piezoelektrischer Kristalle und Werkstoffe.*

	Quarz-X-Schnitt	$(NH_4)H_2PO_4$ (ADP) ADP-45° Z-Schnitt	Seignettesalz		Turmalin Z-Schnitt	Polykristall, Barium Titanat Z-Schnitt
			45° X-Schnitt	45° Y-Schnitt		
Fortpflanzungsgeschwindig- keit in cm/sek	$5,7 \cdot 10^5$	$4,92 \cdot 10^5$	$2,4 \cdot 10^5$	$2,7 \cdot 10^5$	$7,54 \cdot 10^5$	$4,2 \cdot 10^5$
Dichte	2,65	1,80	1,77	1,77	3,0	5,55
Spannungskoeffizient in Coulomb/cm²	$0,176 \cdot 10^{-4}$	$0,493 \cdot 10^{-4}$	$5 \cdot 10^{-4}$	$0,307 \cdot 10^{-4}$	$0,333 \cdot 10^{-4}$	—
Modul nach YOUNG in Dyn/cm²	$8,61 \cdot 10^{11}$	$4,37 \cdot 10^{11}$	$1,04 \cdot 10^{11}$	$1,29 \cdot 10^{11}$	$17,0 \cdot 10^{11}$	$8,0 \cdot 10^{11}$
Dehnbarkeit $S = 1/E$ cm²/Dyn	$0,116 \cdot 10^{-11}$	$0,229 \cdot 10^{-11}$	$0,961 \cdot 10^{-11}$	$0,775 \cdot 10^{-11}$	$0,059 \cdot 10^{-11}$	—
Piezokoeffizient Coulomb/Dyn	$0,0204 \cdot 10^{-15}$	$0,113 \cdot 10^{-15}$	$4,81 \cdot 10^{-15}$	$0,238 \cdot 10^{-15}$	$0,0196 \cdot 10^{-15}$	$6,3 \cdot 10^{-15}$
ε	4,5	14	200	10	5,5	1200
Ausgangsleerlaufleistung in V/cm/Dyn/cm²	$0,512 \cdot 10^{-4}$	$0,91 \cdot 10^{-4}$	$2,72 \cdot 10^{-4}$	$2,69 \cdot 10^{-4}$	$0,403 \cdot 10^{-4}$	$0,595 \cdot 10^{-4}$

ist seine geringe thermische Stabilität, vor allem sein niedriger Schmelz-
punkt, stets als Nachteil empfunden worden.

b) Der elektromechanische Kopplungsfaktor, der nach MASON durch
die Wurzel aus dem Verhältnis der mechanisch gespeicherten zu der im
Schwingkreis aufgenommenen elektrischen Energie dargestellt wird, ist
in $BaTiO_3$-Keramik größer als in Quarz, jedoch nur um einen Faktor, der
innerhalb einer Größenordnung liegt und von den Herstellungsbedingungen abhängt.

c) Das höhere ε von $BaTiO_3$-Keramik führt zu einem kleinen Scheinwiderstand der Wandler, was für den elektrischen Betrieb vorteilhaft ist.

Für gleiche Scheinwiderstände ergeben sich nach BAUER [269] die in
Tab. 33 aufgeführten Abmessungen.

Tabelle 33. *Äquivalente Abmessungen verschiedener elektromechanischer Wandler.*

		Seignettesalz	Primäres Ammoniumphosphat	$BaTiO_3$
Dicke	cm	0,03	0,004	0,03
Breite	cm	1,0	8,7	0,4
Höhe	cm	1,5	1,2	1,4

Ein wesentlicher Nachteil der piezoelektrischen Keramik gegenüber
Quarz sind ihre höheren elektrischen Verluste, die bei gleicher abgestrahl-
ter Schalleistung zu stärkerer Erwärmung führt. Dies scheint insofern
nicht allzu bedenklich, da wegen der geringen Betriebsspannungen das
Kühlungsproblem einfacher und gefahrloser zu lösen ist.

Der zulässige Erwärmungsspielraum für Titanatschwinger ist praktisch begrenzt durch die Tatsache, daß oberhalb der Curietemperatur
kein piezoelektrisches Verhalten auftritt. Tatsächlich liegt schon unterhalb derselben ein starker Temperaturgang der piezoelektrischen Größen
vor, wie BERLINCOURT [270] gezeigt hat. Durch Zusatz von 5% $CaTiO_3$
wurde dieser Temperaturgang weitgehend ausgeglättet. Von Einfluß auf
die piezoelektrischen Eigenschaften ist ferner die Temperatur, bei der
die Polarisation erfolgt. Liegt diese unterhalb der des mittleren Umwandlungspunktes (tetragonal-orthorhombisch), so wird ein höherer
Polarisationsgrad erreicht. Durch 2% ZrO_2-Zusatz wird dieser mittlere
Umwandlungspunkt nach oben verschoben, so daß sich auch entsprechende Änderungen der piezoelektrischen Eigenschaften ergeben. Es muß
jedoch bemerkt werden, daß unter Temperaturwechseln erhebliche Hystereseeffekte auftreten, die erst mit der Rückkehr der Keramik zu normalen
piezoelektrischen Werten verschwinden. Durch Verschiebung des mittleren Umwandlungspunktes nach tieferen Temperaturen in einer Keramik der Zusammensetzung 12% Pb-, 8,3% Ca-, 79,7% $BaTiO_3$ konnte
MASON [271] einen Temperaturgang erzielen, der dem von Quarz bestimmter Schnitte gleichkommt. In Abb. 125 sind einige praktische

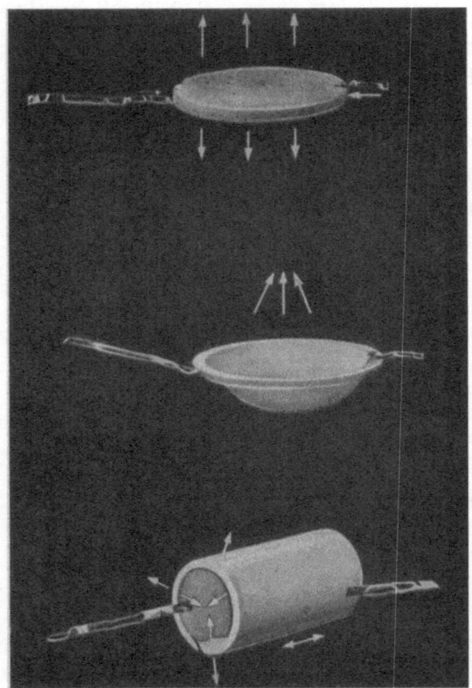

Abb. 125. Keramische Schwinger mit verschiedener Schall-
bestrahlung (aus [272]).

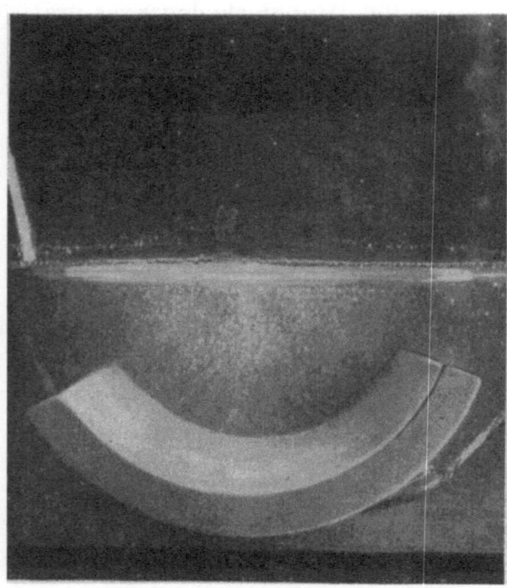

Abb. 126. Akustische Sammelwirkung eines muldenförmigen
Strahlers (aus [272]).

Ausführungsformen von Titanatschwingern der Brush Company [272] wiedergegeben. Wie Abb. 126 zeigt, kann durch die Formgebung jede gewünschte Konzentrierung der Schallenergie erzielt werden. Da die erforderliche Dicke der Schwinger mit sinkender Frequenz steigt und für 100 kHz bereits 2,5 cm betragen muß, wird sowohl die Herstellung als auch die notwendige Kühlung im Betrieb schwierig. Dies hat zur Entwicklung des Mosaikschwingers geführt, der aus 440 hexagonalen keramischen Elementen von etwa 2 cm Länge und etwa 2,1 cm Dicke besteht, eine Brennweite von 30 cm und eine Resonanzfrequenz von 100 kHz hat (Abb. 127 aus [272]). Ein derartiger Schwinger kann bis 15 W/cm² aushalten.

Eine weitere Sonderform ist der röhrenförmige Schwinger mit radialer Schwingungsamplitude, der eine kontinuierliche Beschallung hindurchfließender Flüssigkeiten gestattet.

Die keramischen Schwinger sind in Anbetracht ihrer Größe und im Vergleich zu natürlichen Schwingkristallen relativ billig (300 bis 400 Dollar) und haben erst die Verwendung von Ultraschall für größere Flächen und Räume möglich gemacht. Unter den zahlreichen neuen

Anwendungen sei der Detrex Soniclean-Prozeß erwähnt, durch den Metall-, Glas- und Keramikteile im großen extrem gereinigt werden können (Detrex Corp., Detroit, Michigan, USA).

β) Tonabnehmer.

Die amerikanische Firma Shure Brothers hat bereits 1948 in ihre bis dahin mit Seignettesalz betriebenen Tonabnehmer piezoelektrische Keramik eingeführt (US-Patent 2565586). Als elektromechanischer Wandler dient

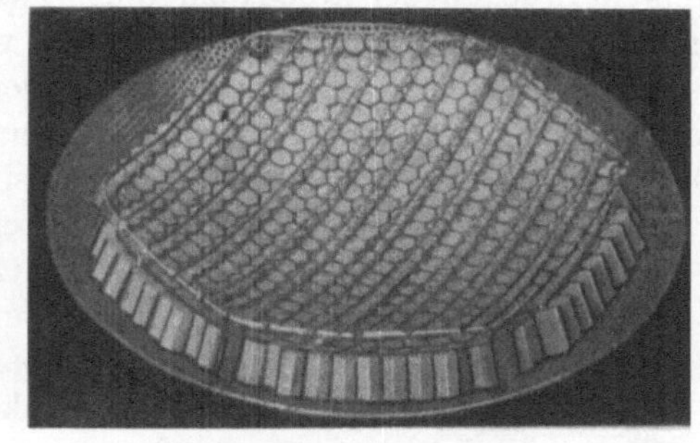

Abb. 127. Mosaikschwinger aus keramischem Element (aus [272]).

eine von Brush früher für andere piezoelektrische Werkstoffe und unter dem Namen „Bimorph" eingeführte Doppelplatte, die auf zwei Kanten aufliegt (Abb. 128 aus [269]). Unter Anwendung der Kraft F wird die obere Platte zusammengedrückt und die untere gestreckt. Durch geeignete Wahl der Vorpolarisation addieren sich die durch die Deformation erzeugten Piezospannungen. Ein solcher Wandler mit den Abmessungen $1,4 \cdot 0,2 \cdot 0,05$ cm hat zwar eine gegenüber Seignettesalz geringere Empfindlichkeit, die jedoch durch eine entsprechende Länge der Hebelarme des Tonabnehmers ausgeglichen werden kann. Die effektive Ausgangsspannung ist für 1000 Hz etwa 0,6 V bei 10μ Tonrillenamplitude und der Frequenzgang bis 5000 Hz befriedigend. Der Nachteil der geringen Empfindlichkeit im Vergleich zu Seignettesalz-

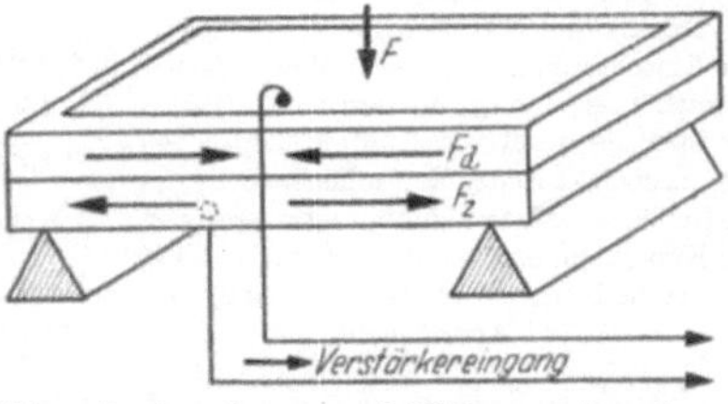

Abb. 128. Anordnung und Wirkungsweise eines sogenannten „Bimorph"-Elements, bestehend aus zwei kraftschlüssig miteinander verbundenen piezoelektrischen Platten nach BRUSH (aus [269]).

tonabnehmern wird durch den Vorteil größerer Robustheit gegenüber Temperatur, Feuchtigkeit und mechanischer Überbeanspruchung ausgeglichen.

γ) Beschleunigungs-, Schwingungs- und Stoßmesser.

Bei den Tonabnehmern ist der elektromechanische Wandler sehr kleinen Kräften unterworfen, so daß der untere Grenzwert der Empfindlichkeit im Vordergrund steht. Für die Messung von Schwingungs- und Stoßamplituden hingegen ist der obere Grenzwert von Interesse, bis zu dem die piezoelektrische Keramik beansprucht werden kann. Praktische Anwendungen verlangen einen Frequenzbereich von 50000—100000 Hz und einen Amplitudenbereich bis zu 10000 g (g = Fallbeschleunigung in Meereshöhe). Der nutzbare Frequenzbereich liegt stets unterhalb der Resonanzfrequenz und ist somit in erster Annäherung durch diese festgelegt. Weiterhin bestimmt das Dämpfungsmaß den oberen Grenzwert der Frequenz, stets ein Bruchteil der Resonanzfrequenz zwischen 0,3–0,6, bis zu dem ein derartiger Beschleunigungsmesser benutzt werden kann [274].

Die Herstellungsmöglichkeit von Beschleunigungsmessern mit linearer Anzeige bis zu $\pm 50000\,g$ haben PERLS und KISSINGER [273] gezeigt. Der von ihnen entwickelte Beschleunigungsmesser besteht im Prinzip aus zwei keramischen $BaTiO_3$-Scheiben mit 4% $PbTiO_3$-Zusatz, die durch eine Messingscheibe getrennt sind. Diese Anordnung hat gegenüber der mit *einer* Scheibe nicht nur konstruktive Vorteile, sondern auch größere piezoelektrische Empfindlichkeit, für die der Wert 0,7 mV/g angegeben wird ($g = $ Fallbeschleunigung).

Mechanische Impulse oder Schwingungen wirken von der Halterung der Keramikscheiben gleichzeitig auf diese ein und erzeugen eine elektrische Spannung zwischen Messingtrennscheibe und Halterung. Diese Spannung wird durch ein rauscharmes konzentrisches Kabel an ein elektrisches Meßorgan geführt. Die gesamte Anordnung ist sehr klein (Höhe 2 cm, Durchmesser 1,5 cm) und wiegt einschließlich der Halterung nur 8 g. Aufbau und Wirkungsweise sind in Abb. 129 (aus [273]) näher erläutert.

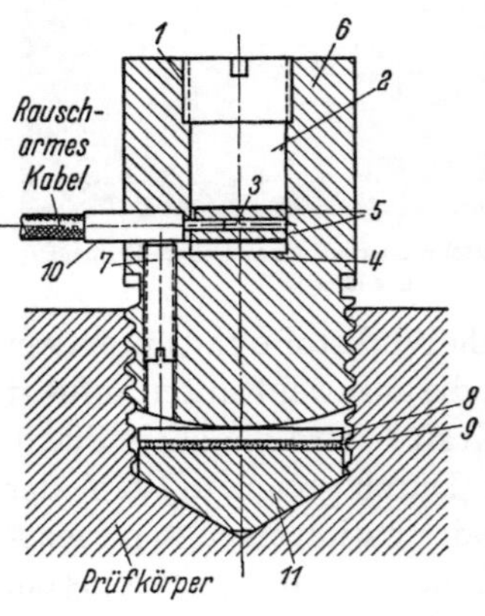

Abb. 129. Beschleunigungsmesser nach PERLS und KISSINGER (aus [273]). *1* Einschraubfassung; — *2* oberer Kontaktkörper; — *3* mittlerer Kontaktkörper; — *4* unterer Kontaktkörper; — *5* piezoelektrische Keramikscheiben; — *6* Gehäuse des Beschleunigungsmessers; — *7* Kabelklemmschraube; — *8* und *9* Montagescheiben; — *10* Kabelscheibe; — *11* Armaturteil.

Weitere interessante Anwendungen stellen die dynamische Messung kurzzeitig (einige μsek — 15 ms) wirkender Relaiskräfte [268 a] sowie die Untersuchung von Abnutzungsvorgängen bei der Oberflächenreibung dar [268 b].

In letzterem Falle wird ein $BaTiO_3$-Zylinder mit bestimmten Frequenzen, für die die Abnutzung untersucht werden soll, piezoelektrisch erregt und diese Schwingung über ein Metallhorn auf einen Draht übertragen, der auf dem zu untersuchenden Stoff tangential schleift. Dieser ist kraftschlüssig auf einer ferroelektrischen Meßplatte befestigt, so daß die tangentielle Beanspruchung des Prüfkörpers gleichsinnig auf diese Platte übertragen wird. Für kleine Amplituden ist die mechanische Wechselwirkung elastisch und infolgedessen die in der Meßplatte erzeugte Wechselspannung sinusförmig. Mit steigender Amplitude äußert sich das Auftreten nichtelastischer, irreversibler Vorgänge, die für die beginnende Abnutzung charakteristisch sind, in zunehmenden Verzerrungen der Sinuskurve.

e) Künstliches Gedächtnis.

Ebenso wie magnetische können auch ferroelektrische Werkstoffe zur Speicherung von Information benutzt werden. Infolge der Remanenz werden Polarisationszustände in Teilelemente des Werkstoffes eingeprägt und später wieder mittels geeigneter Detektoren abgetastet.

REMEIKA hat gemeinsam mit ANDERSEN und MERZ in den Bell. Tel. Labs. [275] derartige Speicherelemente hergestellt, die 256 einzelne Speicherzellen enthalten. Sie bestehen aus quadratischen Einkristallen von 50μ Dicke, die beiderseits ein Schachbrettmuster von 16×16 winzigen aufgedampften Metallflächen tragen. Diese Kristalle wurden aus Schmelzen von $BaTiO_3$ und KF durch sehr langsame Abkühlung (25° je Stunde) gewonnen und sind so arm an inneren mechanischen Spannungen, daß bereits mit 2 V angelegter Spannung (400 V/cm) Sättigungspolarisation eintritt. Betriebsmäßig wurden 10 V verwendet. Die Anwendung dieser Kristalle zur Speicherung gewählter Nummern im Telephonverkehr erscheint aussichtsreich. Andere Anwendungsmöglichkeiten sind sehr wahrscheinlich.

Sehr naheliegend ist die Frage, inwieweit in einer räumlich so gedrängten Anordnung eine gegenseitige Beeinflussung (Nebensprechen) der kleinen Kondensatorelemente erfolgt. In einer soeben erschienenen Arbeit über Wandbildung und Wandverschiebungen in $BaTiO_3$-Kristallen kommt MERZ [211] zu dem Schluß, daß derartige Störungen glücklicherweise kaum zu erwarten sind.

Daß sich auch $BaTiO_3$-Keramik zur raschen Speicherung von Information (Zeitkonstante $\leq 10^{-3}$ sek) verwenden läßt, ist bereits von PULVARI eingehend untersucht worden [276].

f) Ferroelektrika als thermische Wandler.

Prinzipiell sollte es möglich sein, Ferroelektrika zur direkten Umwandlung von Wärmeenergie in elektrische Energie nutzbar zu machen. Im Hinblick auf den geringen Wirkungsgrad des bekanntesten thermoelektrischen Wandlers, des Thermoelements, erscheint eine kritische Betrachtung dieser Möglichkeit sinnvoll.

Ganz allgemein wird der Wirkungsgrad einer solchen Umwandlung um so größer sein, je niedriger der Entropiewert der Wandlerstoffe in dem hierzu notwendigen Kreisprozeß ist.

Die Entropie eines verlustfreien Dielektrikums mit temperaturabhängigem ε in einem homogenen elektrischen Feld von E Volt ist

$$S_{(T, E, \varepsilon_0)} = S_{0(T)} + \frac{V}{8\pi}\left(\frac{d\varepsilon_0}{dT}\right)E^2 \tag{82}$$

($V =$ Volumen des Dielektrikums). $S_{0(T)}$ ist die normale thermische Entropie des Wandlers vom Volumen V ohne Berücksichtigung der Polarisationsparameter. Dieser Wert kann wesentlich unterschritten werden, wenn ein Dielektrikum mit einem großen negativen Temperaturkoeffizienten $d\varepsilon_0/dT$ benutzt wird. Damit wird der Wirkungsgrad des CARNOTschen Kreisprozesses des zwischen den Temperaturengrenzen T und $T + AT$ arbeitenden ferroelektrischen Kondensators erhöht. Da Ferroelektrika nicht nur eine Temperaturabhängigkeit, sondern auch eine Feldabhängigkeit von ε haben, ist das Problem etwas verwickelter. Nach FRÖHLICH [277] ergibt sich für die innere Energie eines Dielektrikums vom Volumen V im homogenen elektrischen Feld E

$$U_{(T, E, \varepsilon_0)} = U_{0(T)} + \frac{V}{4\pi}\left\{ \int_E E\left(\frac{\partial D}{\partial E}\,dE + T\left(\frac{d\varepsilon_0}{dT}\right)\int_E \frac{\partial D}{d\varepsilon_0}\,dE\right\} \tag{83}$$

$U_{0(T)}$ ist die innere Energie bei Abwesenheit des Feldes, ε_0 die entsprechende Dielektrizitätskonstante, gemessen in einem schwachen Feld, D der Verschiebungsvektor.

Für die Entropie des Systems folgt dann:

$$S_{(T, E, \varepsilon_0)} = S_{0(T)} + \frac{V}{4\pi}\left(\frac{d\varepsilon_0}{dT}\right)\int_E \frac{\partial D}{\partial \varepsilon_0}\,dE \tag{84}$$

mit $S_{0(T)}$ für den feldfreien Zustand.

Falls ε_0 unabhängig von E ist, geht Gl. (84) in Gl. (82) über.

Auf Grund der Entropiegleichung (84) ist es möglich, den Wirkungsgrad eines thermoelektrischen Wandlers zu berechnen. Als solcher kommt ein Temperaturschwankungen ausgesetzter Kondensator mit ferroelektrischem Dielektrikum in Frage, das einen starken negativen Temperaturkoeffizienten besitzt und keine piezoelektrischen Nebeneffekte zeigt. Dies ist vorzugsweise oberhalb der Curietemperatur verwirklicht [278]. FROOD hat diese Betrachtungen quantitativ für $(BaSr)TiO_3$ mit der Curietemperatur $25°$ angestellt und kommt zu dem Schluß, daß sich optimal ein Wirkungsgrad von nur 1% ergibt. Eine Steigerung auf 7% wäre nur möglich, wenn sich die Spannungsabhängigkeit unter Beibehaltung der hohen $d\varepsilon_0/dT$-Werte praktisch unterdrücken ließe. Ein solches Ferroelektrikum ist jedoch noch nicht bekannt.

Literaturverzeichnis.

[1] HAUSSER, K.: Z. angew. Physik 1, 289—94 (1949).

[2] BAUMGARTNER, H., F. JONA u. W. KÄNZIG: Ergebn. exakt. Naturwiss. 23, 235—82 (1950).

[3] KÄNZIG, W. u. R. SOMMERHALDER: Helv. physica Acta 26, 603—10 (1953).

[4] BUSCH, G. u. P. SCHERRER: Naturwiss. 23, 737 (1935).

[5] MATTHIAS, B., W. MERZ u. P. SCHERRER: Helv. physica Acta 20, 273—306 (1947).

[6] BANTLE, W.: Helv. physica Acta 15, 373—404 (1942).

[7] VON ARX, A. u. W. BANTLE: Helv. physica Acta 16, 211 (1942).

[8] STEPHENSON, C. C.: s. I. C. SLATER: J. chem. Physics 9, 16—33 (1941).

[9] KOBEKO, P. u. J. KURTSCHATOW: Z. Physik 66, 192—205 (1930).

[10] FOWLER, R. H.: Proc. Roy. Soc. [London] A. 149, 1—28 (1935).

[11] MASON, P.: Physic Rev. 72, 854, 976 (1947).

[12] HABLÜTZEL, J.: Helv. physica Acta 12, 489—510 (1939).

[13] KONSTANTINOWA, W. P. u. T. CH. TSCHORMONOW: Ber. Akad. Wiss. UdSSR 75, 11—14 (1950).

[14] JAYNES, E. T. u. E. P. WIGNER: Physic. Rev. 79, 213—14 (1950).

[15] HUGGINS, M. L.: J. physic. Chem. 40, 723—31 (1936).

[16] JACCARD, C., W. KÄNZIG u. M. PETER: Helv. physica Acta 26, 521—44 (1953).

[17] BAUMGARTNER, H.: Helv. physica Acta 23, 651—96 (1950).

[18] NAGAMIYA, T. u. S. YOMOSO: J. chem. Physics 17, 102—4 (1949).

[19] BAUMGARTNER, H.: Helv. physica Acta 24, 326—29 (1951).

[20] ONSAGER, L.: J. Amer. chem. Soc. 58, 1486—93 (1936).

[21] WAINER, E. u. A. N. SALOMON: Electr. Rept. 8 (1942); 9 u. 10 (1943).

[22] WUL, B. M. u. I. M. GOLDMAN: Abh. Akad. Wiss. UdSSR 46, 154 (1945); 49, 179 (1945) und 51, 21 (1946).

[23] COURSEY, P. R. u. K. G. BRAND: Nature 157, 297—98 (1946).

[24] MEGAW, H. D.: Nature 155, 484—5 (1945).

[25] HARWOOD, M. G., P. POPPER u. D. F. RUSHMAN: Nature 160, 58—59 (1947).

[26] BLATTNER, H., B. MATTHIAS u. W. MERZ: Helv. physica Acta 20, 225—28 (1947).

[27] BLATTNER, H., B. MATTHIAS, W. MERZ u. P. SCHERRER: Experienta 3/4, 148—49 (1947).

[28] RATH, E. W.: Naturforschung und Medizin in Deutschland, Anorg. Chemie IV, Band 26, 153—65 (1948).

[29] SACHSE, H.: Z. angew. Physik 1, 473—84 (1949).

[30] SMITH G. S.: Chemical Age [London] 53, 429—31 (1945).

[31] VON HIPPEL, A., R. G. BRECKENRIDGE, F. C. CHESLEY u. L. TISZA: Ind. Engng. Chem. 38, 1097—1109 (1946).

[32] BUNTING, E. N., G. R. SHELTON u. A. S. CREAMER: J. Amer. ceram. Soc. 30, 114—25 (1947).

[33] WUL, B. M. u. I. M. GOLDMAN: Abh. Akad. Wiss. UdSSR 60, 41—43 (1948).

[34] SMOLENSKI, G. A.: J. techn. Physics UdSSR 20, 137—48 (1950).

[35] BALDWIN, W. J. u. A. J. HATHAWAY: Ceram. Age 1951, S. 25—27.

[35a] TRAUB, K. u. W. J. BALDWIN: Ceram. Age 65 (1), 9—14 (Jan. 1955).

[36] EUBANK, W. R., F. T. ROGERS, L. E. SCHILBERG u. S. SKOLNIK: J. Amer. ceram. Soc. 35, 16—22 (1952).

[37] WUL, B. M., I. M. GOLDMAN u. P. J. RASBASCH: J. exp. theoret. Physik UdSSR 20 (5), 465—70 (1950).

[38] SKANAVI, G. J.: Abh. Akad. Wiss. UdSSR 59, 41 (1948).

[39] WUL, B. M.: J. exp. theoret. Physik UdSSR 15, 735—38 (1945).

[40] MATTHIAS, B. u. A. VON HIPPEL: Physic. Rev. 73, 1378—84 (1948).

[41] RHODES, R. G.: Acta Cryst. 4, 105—10 (1951).

[42] NOWOSILZEW, N. S. u. A. J. CHODAKOW: J. techn. Physik. UdSSR 18, 651—6 (1947).

[43] ROBERTS, S.: Physic. Rev. 71, 890—95 (1947).

[44] POWLES, J. G.: Nature 162, 614, 655 (1948).

[45] CASPARI, M. E. u. W. J. MERZ: Physic. Rev. 80, 1082—89 (1950).

[46] RSCHANOW, A. W.: J. exp. theoret. Physik 19, 335—45 (April 1949).

[47] RUSHMAN, D. F. u. M. A. STRIVENS: Trans. Faraday Soc. London 42A, 231 bis 44 (1946).

[48] PIEKARA, A. u. Z. PAJAK: Acta physic. Polon. 11, Nr. 3/4, 256—62 (1953).

[49] ROI, A.: Abhandl. Akad. Wiss. UdSSR 81, 545—47 (1951).

[50] MASON, W. P. u. B. T. MATTHIAS: Physic. Rev. 75, 687 (1949).

[51] ROBERTS, S.: Physic. Rev. 75, 989—90 (1949).

[52] MERZ, W.: Physic. Rev. 81, 1064—65 (1951).

[53] SKANAVI, G. J. u. A. J. DEMESHINA: J. exp. theoret. Physik UdSSR 19, 3—17 (1949).

[54] STATTON, W. O.: J. chem. Physics 19, 33—40 (1951).

[54a] TRZEBIATOWSKI, W., M. DRYS u. I. BERAK: Rocziki Chem. (Polen) 28, 21—28 (1954).

[55] KUBO, T. u. K. SHINRIKI: J. chem. Soc. Jap. Ind. Chem. Sect. 54, 268—70 (1951).

[56] KUBO, T. u. K. SHINRIKI: J. chem. Soc. Jap. Ind. Chem. Sect. 54, 358—61 (1951).

[57] KUBO, T. u. K. SHINRIKI: J. chem. Soc. Jap. Ind. Chem. Sect. 55, 137—40 (1952).

[57a] KAISER, H.: Z. Elektrotechn. 58, 601—04 (1954).

[58] FREUNDLICH, W.: C. R. 236, 1895—97 (1953).

[59] WUL, B. M.: Nature 156, 480 (1945); J. Phys. UdSSR 10, 95 (1946).

[59a] YOUNGBLOOD, I. F.: Bull. Amer. physic. Soc. 30, 62 (1955).

[60] EUCKEN, A. u. A. BÜCHNER: Z. physik. Chem. (B) 27, 321 (1934).

[61] WAINER, E. u. A. N. SALOMON: USP. 2443211 v. 19. 5. 1943.

[62] BUNTING, E. N., G. SHELTON, A. S. CREAMER u. H. JAFFE: J. of Res. Nat. Bur. of Stand. 47, 1. Juli 1951, Res. pap. 2222.

[63] GERLACH M.: Elektrotechnik (DDR) 5, 78—81, 94 (1951).

[64] SMOLENSKI, G. A.: J. techn. Physik UdSSR 20, 157 (1950).

[64a] NOMURA, SH. u. SH. SAWADA: J. Phys. Soc. Japan 6, 36—9 (1951).

[64b] NOMURA, SH. u. SH. SAWADA: J. Phys. Soc. Japan 5, 279—80 (1950).

[65] SHIRANE, G. u. A. TAKEDA: J. Phys. Soc. Japan 6, 329—32 (1951).

[66] ROBERTS, S.: J. Amer. ceram. Soc. 33, 63—66 (1950).

[67] RUSHMAN, D. F. u. M. A. STRIVENS: Proc. physic. Soc. London 59, 1011—16 (1947).

[68] SHIRANE, G., E. SAWAGUCHI u. Y. TAKAGI: J. Phys. Soc. Japan 6, 208—09 (1951).

[69] ROBERTS, S.: Physic. Rev. 83, 1078 (1951).

[69a] SAWAGUCHI, E. u. T. KITTEKA: J. Phys. Soc. Japan 7, 336—37 (1952).

[69b] DE BRETTEVILLE Jr., A. P.: Physic. Rev. 94, 1125—28 (1954).

[69c] SHIRANE, G. u. R. PEPINSKY: Physic. Rev. 91, 812—15 (1953).

[70] SHIRANE, G.: Physic. Rev. 84, 854—55 (1951).

[71] SHIRANE, G.: Physic. Rev. 86, 219—27 (1952).

[72] SAWAGUCHI, E., G. SHIRANE u. Y. TAKAGI: J. Phys. Soc. Japan 6, 333—39 (1951).

[73] COFFEEN, N.: J. Amer. ceram. Soc. 36, 207—14 (1953) und 215—21 (1953).

[74] SAWADA, S., S. NOMURA u. R. ANDO: Rep. Inst. Science Techn. Tokio 5, 1—6 (1951).

[75] MATTHIAS, B.: Physic. Rev. 75, 1771 (1949).

[76] HOLMQUIST, P. L.: Z. Kristallogr. 31, 305—09 (1899).

[77] MATTHIAS, B. T. u. J. D. REMEIKA: Physic. Rev. 82, 727—29 (1951).

[78] JOLY, A: Annal. Sci. de l'Ecole Normale Sup. Paris 6, 164 (1877).

[79] COOK, W. R. u. H. JAFFE: Phys. Rev. 88, 1425 (1952).

[80] WILLS, H. H.: Acta Cryst. 4, 68 (1951).

[81] COOK, W. R. u. H. JAFFE: Physic. Rev. 89, 1297—98 (1953).

[82] SAWADA, S. u. S. NOMURA: J. Phys. Soc. Japan 6, 192—93 (1951).

[82a] SHIRANE, G., R. NEWNHAM u. R. PEPINSKY: Physic. Rev. 96, 581—88 (1954).

[82b] VOUSDEN, P.: Acta Cryst. 4, 545 (1951).

[82c] VOUSDEN, P.: Acta Cryst. 5, 690 (1951).

[83] HULM, J. K., B. T. MATTHIAS u. E. A. LONG: Physic. Rev. 79, 885—86 (1950).

[83a] VOUSDEN, P.: Acta Cryst. 4, 373—76 (1951).

[83b] PEPINSKY, R.: Acta Cryst. 5, 288 (1952).

[84] HULM, J. K.: Proc. Physic. Soc. London 63A, 1184—85 (1950).

[85] MATTHIAS, B. T.: Physic. Rev. 76, 430 (1949).

[86] UEDA, R. u. T. ICHINOKAWA: Physic. Rev. 80, 1106 (1950).

[87] SAWADA, S.: Denki-Kagaku 16, 13, 57 (1948); 17, 174 (1949).

[88] SAWADA, S., R. ANDO u. S. NOMURA: Physic. Rev. 82, 952—53 (1951).

[89] SAWADA, S. u. R. ANDO: Rep. Inst. Sci. Technol. Univ. Tokyo 5, 143—48 (1951).

[90] HIRAKAWA, K.: BUSSEIRON Kenkyu 33, 47—54 (1950).

[91] WUL, B. M. u. I. M. GOLDMAN: Abh. Akad. Wiss. UdSSR 49, 177 (1945).

[92] GINZBURG, V.: J. exp. theoret. Physik UdSSR 15, 739—49 (1945).

[93] AWERBUCH, R. E. u. M. S. KOSMAN: J. exp. theoret. Physik UdSSR 19, 965 bis 970 (1949).

[94] RSCHANOW, A. W.: J. exp. theoret. Physik 19, 335—45 (1949).

[95] DE BRETTEVILLE, A.: J. Amer. ceram. Soc. 29, 303—07 (1946).

[96] ROBERTS, S.: Physic. Rev. 71, 890—95 (1947).

[97] NOWOSILZEW, N. S. u. A. L. CHODAKOW: Z. techn. Physik 18, 651—57 (1947).

[98] MASH, D. I.: J. exp. theoret. Physik UdSSR 17, 537—39 (1947).

[99] DIVILKOWSKI, M. A. u. M. I. PHILIPPOW: J. exp. theoret. Physik UdSSR 5, 958 (1935).

[100] POWLES, J. G.: Nature 162, 614—5 (1948).

[101] POWLES, J. G.: Nature 162, 655 (1948).

[102] POWLES, J. G. u. W. JACKSON: Proc. IEE I. 97, 61—62 (1950).

[103] IWAYANAGI, H.: J. Phys. Soc. Japan 8, 525—30 (1953).

[103a] DAVIS, L. u. L. G. RUBIN: J. appl. Physics 24, 1194—97 (1953).

[104] MASON, P. u. B. T. MATTHIAS: Physic. Rev. 74, 1622—35 (1948).

[105] KITTEL, C.: Physic. Rev. 83, 458 (1951).

[106] MAYBURG, S.: Physic. Rev. 79, 375—82 (1950).

[107] MUELLER, H.: Physic. Rev. 47, 947 (1935).

[108] MOTT, N. F. u. M. I. LITTLETON: Trans. Faraday Soc. 34, 485—99 (1938).

[109] HECKMANN, G.: Z. Kryst. 61, 250 (1925).

[110] HOJENDAHL, K.: Danske Vidensk. Selskap 16, 2 (1938).

[111] RAO, D. A. A. S. NARAYANA: Physic. Rev. 82, 118 (1951).

[112] BAERWALD, H. G.: Nat. Bur. Stand. Rep. 2654, S. 2—3 (August 1953).

[112a] NOMURA, SH. u. SH. SAWADA: J. Phys. Soc. Japan 4 (2), 120—21 (1949).

[112b] HULM, I. K.: Nature 160, 127—28 (1947).

[113] WUL, B. M. u. L. F. VERESHAGIN: Abh. Akad. Wiss. UdSSR 48, 634—36 (1946).

[114] MERZ, W.: Physic. Rev. 77, 52—54 (1950).

[115] MICHELS, A. u. P. VAN MEURS: C. R. reunion ann. avec comm. thermodyn., 315—16 (Paris 1952).

[116] SHIRANE, G. u. K. SATO: J. Phys. Soc. Japan 6, 20—26 (1951).

[117] EHRENFEST, P.: Commun. Leiden Suppl. 75b (1933) u. Proc. Acad. Sci. Amsterdam 36, 153—57 (1933).

[118] WUL, B. M.: J. Phys. UdSSR 10, 95 (1946).

[119] BLATTNER, H. u. W. MERZ: Helv. physica Acta 21, 210 (1948).

[120] MEGAW, H. D.: Nature 155, 484 (1945); Proc. Roy. Soc. [London] (A) 189, 261 (1947).

[121] MASON, W. P.: Physic. Rev. 74, 1134—47 (1948).

[122] TAKAGI, Y., E. SAWAGUCHI u. T. AKIOKA: J. Phys. Soc. Japan 3, 270—71 (1948).

[123] CHOLODENKO, L. P. u. M. J. SCHIROBOKOW: J. exp. u. theoret. Physik UdSSR 21, 1250—61 (1951).

[124] MARKS, H.: Electronics 21, 116—20 (1948).

[125] NOWOSILZEW, N. S., A. L. CHODAKOW u. N. S. SCHULMAN: Abh. Akad. Wiss. UdSSR 83, 829—31 (1952).

[126] BOGORODITZKI, N. P. u. T. N. WERBITZKAJA: Abh. Akad. Wiss. UdSSR 89, 447—49 (1953).

[127] MASON, W. P.: N. B. S. Report 2654, S. 8 (August 1953).

[128] PARTINGTON, I. R., G. V. PLANER u. I. I. BOSWELL: Nature 160, 877—78 (1947).

[129] PARTINGTON, I. R., G. V. PLANER u. I. I. BOSWELL: Philos. Mag. Ser. 7, vol. XL, 157—75 (1949).

[130] SINJAKOW, E. V., E. A. STAFICHUK u. B. K. TCHERNII: J. exp. theoret. Physik UdSSR 21, 610—17 (1951).

[131] RSCHANOW, A. W.: J. exp. theoret. Physik UdSSR 19, 335—45 (1949).

[132] RSCHANOW, A. W.: J. exp. theoret. Physik UdSSR 19, 502—6 (1949).

[133] CHERRY, W. L. u. R. Adler: Physic. Rev. 71, 981—92 (1947).

[134] DE QUERVAIN, M.: Helv. physica Acta 17, 509—52 (1944).

[135] JAFFE, H.: Physic. Rev. 71, 1261 (1947).

[136] MASON, P.: Physic. Rev. 71, 869—70 (1947).

[137] R. SCHÖFER erwähnt in der Arbeit von M. KORNETZKI: Z. Physik 128, 605—13 (1950).

[138] OKAMOTA, F.: Rev. Phys. Chem. Japan 24, 9—12 (1954).

[139] ROI, N. A.: Abh. Akad. Wiss. UdSSR 73, 937—40 (1950).

[140] ABE KIYOSHI, u. TETSURO TANAKA: Bull. Inst. physic. chem. Res., Kioto Univ. 20, 54—55 (1950).

[141] SMOLENSKI, G. A.: J. techn. Phys. UdSSR 21, 1045—49 (1951).

[142] MERZ, W.: Physic. Rev. 76, 1221—25 (1949).

[143] MEGAW, H. D.: Proc. physic. Soc. 58, 133 (1946).

[144] FORSBERGH JR., P. W.: Physic. Rev. 76, 1187 (1949).

[145] REMEIKA, J. P.: J. Amer. chem. Soc. 76, 940—41 (1954).

[146] JAFFE, H.: Ind. Engng. Chem. 42, 264—68 (1950).

[147] TAKAGI, Y. u. E. SAWAGUCHI: J. Phys. Soc. Japan 4, 363—64 (1949).

[148] MUELLER, H.: Physic. Rev. 47, 175 (1935).

[149] VON ARX, A. u. W. BANTLE: Helv. physica Acta 17, 299 (1947).

[150] ZWICKER, B. u. P. SCHERRER: Helv. physica Acta 17, 346 (1944).

[151] DE BRETTEVILLE A. JR.: Physic. Rev. 73, 807 (1948).

[152] NEWTON, R. R., A. I. AHEARN u. K. G. McKAY: Physic. Rev. 75, 103—06 (1949).

[153] HULM, I. K.: Nature 160, 127 (1947).

[154] DENNISON, A. T. u. R. WHIDDINGTON: Proc. Leeds Phil. Lit. Soc. Sect. 5, pt. 3 191—99 (1949).

[155] REMEIKA, J. P.: Proc. 1954 Elektronic Comp. Symposium, 61—62.
[156] SWANSON, D. C.: Physic. Rev. 69, 546 (1946).
[157] OGAWA, T.: Busseiron Kenkyu 6, 1 (1947).
[158] NOMURA, S. u. S. SAWADA: J. Phys. Soc. Japan 5, (4), 227—30 (1950).
[159] WEISE, E. K. u. I. A. LESK: J. chem. Physics 21, 801—06 (1953).
[160] TOLSTOI, N. A: J. techn. Phys. UdSSR 20, 970—74 (1950).
[161] TRZEBIATOWSKI, W. u. K. PIGON: Roczłki Chem. (Polen) 26, 494—95 (1952).
[162] BLATTNER, H., B. T. MATTHIAS u. W. MERZ: Helv. physica Acta 20, 225 (1947).
[163] VON HIPPEL, A.: Rev. Modern Phys. 22 (3), 299 (1950).
[164] KAY, H. F. u. R. G. RHODES: Nature 160, 126 (1947).
[165] MATTHIAS, B. T.: Physic. Rev. 73, 808—09 (1948).
[166] BLATTNER, H., H. GRÄNICHER, W. KÄNZIG u. W. MERZ: Helv. physica Acta 21, 341—54 (1948).
[167] BOURGEOIS, L: Z. Cryst. 14, 280—81 (1888).
[168] BLATTNER, H., W. KÄNZIG, W. MERZ u. H. SUTTER: Helv. physica Acta 21, 207—09 (1948).
[169] FIELD, N. J., A. P. DE BRETTEVILLE JR. u. H. D. WILLIAMS: Physic. Rev. 72, 1119 (1947).
[170] MATTHIAS, B. T. u. A. VON HIPPEL: Physic. Rev. 73, 268 (1948).
[171] DE BRETTEVILLE JR., A. P. u. G. KATZ: Physic. Rev. 78, 340—41 (1950).
[172] KÄNZIG, W. u. R. MEIER: Helv. physica Acta 22, 585—88 (1949).
[173] DANIELSON, G. C., B. T. MATTHIAS u. I. M. RICHARDSON: Physic. Rev. 74, 986—87 (1948).
[174] MERZ, W.: Physic. Rev. 75, 687 (1948).
[175] SAWAGUCHI, E., H. MANIWA u. S. HOSHINO: Physic. Rev. 83, 1078 (1951).
[176] NOWOSILZEW, N. S., A. L. CHODAKOW u. E. G. FESENKO: Abh. Akad. Wiss. UdSSR 78, 875—77 (1951).
[176a] SCHOLOKOWITSCH, M. L. u. I. N. BELYAEW: Z. allg. Chemie UdSSR 24, 218—24 (1954).
[176b] SCHOLOKOWITSCH, M. L. u. I. N. BELYAEW: Z. allg. Chemie UdSSR 24, 1118—23 (1954).
[177] BELYAEW, I. N., N. S. NOWOSILZEW, E. G. FESENKO u. A. L. CHODAKOW: Abh. Akad. Wiss. UdSSR 78, 875—77 (1951).
[178] NOMURA, S. u. S. SAWADA: Rep. Inst. Sci. Technol. Univ. Tokio 6, 191—95 (1952).
[179] SAWADA, S., S. NOMURA u. SH. FUJII: Rep. Inst. Sci. Technol. Univ. Tokio 5, 7—14 (1951).
[180] ROOKSBY, H. P.: Nature 155, 484 (1945).
[181a] MEGAW, H. D.: Proc. physic. Soc. 48, 133—52 (1946).
[181b] MEGAW, H. D.: Trans. Faraday Soc. 42A, 224—31 (1946).
[181c] ANLIKER, M., H. R. BRUGGER u. W. KÄNZIG: Helv. physica Acta 27, 99—124 (1954).
[181d] EDWARDS, I. W., R. SPEISER u. H. L. JOHNSTON: J. Amer. chem. Soc. 73, 2934—35 (1951).
[181e] KNIEPKAMP, H. u. W. HEYWANG: Z. angew. Physik 6, 385—90 (1954).
[182] SAWAGUCHI, E., H. MANIWA u. S. HOSHINO: Physic. Rev. 83, 1078 (1951).
[183] GRÄNICHER, H.: Helv. physica Acta 24, 619—22 (1951).
[184] VOUSDEN, P.: Acta Cryst. 4, 68 (1951).
[185] SCHWEINLER, H. C.: Physic. Rev. 87, 5—11 (1952).
[186] VOUSDEN, P.: Acta Cryst. 4, 373—76 (1951).
[187] HARWOOD, M. G. u. H. A. KLASENS: Nature 165, 73 (1950).
[188] BROUS, J., I. FANKUCHEN u. E. BANKS: Acta Cryst. 6, 67—70 (1953).
[189] SHIRANE, G., S. HOSHINO u. K. SUZUKI: J. Phys. Soc. Japan 5, 453—55 (1950).
[190] DUNGAN, R. R., D. F. KANE u. L. R. BICKFORD: J. Amer. ceram. Soc. 35, 318—21 (1952).

[191] Smolenski, G. A.: Abh. Akad. Wiss. UdSSR 85, 985—87 (1952).
[192] Shirane, G. u. S. Hoshino: J. Phys. Soc. Japan 7, 5—12 (1952).
[193] Shirane, G.: Physic. Rev. 86, 248—49 (1952).
[194] Shirane, G. u. R. Pepinsky: Physic. Rev. 92, 504 (1953).
[195] Rhodes, R. G.: Acta Cryst. 4, 105—10 (1951).
[196] Shirane, G., H. Danner, A. Pavlovic u. R. Pepinsky: Physic. Rev. 93, 672—73 (1954).
[197] Cott, R. M. u. W. D. Knight: Physic. Rev. 93, 940 (1954).
[198] Evans, H. T. u. R. D. Burbank: J. chem. Physics 16, 634 (1948).
[199] Burbank, R. D. u. H. T. Evans: Acta Cryst. 1, 330 (1948).
[200] Tessman, I. R.: Physic. Rev. 83, 677—78 (1951).
[201] Danielson, G. C., B. T. Matthias u. I. M. Richardson: Physic. Rev. 74, 986—87 (1948).
[202] Danielson, G. C. u. R. E. Rundle: Physic. Rev. 75, 1630 (1949).
[203] Kay, H. F., H. I. Wellard u. P. Vousden: Nature 163 636—37 (1949).
[204] Känzig, W.: Helv. physica Acta 24, 175—216 (1951).
[205] Devonshire, A. F.: Phil. Mag. 40, 1040—63 (1949).
[206] Jaynes, E. T.: Physic. Rev. 79, 1008—09 (1950).
[207] Forsbergh, P. W.: Physic. Rev. 76, 1187—1201 (1949).
[208] von Hippel, A. u. B. T. Matthias: Physic. Rev. 73, 1378—84 (1948).
[209] Cross, L. E., A. T. Dennison, M. M. Nicolson u. R. Whiddington: Nature 163, 635 (1949).
[210] van Santen, I. H. u. F. de Boer: Nature 163, 957—58 (1949).
[211] Merz, W.: Physic. Rev. 95, 690—98 (1954).
[212] Sugiura, I. u. E. Sawaguchi: Busseiron Kenkyu (Res. on Chem. Phys.) 39, 87—95 (1951).
[213] Kay, H. F. u. P. Vousden: Phil. Mag. Ser. 7, 40, 1019—40 (1949).
[214] Mara, R. T., G. B. B. M. Sutherland u. H. V. Tyrell: Physic. Rev. 96, 801—02 (1954).
[215] Cross, L. E., M. M. Nicolson, B. Zlotniki u. R. Whiddington: Nature [London] 165, 440—41 (1950).
[216] van Santen, I. H. u. W. Opechowski: Physica 14, 545—52 (1948).
[217] Busch, G., H. Flury u. W. Merz: Helv. physica Acta 21, 212—14 (1948).
[218] Skanavi, G. J.: Abh. Akad. Wiss. UdSSR 59, 231—34 (1948).
[219] Fajans, K. u. G. Joos: Z. Physik 23, 1 (1924).
[220] van Santen, J. H. u. G. H. Jonker: Philips Res. Rep. 3, 371—77 (1948).
[221] Skanavi, G. J.: J. exp. theoret. Physik UdSSR 17, 399—407 (1947).
[222] Jona, F., G. Shirane u. R. Pepinsky: Physic. Rev. 97, 1584—90 (1955).
[223] Mason, W. P. u. B. T. Matthias: Physic. Rev. 74, 1622—36 (1949).
[224] Slater, I. C.: Physic. Rev. 78, 748—61 (1950).
[225] Little, E. A.: Physic. Rev. 98, 978—84 (1955).
[226] Merz, W.: Physic. Rev. 91, 513—17 (1953).
[227] Evans, H. T. u. R. A. Hutner: Physic. Rev. 83, 879 (1951).
[228] Känzig, W.: Helv. physica Acta 24, 175—216 (1951).
[229] Matthias, B. T.: Physic. Rev. 75, 1771 (1949).
[230] Smolenski, G. A. u. N. W. Koschewnikowa: Abh. Akad. Wiss. UdSSR 76, (4) 519—21 (1951).
[231] Roberts, S.: Physic. Rev. 76, 1215—20 (1949).
[232] Jonker, G. H. u. van Santen: I. H. Chem. Weekblad 43, 672—79 (1947) und Science 109, 632—35 (1949).
[233] Jaynes, E. T.: „Ferroelectricity", Princeton University Press (1953).
[234] Blunt, R. F. u. W. F. Love: Physic. Rev. 76, 1202—04 (1949).
[235] Matthias, B. T. u. A. von Hippel: Physic. Rev. 73, 1378—84 (1949).
[236] Hulm, I. K.: Nature 160, 127—28 (1947).

[237] MASON, W. P.: Piezoelectric crystals and their applications to ultrasonics, Kapitel 11 u. 12.

[238] HEYWANG, W.: Siemens-Entwicklungsberichte 15, 87—90 (1952).

[239] KÄNZIG, W. u. N. MAIKOFF: Helv. physica Acta 24, 343—56 (1951).

[240] DE BRETTEVILLE JR., A. u. E. D. HARRIS: Physic. Rev. 93, 934 (1954).

[241] DROUGARD, M. E. u. D. R. YOUNG: Physic. Rev. 95, 1152—53 (1954).

[242] DEVONSHIRE, A. F.: Phil. Mag. 7, 1065—79 (1951).

[243] FELDMAN, CH.: Bull. Amer. physic. Soc. 29 (5), 8 (1954).

[244] McNEVIN, W. M. u. P. R. OGLE: J. Amer. chem. Soc. 76, 3846—48 (1954).

[245] HAGEDORN, R.: Z. Physik 133, 394—421 (1952).

[246] MOSOTTI, O. F.: Mem. Soc. Ital. 14, 49 (1850).

[247] ONSAGER, L.: J. Amer. chem. Soc. 58, 1486—93 (1936).

[248] VAN VLECK: J. chem. Physics 5, 320—37 (1937).

[249] VON HIPPEL, A.: Rev. Modern Physics 22, 221—37 (1950).

[250] ANDERSON, P. W.: Ceram. Age 29—33, 53—56 (1951).

[251] MATTHIAS, B. T.: Physic. Rev. 75, 1771 (1949).

[252] HEYWANG, W.: Z. Naturf. 6a, 219 (1951).

[253] SKANAVI, G. J.: J. exp. theoret. Physik 17, 399—407 (1949).

[254] JAYNES, E. T.: Ferroelectricity, S. 83—87 (1953).

[255] JAYNES, E. T. u. E. P. WIGNER: Physic. Rev. 79, 213—14 (1950).

[256] SAUER, I. A. u. AN. V. TEMPERLEY: Proc. Roy. Soc. [London] (A) 176, 203 bis 213 (1940).

[257] LÜTTINGER, I. M. u. L. TISZA: Physic. Rev. 70, 954—64 (1946).

[258] KITTEL, C.: Physic. Rev. 82, 729—32 (1951).

[259] COHEN, M. H.: Physic. Rev. 84, 369 (1951).

[260] OSHRY, H. I.: Erie Resistor Corporation, Erie, Pa. Proceedings, Electronic Components Symposium, 63—65, Washington (1954).

[261] PENNEY, G. W., I. R. HORSCH u. E. A. SACK: AIEE Technical Paper 53—130, 4. Febr. (1953) und Communication and Electronics 5, 68—79, März (1953).

[262] SHAW, G. S. u. I. L. JENKINS: Electronics S. 166—67, Okt. (1953).

[263] PENNEY, G. W., I. R. HORSCH u. E. A. SACK: Communication and Electronics 12, 119—24, Mai (1954).

[264] SILVERSTEIN, A. C. A.: Electronics, 27, 150—52, Febr. (1954).

[265] PASCUCCI, A. A. P. u. H. W. STAWICKI: Nature 165, 441 (1950).

[266] HOWATT, G. N., I. W. CROWNOVER u. A. DRAMETZ: Electronics, S. 97, Dez. (1948).

[267] HOWATT, G. N., I. W. CROWNOVER u. A. DRAMETZ: Tele-Tech. S. 29—31 u. 53—55, April (1949).

[268] JAFFE, H.: Electronics, 21, 128 (1948).

[268a] MASON, W. P. u. S. D. WHITE: Bell Syst. Techn. J. 31, 469—503 (Mai 1952).

[268b] MASON, W. P. u. R. F. WICK: J. Acoust. Soc. Amer. 23, 209—14 (März 1951).

[269] BAUER, B. B.: Radio Electronic. Eng. August (1948).

[270] BERLINCOURT, A.: NBS Report 2654, 30—33 (1953).

[271] MASON, W. P.: NBS Report 2654, 45—47 August (1953).

[272] MATTIAT, O.: Cleveland, (Ohio) Brush Strokes, 1—8 Juli 1953.

[273] PERLS, TH. A. u. C. W. KISSINGER: NBS Techn. News Bull., S. 88—90 (1954).

[274] PERLS, TH. A.: NBS Report 2654, S. 133—38, August (1953). (Nat. Bur. Standards.)

[275] REMEIKA, I. P.: Bell Tel. Lab. Res., August (1953).

[276] PULVARI, C. F.: J. appl. Physics 22, 1039—44 (1951).

[277] FRÖHLICH, H.: Theory of Dielectrics, Oxford University, Press London, 9—12 (1949).

[278] FROOD, D. G.: Canad. J. Physics 32, 313—17 (1954).

Namenverzeichnis.

Sachverzeichnis.